EXPOSITION ÉLÉMENTAIRE

DU

SYSTÈME DU MONDE.

Paris. — Typographie de Firmin Didot frères, fils et Cᵉ, rue Jacob, 56.

EXPOSITION ÉLÉMENTAIRE

DU

SYSTÈME DU MONDE

PAR F^s MOUSTEY,

PROFESSEUR DE MATHÉMATIQUES.

Cœli enarrant gloriam Dei, et opera manuum ejus annuntiat firmamentum.

Psaume XVIII.

O vous, à qui j'offris mes premiers sacrifices,
Muses, soyez toujours mes plus chères délices !
Dites-moi quelle cause éclipse dans leurs cours
Le clair flambeau des nuits, l'astre pompeux des jours;
Pourquoi la terre tremble, et pourquoi la mer gronde;
Quel pouvoir fait enfler, fait décroître son onde ;
Comment de nos soleils l'inégale clarté
S'abrége dans l'hiver, se prolonge en été ;
Comment roulent les cieux, et quel puissant génie
Des sphères dans leurs cours entretient l'harmonie.

Géorgiques de Virgile, liv. II.
(Traduction de Delille.)

DEUXIÈME ÉDITION,

REVUE ET AUGMENTÉE PAR L'AUTEUR.

PARIS,

LIBRAIRIE DE FIRMIN DIDOT FRÈRES, FILS ET Ce,

IMPRIMEURS DE L'INSTITUT, RUE JACOB, 56.

1856

PRÉFACE.

Parmi les merveilles de la création, il n'en est point de plus éclatantes, de plus propres à élever l'âme vers son auteur que celles qui resplendissent dans les cieux. Ce pavillon d'azur parsemé d'étoiles radieuses, chaque jour éclipsées par l'astre dont la ravissante aurore annonce le retour; les phases de la lune; les oscillations de l'Océan; les vicissitudes des jours et des saisons; la marche régulière de ces globes de feu suspendus sur nos têtes; la course vagabonde des comètes, qui ont fait si longtemps redouter un embrasement universel, comme les éclipses une éternelle nuit; l'immobilité apparente de la terre au milieu du mouvement général; tous ces prodiges, et tant d'autres, peuvent-ils, malgré l'habitude qui émousse les plus fortes sensations, nous laisser constamment insensibles et froids?

Qui n'a jamais été saisi d'admiration à la vue de la magnificence et de l'harmonie des sphères célestes; de cette immensité sans bornes que les ailes rapides de la pensée se fatiguent à pénétrer, et que l'œil de l'astronome armé du télescope sonde néanmoins aujourd'hui plus profondément que ne faisait jadis l'imagination la plus active?

Dès les premiers âges du monde, captivés par un invincible attrait, les hommes s'efforcèrent de s'élever aux causes de ces grands phénomènes. Trop pressés de jouir, ils voulurent, nouveaux Titans, escalader les cieux et deviner le système de l'univers. Mais un système, le système le plus simple, ne se devine pas; on ne peut en acquérir la connaissance qu'en observant un à un et sous toutes les faces les faits qui le composent, en les comparant entre eux pour en découvrir les rapports, que l'on dispose ensuite dans l'ordre de leur génération, afin de remonter à leur principe.

Cette marche méthodique parut trop lente à l'impatience des premiers observateurs. Ils préférèrent s'élancer dans les voies ténébreuses des hypothèses gratuites, et créer des fantômes qui s'évanouissaient tour à tour au flambeau de la raison, comme de légères vapeurs aux rayons du soleil.

On comprit enfin que la connaissance du véritable système du monde ne pouvait résulter que des efforts combinés des génies astronomiques de tous les siècles. Autant on s'était abandonné au délire de l'imagination, autant on s'en méfia. La raison calme et froide fut seule appelée à diriger désormais les observations et les expériences, à constater les résultats. Elle interrogea la nature avec art et la contraignit à lui révéler successivement quelques-uns de ses secrets. Que d'obstacles n'eut-elle pas à surmonter!

Le plus grand consistait dans les illusions des sens, dans *les apparences,* dont il a plu au Créateur de voiler son ouvrage à nos yeux. Il était si difficile de les distinguer de la *réalité* que, lorsque Copernic les signala comme décevantes, la plupart des astronomes en prirent la défense, malgré ses preuves invincibles.

En effet, les impressions constantes que les

apparences exercent sur nos sens produisent seules dans notre âme les sensations dont elle se forme les images du monde physique. Comment douter de la réalité des phénomènes extérieurs, si ces images les représentent fidèlement? Comment reconnaître que ce que l'on voit, ce que l'on sent, n'est pas ce qu'il faut voir et sentir, n'est pas conforme à la réalité?

L'illustre astronome de Thorn y parvint cependant. Il eut la puissance de se préserver à la fois des prestiges de l'imagination et des illusions des sens. En garde contre toutes leurs séductions, il sut rectifier leurs témoignages par les vues supérieures de son génie méthodique, dont le regard pénétrant perça enfin le voile des apparences et saisit le premier, avec ravissement, le véritable mécanisme des cieux dans toute sa simplicité.

C'est ce mécanisme, inaccessible à la plupart des esprits, parce qu'il n'a été jusqu'ici développé et démontré que dans des ouvrages hérissés de calculs épineux, dont j'ai voulu faciliter l'intelligence *aux personnes étrangères aux mathématiques.*

Tel est le but que je m'étais proposé dans la *Géographie Astronomique* publiée en 1838. Depuis cette époque, je n'ai cessé de consacrer mes loisirs à perfectionner et à simplifier cette œuvre, qui se trouve entièrement refondue. J'ai été soutenu dans ce travail de prédilection par les critiques éclairées et bienveillantes d'un esprit éminent, que je remercie ici du fond du cœur, et par le désir d'être utile en initiant sans effort et sans peine, peut-être même avec plaisir, les esprits les moins éclairés à une connaissance satisfaisante des phénomènes célestes.

La route que nous allons suivre est précisément celle des inventeurs; mais combien notre marche sera plus directe et plus rapide que la leur, puisque nous pourrons éviter leurs écarts! Je suppose donc au lecteur tous les préjugés qui naissent du témoignage des sens. Je n'ignore pas que de très-bons esprits regardent comme inutile de s'arrêter aux *apparences*, sous prétexte que la véritable théorie des phénomènes est aujourd'hui vulgarisée. Mais suffit-il d'admettre une théorie sur la foi des savants pour la comprendre? Suffit-il de croire que c'est la terre qui tourne autour du soleil, et non le soleil autour de la terre, pour s'expliquer pourquoi et comment il en est ainsi? Un enseignement dogmatique n'est propre qu'à épaissir les ténèbres de l'esprit, que la méthode analytique, la marche d'invention peut seule dissiper.

S'il est une vérité philosophique incontestable, c'est que notre esprit ne peut acquérir de vraies connaissances qu'en allant du connu à l'inconnu. Or, dans les matières qui vont nous occuper, le connu est dans les *apparences.* Ce n'est donc qu'en étudiant les *phénomènes apparents*, en cherchant à en pénétrer les causes, que l'on peut s'élever à l'intelligence des *phénomènes réels*.

La lecture des *Notions préliminaires* est indispensable aux personnes qui n'ont que des idées confuses des termes peu nombreux de géométrie que nous serons forcé d'employer fréquemment.

EXPOSITION ÉLÉMENTAIRE

DU

SYSTÈME DU MONDE.

NOTIONS PRÉLIMINAIRES.

Avant d'entrer en matière, il est nécessaire de préciser quelques idées que tout le monde possède, mais confusément, lorsqu'on ne s'en est pas occupé.

Considérez une planche, un mur, un objet quelconque ; qu'y voyez-vous ? des *surfaces* qui le bornent en tous sens. Vos yeux et vos mains peuvent parcourir les corps suivant trois directions : la *longueur*, la *largeur* et l'*épaisseur* ; mais, pour peu que l'on pénètre dans l'intérieur, la surface est abandonnée. Ainsi, toute surface n'a que deux dimensions : *longueur* et *largeur*, sans la moindre *épaisseur*.

Les surfaces ont des limites que l'on ne peut suivre que dans une seule direction. Chacune de ces directions est une *ligne*. Les extrémités d'une ligne se nomment *points ;* et comme ces extrémités peuvent occuper une infinité de positions différentes, une ligne renferme une infinité de *points ;* en un mot, un *point* est l'extrémité réelle ou possible d'une ligne.

La ligne est purement spéculative et ne saurait affecter aucun de nos sens, puisque c'est une sim-Fig. *a.* ple direction. Si on la représente par un trait (fig. *a*), c'est pour la rendre sensible et soulager l'esprit. Les lettres placées aux extrémités servent à la nommer.

La ligne est *droite* quand elle va d'un point à un autre sans dévier d'aucun côté (fig. *a*); *courbe* Fig. *b.* quand elle dévie (fig. *b*).

La surface est *plane* ou *courbe : plane* lorsqu'une ligne droite la touche par tous ses points, en quelque sens qu'on l'y applique; *courbe* dans le cas contraire.

Une surface courbe peut être *convexe* ou *concave.* La surface extérieure d'une coquille d'œuf est *convexe;* l'intérieure, *concave.*

Une surface plane indéfiniment prolongée en tous sens est un *plan.*

Une surface plane terminée, comme celle d'une pièce de cinq francs, par une ligne courbe dont tous les points sont également éloignés d'un point du plan, appelé *centre,* est un *cercle.* La ligne courbe s'appelle *circonférence* du cercle.

Les lignes droites qui vont du centre à la circon-Fig. *g.* férence, comme CA, CB (fig. *g*), sont des *rayons.* Tous les rayons sont égaux par la nature même du cercle, qui résulte de la révolution d'un même rayon autour du centre.

Deux rayons en ligne droite forment un *diamètre*.

Une ligne droite, AB, terminée à la circonférence, mais qui ne passe pas par le centre, est une *corde ;* la partie de la circonférence qu'elle sous-tend est un *arc* (fig. *c*). Fig. *c*.

Un *arc* est donc une partie quelconque de la circonférence.

Une corde prolongée, RS, qui coupe la circonférence, s'appelle *sécante*.

Une ligne droite qui ne touche la circonférence qu'en un seul point, comme TT′, est une tangente.

Deux lignes droites placées sur un même plan et prolongées tant qu'on voudra ne peuvent avoir que deux positions l'une par rapport à l'autre : elles se rencontrent ou ne se rencontrent pas ; il n'y a pas de milieu. Quand elles se ne rencontrent pas, on dit qu'elles sont *parallèles* (fig. *d*). Quand elles se ren- Fig. *d*. contrent, il peut se faire que l'une tombe sur l'autre sans pencher d'aucun côté (fig. *f*) : alors elle est *per-* Fig. *f*. *pendiculaire ;* ou en penchant de quelque côté : dans ce cas elle est *oblique* (fig. *e*). Une ligne perpendi- Fig. *e*. culaire à la surface de la terre prend le nom de *verticale*, et celui d'*horizontale* quand elle lui est parallèle.

Deux lignes qui se rencontrent forment un *angle*. Pour nous faire une idée exacte de l'angle, traçons un cercle (fig. *g*). Menons deux rayons perpendicu- Fig. *g*.

laires, CA, CB. On voit qu'ils renferment exactement entre eux le quart de la surface du cercle et de la circonférence. Ils forment un *angle droit,* BCA. Menons le rayon CD. En le comparant à CA, nous voyons que ces deux rayons renferment *moins* du quart; DCA est un *angle aigu.* Menons enfin le rayon CE et comparons-le encore à CA; nous verrons qu'ils renferment *plus* du quart du cercle; ECA est un angle *obtus.*

Un angle est donc une partie de la surface d'un cercle comprise entre deux rayons, et l'on en distingue trois espèces : l'angle *droit, aigu, obtus.* Le point de rencontre des deux lignes, ou, comme on dit, des deux *côtés,* est le *sommet* de l'angle. On nomme un angle par trois lettres, en ayant soin de mettre celle du sommet au milieu.

La grandeur d'un angle dépend uniquement de celle de la partie du cercle ou de la circonférence qu'il intercepte entre ses côtés. Pour la mesurer, on divise toute circonférence, grande ou petite, en 360 parties égales, nommées *degrés;* chaque degré en 60 *minutes;* chaque minute en 60 *secondes,* que l'on marque ainsi : 360°, 60', 60″. Plus l'arc compris entre les deux côtés de l'angle contient de degrés, de minutes et de secondes, plus l'angle est grand, et réciproquement. Il y a des instruments, tels que le *rapporteur,* le *graphomètre,* etc., qui servent à compter facilement le nombre des degrés, des minutes et des secondes des arcs.

Une *sphère* est un corps parfaitement rond, terminé par une surface courbe dont tous les points sont également éloignés d'un point intérieur, qu'on appelle *centre*. Une orange, par exemple, peut en donner une idée. Si l'on fait passer un plan par le centre d'une sphère, il la divise en deux parties égales, dont chacune prend le nom d'*hémisphère*, moitié de sphère. Cette section forme un *grand cercle*. Si le plan ne passait pas par le centre, la section serait un *petit cercle*, d'autant plus petit que le plan passerait plus loin du centre. Tous lès *grands cercles* sont égaux, car ils ont le même rayon, celui de la sphère. Quant aux *petits cercles*, ils sont inégaux, car leurs rayons diminuent à mesure que le plan s'éloigne du centre de la sphère. On peut s'en assurer en coupant une orange en tranches par des plans parallèles. Les petits cercles sont égaux deux à deux dans les deux hémisphères, parce qu'ils y sont également éloignés du centre.

On appelle *rayon* toute ligne droite qui part du centre et se termine à la surface de la sphère ; *diamètre*, toute ligne droite qui passe par le centre et dont les deux extrémités se terminent à la surface. Le diamètre autour duquel une sphère tourne s'appelle *axe*. Un cercle a aussi un *axe*; c'est la ligne qui le traverse perpendiculairement par le centre et autour de laquelle il peut tourner comme une roue autour de l'essieu.

Les *pôles* sont les extrémités de l'axe.

Voici l'explication des signes algébriques que nous emploierons :

+ Signifie *plus*, c'est le symbole de l'addition ;
—   *moins,*   de la soustraction ;
×   *multiplié par,*   de la multiplication ;
:   *divisé par,*   de la division ;
=   *égale,*   de l'égalité.

PREMIÈRE PARTIE.

MOUVEMENTS APPARENTS DES CIEUX.

PREMIÈRE LEÇON.

COUP D'OEIL SUR LE SPECTACLE DE L'UNIVERS.

Premières apparences.

Au premier aspect, *le ciel*, ou l'immensité, se réduit pour nous à une voûte azurée, légèrement déprimée, qui semble s'appuyer sur la surface de la terre et y déterminer un cercle nommé *horizon*, parce qu'il *borne* notre vue de tous côtés. La grandeur de l'horizon varie beaucoup, et dépend du degré d'élévation de l'observateur ; mais, quelle que soit l'étendue de ce cercle, il offre toujours l'apparence d'une surface plane, accidentellement couverte de montagnes, hérissée de forêts, arrosée par des rivières et des fleuves qui, dans toutes les directions, vont se jeter dans l'*Océan*, vaste abîme dont les eaux environnent la terre. L'horizon paraît surtout parfaitement plane sur la mer, que les poëtes appellent la *plaine liquide*.

En contemplant le ciel pendant la nuit, on le voit parsemé d'une multitude de corps lumineux compris sous la dénomination générale d'*astres*, parmi lesquels on distingue principalement les *étoiles*.

Les premiers hommes, incapables de concevoir comment les étoiles, dont ils ne soupçonnaient ni la distance ni la grandeur, se maintenaient réellement à leurs places, les supposèrent *fixées* à la voûte céleste qu'ils croyaient solide, et que pour cette raison ils appelèrent *firmament*. De là la dénomination d'*étoiles fixes*. Ils supposaient aussi que cette voûte servait de support aux nuages, aux *eaux supérieures du grand abîme;* et, comme ils s'imaginaient les voir au travers, ils la crurent transparente : *solide* et *transparente*, elle ne pouvait être que de *cristal*. Des fenêtres ou *cataractes* s'ouvraient et se fermaient pour laisser tomber la pluie ou pour la faire cesser.

D'autres phénomènes attirèrent leur attention.

A la fin de la nuit un côté du ciel commence à blanchir : c'est l'*aube*. Il se nuance de mille couleurs, étincelle d'or, de pourpre et de feu : c'est l'*aurore*. Tout à coup le soleil montre à l'horizon son disque resplendissant : il se *lève;* il monte avec majesté, décline graduellement, et se *couche* du côté opposé à son lever. Sa présence fait le *jour*, son absence la *nuit*. La durée de son ascension se nomme le *matin ;* celle de sa déclinaison, le *soir ;* leur réunion, une *journée.* Les points de l'horizon où le soleil se lève s'appellent *levant, est* ou *orient ;* ceux où il se couche, *couchant, ouest* ou *occident.*

La lune apparaît périodiquement le soir vers l'ouest, sous la forme d'un simple *filet lumineux et circulaire,* qui devient progressivement un *croissant,* un *ovale,* un *cercle parfait.* Cette lumière décroît ensuite dans un ordre inverse, disparaît pendant quelques jours, et présente de nouveau les mêmes variations, les mêmes *phases.*

La lune et toutes les étoiles semblent se lever et se coucher, comme le soleil, en suivant la même direction, d'orient en occident. On en conclut que la voûte céleste, à laquelle on croyait tous ces corps attachés, tournait elle-même et les entraînait dans son mouvement de rotation autour de la terre immobile ; d'où il suit que la partie du ciel qui paraît au-dessus de nos têtes pendant le jour n'est pas celle que nous y voyons pendant la nuit, et que, par conséquent, ces deux parties réunies forment une *sphère* creuse dont la terre occupe le centre. D'après cette première notion de la sphère céleste, on dut penser qu'un hémisphère ne contenait que le soleil, et l'autre, la lune et les étoiles ; mais l'observation ne tarda pas à rectifier ce jugement.

Au lever du soleil, les étoiles situées vers l'orient ont déjà disparu lorsque les plus occidentales ne font que pâlir. A son coucher, au contraire, les étoiles

1.

situées vers l'orient brillent avant les autres. On comprit que cette dégradation de la lumière est produite par le vif éclat du soleil, qui efface d'abord celui des étoiles dont il est le plus rapproché, mais que, malgré cette disparition, elles sont encore présentes, et par conséquent disséminées dans les deux hémisphères. Des observations plus directes purent confirmer ce fait, même avant la découverte du télescope ; car on peut apercevoir les étoiles en plein jour quand on est placé dans une cavité étroite et profonde, à l'ombre d'un rocher sur une haute montagne, et durant les éclipses totales de soleil.

Le mouvement de rotation de la sphère céleste, qui s'accomplit en vingt-quatre heures d'orient en occident, est le phénomène le plus général et le plus remarquable de l'univers.

On l'appelle *révolution sidérale*.

Pour qu'une sphère puisse tourner, il faut nécessairement qu'elle ait deux points d'appui distants de 180°. Ces deux points se nomment *pôles*, du grec (poleo) je tourne. La ligne droite qui les joint, et autour de laquelle s'opère la rotation, est *l'axe* de la sphère. Puisque la sphère céleste tourne (du moins en apparence), elle a deux pôles et un axe : ce sont *les pôles* et *l'axe du monde*. L'un des pôles, celui qui est voisin de *l'étoile polaire*, s'appelle *nord, septentrional, boréal, arctique* ; l'autre, *sud, méridional, austral, antarctique*.

Dans une révolution sidérale chaque point de la

sphère céleste décrit nécessairement une circonférence de cercle. Tous ces cercles sont *perpendiculaires* à l'axe du monde, *parallèles* entre eux et de *diverses grandeurs*.

Ils sont perpendiculaires à l'axe; car chaque point générateur étant fixe ne peut se rapprocher ni s'éloigner des pôles pendant la révolution. La courbe qu'il décrit et le plan qu'elle détermine ne penchent donc pas plus d'un côté de l'axe que de l'autre.

Ils sont parallèles entre eux; en effet, concevons deux points quelconques de la surface de la sphère inégalement distants du pôle arctique; ces points, étant fixes, ne peuvent se rapprocher ni s'éloigner l'un de l'autre pendant la révolution; les deux circonférences qu'ils décrivent, et par suite leurs cercles, ont donc tous leurs points également distants les uns des autres et sont parallèles.

Ces cercles sont aussi de différentes grandeurs, car leurs rayons, perpendiculaires à l'axe du monde, diminuent à mesure qu'ils sont plus près des pôles, où ils se réduisent à un point, ainsi que la circonférence et le cercle.

Les pôles sont les deux seuls points du ciel qui ne décrivent pas de cercle; ils ne font que pivoter sur eux-mêmes.

Les *grands cercles* ont pour rayon celui de la sphère; par conséquent ils sont tous égaux entre eux et passent par le centre. Les *petits cercles* ont des rayons moindres que celui de la sphère, et d'autant plus petits, nous le répétons, qu'ils sont plus éloignés du centre. De là vient que les cercles d'un même hémisphère sont inégaux ; mais chacun d'eux a dans l'hémisphère opposé son correspondant, qui lui est égal, parce qu'il est situé à la même distance du centre.

L'axe du monde est le *lieu géométrique* des centres de tous les cercles produits par la révolution sidérale.

Les étoiles voisines des pôles se nomment *circompolaires*. Parmi les circompolaires du nord, il en est une plus rapprochée de ce pôle que toute autre, et que par cette raison on appelle *étoile polaire*. Nous apprendrons à la distinguer (page 80), parce qu'elle servit longtemps de boussole aux marins, et qu'elle sert encore à déterminer la position du pôle arctique, que rien ne rend sensible à la vue. Thalès la fit connaître le premier aux Grecs d'Ionie.

Idée plus exacte de la terre.

Si nous jugions de la forme générale de la terre par celle des parties de sa surface que notre œil peut embrasser, nous penserions qu'elle est elle-même plane ; mais l'observation attentive de divers phénomènes conduit à un résultat bien différent.

Au lever du soleil, on voit les sommets des montagnes, des arbres, des édifices, dorés par ses rayons bien longtemps avant leurs pieds. La lumière se propage graduellement de haut en bas, à mesure que le soleil s'élève ; d'où l'on conclut que l'élévation de cet astre est nécessaire pour surmonter quelque obstacle intermédiaire qui, arrêtant les rayons solaires, les empêche d'atteindre d'abord les parties inférieures. Quel est cet obstacle ? Ce n'est pas un objet interposé ; car un arbre, un obélisque isolés au milieu de la plaine la plus vaste et la plus unie, un mât de navire en pleine mer, sont successivement éclairés de la même manière. Ce ne peut donc être qu'une protubérance produite par la courbure insensible de la terre et de la mer. Tant que cette courbure domine l'astre, elle en arrête les rayons ; mais, comme il s'élève peu à peu, un moment arrive où quelques traits de lumière glissent tangentiellement sur le sommet de la proéminence et vont frapper les points culminants des objets situés au delà sur leur direction, sans pouvoir en atteindre les points inférieurs, qui seront progressivement éclairés à mesure que l'astre dominera par son ascension croissante. Au déclin du soleil, les points inférieurs cessent les premiers de recevoir la lumière, ce qui confirme l'explication précédente. Si la terre était plane, dès que le soleil poindrait à l'horizon, sa lumière, répandue tout d'un coup sur la surface, parviendrait aux pieds des montagnes et des édifices en même temps qu'à leurs sommets. *La terre est donc arrondie de l'est à l'ouest.*

L'est-elle aussi du nord au sud ?

Considérons vers le nord une étoile circompolaire qui ne passe jamais sous l'horizon du lieu où nous sommes, et que par conséquent nous pouvons toujours apercevoir de là. Si nous nous transportons vers le sud, un moment viendra où nous perdrons l'étoile de vue, lorsqu'elle décrira *l'arc inférieur* de sa révolution diurne ; puis un autre où nous ne la verrons plus lors même qu'elle en décrira *l'arc supérieur*. Qui peut alors nous la cacher ? Ce n'est évidemment que la courbure de la terre ou de la mer, devenue de plus en plus considérable à mesure que les nouveaux points d'observation étaient plus distants du premier. Si la terre était plane en ce sens, nous apercevrions l'étoile à quelque distance que nous pussions nous transporter. *La terre est donc aussi arrondie du nord au sud.*

Elle l'est dans tous les sens, comme le prouve si bien l'expérience, mille fois répétée, de l'apparition et de la disparition des navires. Quand un navire s'éloigne du rivage, dans quelque direction que ce soit, on en perd d'abord de vue la coque ; ensuite disparaissent successivement le milieu et le sommet des mâts. S'il approche, on le découvre toujours dans l'ordre inverse. L'éloignement n'explique pas le phénomène, puisque la partie la plus visible disparaît la première ou se montre la dernière. D'ailleurs, si, après la disparition complète, l'observateur s'élève suffisamment, il découvre de nouveau le navire tout entier et le perd encore de vue de la même manière : preuve incontestable de la courbure des mers en tous sens. Ainsi la terre et la mer forment une masse arrondie en tous sens, *un globe terraqué.*

Arrivé à ce point, l'homme comprit que l'horizon n'est pas formé par la réunion du ciel et de la terre, mais par l'abaissement des points de la surface terrestre qui, à une certaine distance, échappent circulairement à la vue. D'ailleurs, en poursuivant cette limite jusqu'aux lieux où elle paraît exister, on la voit constamment s'évanouir et se transporter plus loin ; on ne douta donc plus que ce contact ne fût une illusion, et l'on en conclut que *le globe terrestre* est *isolé* et *immobile au centre de la sphère céleste.*

De l'atmosphère.

La terre est enveloppée, comme d'un vêtement, d'une masse d'air continue qui se manifeste par son agitation douce ou violente ; on l'appelle *atmosphère* (sphère de vapeurs).

Des expériences, indiquées d'abord par le hasard, prouvèrent que l'état de l'air varie à différentes hauteurs. Des vases remplis d'air à la surface et hermétiquement fermés, ayant éclaté à une grande élévation, firent comprendre que ce fluide est *élastique* et plus *dense* dans les régions inférieures que dans les supérieures ; que, puisque sa densité diminue à mesure qu'il est plus élevé, il doit y avoir un terme où il est si *rare* qu'il cesse d'exister. Là sont les limites de l'atmosphère; limites variables, que l'on place approximativement à seize ou dix-huit lieues au-dessus du niveau de la mer. Au delà se trouve le *vide* ou peut-être *l'éther*, matière extrêmement déliée; les opinions des astronomes varient à cet égard. La variabilité des limites de l'atmosphère est produite par celle de la chaleur, qui *dilate* ou *condense* l'air continuellement.

L'air décompose la lumière solaire qui le traverse, de manière à réfléchir principalement les rayons bleus et à absorber les autres. De là vient que le ciel, que nous voyons à travers l'atmosphère, nous paraît *azuré*, et que les montagnes aperçues à de grandes distances ont une teinte bleue.

La chaleur et la lumière sont beaucoup plus intenses à la surface de la terre qu'au sommet des montagnes. A mesure qu'on s'élève, on parvient à des régions de plus en plus froides, et l'on finit par en atteindre une où règnent des neiges et des glaces éternelles. La lumière y est si faible que, lorsqu'on est à l'ombre, on aperçoit les étoiles dans un ciel presque noir.

L'atmosphère, indispensable à la vie, contribue singulièrement à nous la rendre plus douce et plus précieuse par la *réflexion* et la *réfraction* de la lumière.

« Sans l'atmosphère, dit Biot, les rayons du soleil

réfléchis par la surface de la terre seulement iraient se perdre dans l'espace, et il n'y aurait d'éclairés que les points sur lesquels ils seraient tombés directement; tandis que par son effet ils sont ramenés vers la surface et vont éclairer d'autres points qui ne se trouvaient pas sur leur première direction. C'est ainsi que l'air porte la lumière partout où il peut s'introduire, même dans les lieux où les rayons du soleil ne sauraient pénétrer directement.

. « Si l'atmosphère n'existait pas, nous passerions subitement de la nuit au jour et du jour à l'obscurité la plus profonde ; car, dès que le soleil descendrait sous l'horizon, ses rayons, n'arrivant plus jusqu'à nous, ne pourraient nous éclairer, et, dans le cas contraire, nous apercevrions tout à coup sa lumière. Mais, par le moyen de l'atmosphère, lorsque le soleil s'abaisse sous l'horizon, ceux de ses rayons qui pénètrent dans l'air sont répandus en tous sens par des réflexions multipliées qui nous éclairent encore et produisent le *crépuscule du soir*, de même que, à la fin de la nuit, ils nous procurent, par la même raison, le *crépuscule du matin*. »

Le crépuscule est, comme l'a si bien dit La Fontaine, ce moment où

Lorsque, n'étant plus nuit, il n'est pas encor jour.

Les crépuscules sont considérablement augmentés par la *réfraction atmosphérique*.

'En effet, l'atmosphère peut être considérée

comme composée de couches concentriques dont la densité diminue de bas en haut. Si les couches étaient distinctes et chacune d'une densité uniforme dans toute son épaisseur, un rayon SR (fig. 1) traverserait la première, C, suivant la droite RR′; la deuxième, C′, suivant R′R″, etc.; et, s'infléchissant de plus en plus vers la *normale* ou perpendiculaire nn′, il parcourrait une ligne polygonale. Mais comme ces couches sont infiniment nombreuses et minces, les angles de réfraction s'émoussent, et la ligne polygonale forme une *trajectoire* infléchie jusqu'à la surface de la terre, ST (fig. 2).

Ainsi, tous les rayons qui, après le coucher du soleil, pénètrent encore dans l'atmosphère, nous sont ramenés par la *réfraction* depuis les dernières limites et concourent à la prolongation des crépuscules.

Les réfractions atmosphériques produisent un effet très-remarquable qui leur est propre : c'est d'élever les corps célestes et de nous les montrer où ils ne sont pas, excepté dans le cas, très-exceptionnel, où ils sont directement sur nos têtes. Voici comment (fig. 2). Quand les rayons lumineux nous arrivent obliquement, nous supposons et nous voyons les astres sur le prolongement de la tangente au petit arc qui pénètre dans l'œil, et, par suite, non à la place qu'ils occupent, en S, mais plus haut, en S′.

De là vient que nous apercevons le soleil 4′ de

temps avant son lever et 4′ après son coucher, quoiqu'il soit réellement alors abaissé de 1° sous l'horizon. Quelque surprenante que paraisse cette conséquence, elle n'en est pas moins réelle, comme il est facile de s'en convaincre par l'expérience suivante.

Que l'on place sur le sol un vase vide, de large ouverture, au fond duquel on mettra une pièce d'argent, et qu'on s'en éloigne jusqu'à ce que les bords la dérobent à la vue. Si une personne répand alors de l'eau dans le vase, on reverra la pièce à l'instant, parce que les rayons qui en émanent et qui passaient *au-dessus des yeux* quand le vase était vide, s'abaissent en passant de l'eau dans l'air, pénètrent dans les yeux et rendent l'objet sensible.

La réfraction est une cause permanente d'erreurs que l'on est obligé de rectifier, au moyen des *tables de réfractions*, dans tous les problèmes où ce phénomène entre comme élément.

Nous avons exposé les lois de la réfraction ainsi que celles de la *réflexion* de la lumière dans la première leçon de la deuxième partie. Le lecteur peut y recourir pour mieux entendre ce qui précède.

Idée plus exacte de la sphère céleste.

Lorsqu'on eut acquis des notions exactes sur l'atmosphère, on comprit que la sphère céleste n'est pas placée à la région des nuages et qu'elle est bien au delà de ces limites. Ce fut surtout en observant les différentes espèces d'astres et leurs distances relatives à la terre qu'on parvint à se former une idée plus exacte de la sphère céleste.

On distingue des astres dont la lumière est animée d'un mouvement très-sensible, qu'on appelle *scintillation*, et d'autres, beaucoup moins nombreux, dont la lumière est immobile, comme celle de la lune. De là les astres *scintillants* et *non scintillants*. Les premiers, brillant de leur propre lumière, comme le soleil, furent appelés *corps lumineux* ou *étoiles ;* les seconds, qui ne brillent que parce qu'ils réfléchissent la lumière du soleil, sont des *corps opaques*.

Pour peu que l'on observe le cours des astres, on s'aperçoit que les étoiles se lèvent et se couchent chacune à la même heure et au même point de l'horizon, et qu'elles conservent constamment entre elles, du moins en apparence, les mêmes positions et les mêmes distances, en sorte qu'il n'existe point dans la nature de mouvement plus précis, plus régulier que le leur ; tandis que le soleil, la lune et les corps opaques changent chaque jour l'heure et le point de leur lever et de leur coucher, ainsi que leurs positions et leurs distances, soit entre eux, soit avec les étoiles, et paraissent *errer* dans le ciel, ce qui les fit nommer *astres errants* ou *planètes*.

Il existe aussi des astres qui, quoique soumis au mouvement général d'orient en occident, traversent le ciel dans toutes les directions possibles, et sont fréquemment précédés d'une longue traînée lumineuse semblable à une *chevelure*, d'où leur vient le nom de *comètes*. Ces astres extraordinaires, qui disparaissent souvent sans retour, furent jadis la terreur des nations et sont encore aujourd'hui les corps célestes les plus mystérieux.

Il tombe fréquemment sur la terre des pierres de différentes grosseurs. Ces pierres, dont la constitution accuse une origine commune, étrangère à notre globe, s'appellent *aérolithes*. On pense que les *étoiles filantes* pourraient bien n'être que des aérolithes qui s'enflamment par le frottement lorsqu'ils pénètrent dans notre atmosphère.

Les corps célestes diffèrent beaucoup aussi sous le rapport de leur *grandeur apparente*. Le *soleil* et la *lune* sont hors de toute proportion avec tous les autres. Les plus grands après eux sont les planètes *Vénus, Jupiter, Mars*. Quant aux étoiles fixes, les astronomes en distinguent *à l'œil nu* de six ou sept grandeurs différentes et du double au télescope.

Ces diverses grandeurs firent soupçonner avec raison que tous ces corps ne sont pas à égale distance de la terre. En effet, dans les éclipses de soleil, on voit la lune passer comme une tache noire sur le disque de cet astre, preuve évidente qu'elle est plus rapprochée de nous et qu'elle est opaque.

Mercure et Vénus présentent, mais bien plus rarement, le même phénomène. On voit aussi la lune

et les planètes passer devant les étoiles et les *occul-
ter* un instant. L'inverse n'arrive jamais. Il y a
même des étoiles qui s'occultent entre elles.

Il résulte de tous ces faits que la lune, le soleil, les
planètes, les étoiles sont à des distances inégales de
la terre. Ces astres ne sont donc pas tous placés à
la surface d'une même sphère.

Pour lever cette difficulté, qui semblait devoir
anéantir la sphère de cristal, les anciens ne trouvèrent rien de mieux que d'en supposer de nouvelles,
concentriques, de rayons différents. Tant il est difficile de se délivrer d'une erreur invétérée !

Lancés dans la voie des hypothèses gratuites, ils
imaginèrent, pour expliquer les inégalités et les perturbations des planètes, ce monstrueux édifice d'épi-
cycles, dont la complication inextricable arracha au
roi de Castille, Alphonse X, ce mot célèbre et pro-
fond, qui, bien loin d'être impie, comme on l'a pré-
tendu, ne renfermait que la critique judicieuse d'un
système bizarre et le pressentiment de la simplicité
du mécanisme céleste : « *Si Dieu m'avait consulté
quand il créa le monde, je lui aurais donné de
fort bons conseils.* »

Dès lors les bornes de la sphère céleste, prodigieusement reculées, devinrent celles de la sphère
étoilée, de l'*empyrée*. C'est en cela seulement que
l'idée en fut plus exacte.

DEUXIÈME LEÇON.

INVENTION DES CERCLES DE LA SPHÈRE.

Horizon.

L'horizon, comme nous l'avons déjà dit, est un cercle qui borne notre vue de tous côtés. On l'appelle *sensible* ou *apparent*. Il est produit par la sphéricité de la terre. Sa *grandeur* dépend de l'élévation du point de vue, et sa *position*, de celle de l'observateur. Si l'observateur avait l'œil à la surface de la terre ou de la mer, son horizon s'étendrait à peine à quelques pas ; et telle est la grandeur de la terre que, du sommet de la plus haute montagne, le Dhawalagiri, dans la chaîne de l'Himalaya, qui a 8500 mètres d'élévation, on ne pourrait découvrir que la 1636me partie de la surface du globe. Cette section est si petite par rapport à la masse entière que l'on considère le *plan de l'horizon sensible* comme *tangent* à la surface terrestre.

La position de ce cercle est plus variable encore que sa grandeur. Comme son plan est constamment perpendiculaire au rayon terrestre qui passe par le point de tangence, rayon dont l'observateur est, pour ainsi dire, le prolongement, il s'ensuit que celui-ci ne peut faire un seul pas dans une direction quelconque sans correspondre à un nouveau rayon auquel le cercle devient perpendiculaire. D'ailleurs, comme l'observateur occupe toujours le centre de l'horizon, il est évident qu'il ne peut se mouvoir sans que la circonférence ne se meuve, et qu'il ne soit toujours également éloigné de tous ses points.

Si l'on imagine un cercle parallèle au précédent, passant par le centre de la terre et prolongé jusqu'à la sphère céleste, on aura l'idée de l'*horizon rationnel*, ainsi nommé parce que la *raison* seule peut le percevoir. Ce *grand cercle* est mobile comme le précédent, dont il suit tous les mouvements pour lui être constamment parallèle; mais sa grandeur ne varie pas, puisque c'est un grand cercle qui divise toujours la terre et le ciel en deux hémisphères, l'un *supérieur*, l'autre *inférieur*.

L'horizon sensible et l'horizon rationnel sont distants l'un de l'autre de la longueur du rayon de la terre; mais ce rayon est si petit par rapport à celui de la sphère céleste qu'on peut le considérer comme nul. Aussi supposerons-nous désormais que ces deux cercles se confondent et vont couper la sphère céleste aux mêmes points.

Concevons une ligne droite passant par le centre de l'horizon perpendiculairement à sa surface et prolongée de part et d'autre jusqu'au ciel : c'est la *verticale*, rendue sensible en tous lieux par la direction du *fil à plomb*. L'extrémité supérieure de la verticale est le *zénith;* l'inférieure, le *nadir*. Le zénith et le nadir sont donc les deux points de la sphère céleste rencontrés par les extrémités de la verticale. Le premier correspond au sommet de notre tête, le second est directement sous nos pieds.

L'horizon, la verticale, le zénith et le nadir sont si intimement liés que l'une de ces choses ne peut éprouver le plus léger changement de position sans que toutes les autres n'en éprouvent simultanément un semblable; et toutes ces variations dépendent uniquement du centre. Tant que ce point, ou plutôt l'observateur qui l'occupe, est fixe, rien ne peut changer. Se meut-il, tout se meut à l'instant de la même quantité.

Chaque point de la surface terrestre a sa verticale. Si la terre était *plane,* les verticales seraient parallèles. Si elle était parfaitement *sphérique,* elles se couperaient toutes exactement au centre. Si elle n'est qu'un *sphéroïde,* elles se couperont en des points plus ou moins distants du centre. On peut déjà entrevoir par là comment la mesure des inclinaisons respectives des verticales a pu conduire à la connaissance de la *forme réelle de la terre* (5e leçon, 2e partie).

Imaginons un plan qui passe par notre verticale et par les deux pôles ; il sera perpendiculaire à l'horizon, qu'il coupera en deux parties égales, l'une *orientale,* l'autre *occidentale.* L'intersection de ces deux plans sera une ligne droite, un *diamètre* de l'horizon, qu'on appelle *ligne nord* et *sud,* parce que ses deux extrémités peuvent coïncider avec les pôles dans certaine position de la sphère céleste qu'on appelle *perpendiculaire* (p. 51).

L'horizon est le lieu apparent du lever et du coucher de tous les astres. Il renferme donc une infinité de points *est* et *ouest*. Parmi tous ces points il y en a *deux* que leur position rend très-remarquables. Ce sont ceux qui se trouvent à égale distance des deux extrémités de la ligne *nord* et *sud*. On les appelle les *vrais points est* et *ouest*, parce que c'est à ces points que, pour simplifier les idées, on rapporte tous les autres. La ligne qui les joint, perpendiculaire à la ligne nord et sud, s'appelle *ligne est* et *ouest;* elle coupe l'horizon en deux parties égales, l'une *septentrionale*, l'autre *méridionale*.

Les vrais points *est* et *ouest*, le *nord* et le *sud*, sont les *quatre points cardinaux* ou principaux de la sphère céleste. Il est de la plus grande importance de savoir en reconnaître à chaque instant la position réelle et réciproque, sans quoi il serait impossible de se diriger sûrement sur terre et sur mer. Reconnaître la position des quatre points cardinaux est ce qu'on appelle s'*orienter*.

Pour s'orienter le *matin*, il n'y a qu'à regarder le soleil levant; on a devant soi l'est, derrière l'ouest, à gauche le nord, à droite le sud.

Dans toute l'Europe, et dans plusieurs autres régions, dont nous déterminerons les limites précises (p. 56), les ombres, à midi, ou *ombres méridiennes*, sont constamment dirigées vers le nord. En se tournant alors vers leur direction, on a devant soi le nord, derrière le sud, à droite l'est, à gauche l'ouest.

Le soir, en faisant face au soleil couchant, on a devant soi l'ouest, derrière l'est, à droite le nord, à gauche le sud.

La nuit, si les étoiles brillent, on cherche l'*étoile polaire* (p. 80), qui indique le pôle boréal dont elle est très-voisine. Quand elles ne brillent pas, il faut consulter la *boussole*, aiguille aimantée placée horizontalement sur un pivot autour duquel elle se meut librement, et qui possède la précieuse propriété de se diriger sans cesse vers le nord, ou à peu près.

Les deux lignes nord et sud, est et ouest, dont les extrémités indiquent les points cardinaux, divisent l'horizon en quatre parties égales. Mais cela ne suffit pas pour que l'on puisse reconnaître d'une manière précise les divers points de ce cercle d'où vient le *vent*. On marqua donc sur la circonférence les *quatre* points intermédiaires, que l'on nomma *nord-est, nord-ouest, sud-est, sud-ouest.*

L'analogie conduisit à marquer encore *huit* points intermédiaires, à chacun desquels on donna, comme aux précédents, un nom composé de ceux des deux points les plus voisins. On eut ainsi : nord-nord-est (et pour abréger), E. N. E., E. S. E., S. S. E., S. S. O., O. N. O., O. S. O., N. N. O.

Enfin, prenant encore le milieu de ces arcs, on eut *seize* nouveaux points nommés : N. 1/4 N. E., N. E. 1/4 N., N. E. 1/4 E., E. 1/4 N. E., E. 1/4

S. E., S. E. 1/4 E., S. E. 1/4 S., S. 1/4 S. E.,
S. 1/4 S. O., S. O. 1/4 S., S. O. 1/4 O., O. 1/4 S.
O., O. 1/4 N. O., N. O. 1/4 O., N. O. 1/4 N., N.
1/4 N. O.

Fig. 3.
Pour saisir l'analogie qui a guidé dans la formation de ces derniers noms, il faut jeter les yeux
sur la figure 3. On y verra que le nom du premier
de ces points, N. 1/4 N. E., renferme les mots N.
et N. E.; et comme l'arc compris entre N. et N. E.
est divisé en quatre parties égales, et que le point
qui nous occupe est à 1/4 du N., on l'appelle N. 1/4
N. E., ce qui signifie : *Point situé entre le N. et
le N. E., mais à 1/4 du N.* La fraction 1/4 se rapporte, dans toutes ces dénominations, au point que
l'on nomme le premier. Ainsi N. E. 1/4 N. signifie :
le point situé entre le N. E. et le N., mais à 1/4 du
N. E., etc.

Tels sont les *trente-deux rumbs* ou *aires de vent,*
c'est-à-dire les trente-deux points de l'horizon d'où
partent les vents, et qui ont paru suffire jusqu'ici
pour en déterminer la direction. Mais il est probable qu'on remplacera ces divisions par les degrés
de la circonférence, ce qui sera plus régulier et
plus exact. La figure qui représente ces divisions
s'appelle *rose des vents.*

Équateur.

Nous avons vu que la sphère céleste tourne en vingt-

quatre heures sur son axe d'orient en occident; que
dans une révolution sidérale tous ses points décrivent des cercles perpendiculaires à l'axe du monde,
parallèles entre eux et diminuant de grandeur jusqu'aux pôles où ils se réduisent à un point (p. 5).
Le plus grand de tous ces cercles, celui qui est à
égale distance des pôles, s'appelle *équateur;* non
parce qu'il partage le ciel et la terre en deux parties *égales*, puisque tout grand cercle jouit de la
même propriété, mais parce que, sous ce cercle, le
jour est constamment égal à la nuit. L'équateur
coupe l'horizon aux vrais points Est et Ouest, distants comme lui de 90° de chaque pôle. Il est décrit par tous les astres qui se lèvent au vrai point
Est. Sa position est immuable; par conséquent ce
cercle est *unique*. Son axe est l'axe même du monde.
Le plan de l'équateur détermine par intersection sur
la surface de la terre l'*équateur terrestre*, qu'on appelle *ligne équinoxiale* ou simplement *la ligne*.

Méridien.

Concevons un plan quelconque qui contienne
notre *verticale;* il sera perpendiculaire à notre horizon et passera par notre zénith et notre nadir.
Faisons-le tourner autour de la verticale jusqu'à ce
qu'il rencontre les pôles. Alors son intersection
avec la sphère céleste sera la circonférence d'un
grand cercle qu'on appelle *méridien* de (*medius*

dies, milieu du jour, midi), parce qu'il est midi quand le centre du soleil est dans ce plan au-dessus de l'horizon, et par conséquent *minuit* quand il occupe la position diamétralement opposée.

Le méridien est donc un grand cercle de la sphère qui la partage en deux hémisphères, l'un oriental, l'autre occidental, et qui détermine conséquemment le *milieu* du cours journalier de tous les astres. L'intersection de ce cercle avec la surface de la terre forme la *ligne méridienne*, qui passe nécessairement par les pôles terrestres, c'est-à-dire par les deux points où l'axe du monde pénètre la terre. Nous apprendrons à la tracer (p. 96).

Le méridien n'est pas unique comme l'équateur. Si dans nos déplacements nous suivons la direction de la *méridienne,* nous sommes toujours dans le plan du même méridien ; mais si nous nous transportons de l'est à l'ouest ou *vice versâ*, nous sortons de ce plan dès le premier pas, puisque nous abandonnons son intersection avec la surface de la terre. Or, dans les diverses positions que nous pouvons occuper de l'est à l'ouest, rien ne s'oppose à ce que nous puissions imaginer de nouveaux méridiens, passant comme le précédent par nos verticales successives et par les pôles. Il y a donc une infinité de méridiens. Ils s'entrecroisent tous aux pôles ; ils ont un centre commun, celui de la sphère, et pour intersection commune l'axe du monde.

Ainsi le méridien varie à chaque pas, comme

l'horizon, avec cette unique différence que celui-ci varie *de quelque côté* que l'on se dirige, celui-là, lorsqu'on suit toute autre direction que celle de la méridienne.

Le soleil circulant de l'est à l'ouest traverse successivement tous les méridiens à chaque révolution diurne. Il en résulte qu'il est la même heure pour toutes les personnes placées sous un même méridien, et des heures différentes pour celles qui se trouvent sous des méridiens divers. En effet, puisque le soleil décrit en vingt-quatre heures les 360° de la circonférence du ciel, il parcourt 15° en une heure, 30° en deux heures, 45° en trois heures, etc. Lors donc qu'il est *midi* sous un méridien, il est *une, deux, trois heures du soir* sous les méridiens plus *orientaux* de 15, 30, 45 degrés, puisqu'il y a *une, deux, trois* heures que le soleil a traversé les plans de ces cercles; et, par contre, il n'est que *onze, dix, neuf heures du matin* sous les méridiens plus *occidentaux* de ces mêmes nombres de degrés, car le soleil ne les atteindra que dans *une, deux, trois* heures. Il suit de là que, dans les voyages autour du monde, le journal du bord marque au retour un jour entier *de plus* ou *de moins* que le calendrier du port d'où l'on est parti, selon que le navire s'est dirigé vers l'est ou vers l'ouest. Cette *confusion des dates* nous offre l'occasion d'expliquer comment il peut y avoir une *semaine à trois jeudis,* à laquelle on renvoie vulgairement l'accomplissement d'une promesse qu'on n'a pas l'intention de tenir, comme les Romains renvoyaient aux *calendes grecques*, qui n'existaient pas.

Un navire qui s'est avancé vers l'orient de 15° voit le soleil se lever une heure avant les habitants du port d'où il est parti. Il a donc gagné une heure. Il en gagne de même une par chaque 15° parcourus en ce sens ; en sorte qu'après avoir fait le tour du monde il a réellement gagné vingt-quatre heures et vu le soleil se lever une fois de plus que dans le port. Si donc, le jour de son arrivée, il est *mercredi* au point de départ, il est *jeudi* à son bord.

Un autre navire parti du même port, le même jour, en se dirigeant au contraire vers l'occident, verrait, après avoir parcouru 15°, le soleil se lever une heure plus tard. Il compterait donc une heure de moins, et vingt-quatre, ou un jour entier, après avoir parcouru 360°. En supposant, ce qui est très-possible, qu'il arrivât le même jour que le premier au point de départ, c'est-à-dire le *mercredi,* il ne serait que *mardi* pour lui. Ainsi, ce jour-là il serait *jeudi* à bord du premier navire ; le lendemain, *jeudi* dans le port ; le surlendemain, *jeudi* pour le second navire, et ces trois *jeudis* seraient renfermés dans la même semaine. Deux jumeaux répartis sur ces vaisseaux n'auraient plus le même âge au retour. L'un aurait deux jours de plus que l'autre. Revenons.

Il résulte de ce qui précède (et cette conséquence est de la plus haute importance) que, lorsqu'on connaît la *différence des heures* que l'on compte sous deux méridiens, on peut déterminer exactement la *distance angulaire* qui les sépare, et réciproquement. On voit par là que l'on peut convertir les degrés, minutes et secondes d'*espace*, en heures, minutes et secondes de *temps*, et *vice versâ*. Ces conversions faciles sont fréquemment employées en astronomie, où l'on substitue toujours avec avantage le temps à l'espace, parce que le temps est plus facile à mesurer exactement (p. 93). Nous ferons observer que le méridien qui passe par la verticale de l'observateur est seul perpendiculaire à son horizon. Tous les autres sont plus ou moins inclinés sur ce cercle, à moins que l'observateur ne soit à l'un des pôles.

Tropiques, parallèles.

De tous les astres, il n'en est point de plus important à observer que le soleil, dispensateur suprême des jours, des saisons et des ans, de la lumière et de la chaleur. Aussi attira-t-il sans cesse l'attention des premiers astronomes qui en étudièrent les mouvements afin de déterminer la route qu'il suit dans le ciel.

Plaçons-nous favorablement pour faire comme eux ces *observations fondamentales.*

Si, d'un même point, d'où l'on découvrirait un vaste horizon, nous observions fréquemment, pendant une année entière, le lever du soleil, nous reconnaîtrions : 1° qu'il ne se lève jamais deux fois de suite au même point de l'horizon; 2° qu'il se transporte pendant *six* mois du nord au sud, et pendant *six* mois du sud au nord; 3° que, le 21 décembre, il se lève à un point méridional de l'horizon qu'il ne dépasse jamais; et le 21 juin, au point le plus septentrional qu'il puisse atteindre; 4° que, le 20 mars et le 22 septembre, il se lève à un point également éloigné de ces deux limites extrêmes, au vrai point est.

Les deux cercles qu'il décrit le 21 décembre et le 21 juin ont été nommés *tropiques*, d'un mot grec qui signifie *retour*, parce que, en effet, dès que le soleil a décrit un tropique, il *retourne* vers l'autre.

Le *tropique septentrional* ou du *Cancer* et le *tropique méridional* ou du *Capricorne* sont, pour ainsi dire, les bornes de la course annuelle du soleil, les véritables *colonnes d'Hercule*, qui expliquent l'inscription célèbre, *nec plus ultra* (on ne va pas plus loin).

L'équateur est placé entre les deux tropiques, à 23° 1/2 de chacun d'eux. Ainsi, ce sont de petits cercles, égaux entre eux comme étant à égale distance du centre de la sphère céleste. L'importance de ces cercles est évidente. Ce sont eux qui déterminent la longueur de l'*année* ou le temps qui s'écoule entre deux passages successifs du soleil à l'un d'eux. Nous verrons comment on mesure la longueur de l'*année tropique* (7e leçon, 1re partie).

Les *parallèles* sont les cercles intermédiaires que le soleil décrit journellement. Ces parallèles et les tropiques ne sont point de véritables cercles, car ces courbes ne rentrent pas sur elles-mêmes, puisque le soleil ne se lève pas le lendemain au même point que la veille. Ce sont les spires d'une espèce d'hélice ou de *vis* dont la déviation, le *pas*, est marqué par l'arc de l'horizon intercepté entre deux points consécutifs de lever. C'est pour simplifier les idées qu'on les considère comme de véritables cercles. La dénomination de *parallèles* s'étend aux cercles tracés au delà des tropiques par les points de la sphère jusqu'aux pôles.

Écliptique.

D'après les observations précédentes, le soleil paraît se transporter d'un tropique à l'autre en décrivant des courbes en spirale qui décroissent de chaque côté de l'équateur. Un examen plus attentif modifia ces premiers aperçus et les rapprocha de la réalité.

On savait depuis longtemps qu'il n'existe point dans l'univers de mouvement plus régulier, plus invariable, que celui des étoiles. En les observant quelques jours d'un même lieu, il est facile de s'assurer en effet : 1° que chaque étoile se lève et se couche constamment au même point de l'horizon et à la même heure ; 2° que, si plusieurs étoiles surgissent un jour simultanément ou successivement à l'horizon, la coïncidence qui confond les instants de leurs levers ou la différence qui les sépare ne varie jamais; 3° que la distance apparente qu'on remarque entre elles est toujours égale.

Or, en comparant le mouvement diurne du soleil avec celui des étoiles, on reconnaît que, si le lever du soleil et celui d'une étoile sont instantanés un certain jour, ils cessent de l'être dès le lendemain. L'observation constate que, le lendemain, le lever de l'étoile précède celui du soleil de 4′ de temps, le surlendemain de 8′, le jour suivant de 12′, et ainsi de suite; en sorte que, trois mois après, l'étoile arrive au méridien supérieur quand le soleil se lève; six mois après, le coucher de l'étoile coïncide avec le lever du soleil; enfin, quand l'année est révolue, les deux astres se sont rejoints et se lèvent de nouveau ensemble pour se séparer encore de la même manière.

On comprend que cette observation ne peut se faire quand les deux astres se lèvent simultanément, parce que l'éclat du soleil rend l'étoile invisible. Voici comment on procède.

On observe à *minuit* une étoile quelconque située dans le plan du méridien. On est certain qu'au même instant le soleil est inférieurement dans le même plan (p. 24) et par suite à 180° de l'étoile. Le lendemain, à *minuit,* on observe la même étoile, et l'on trouve qu'elle a passé au méridien supérieur depuis 4′; le surlendemain, depuis 8′, etc. De cette manière le fait est également constaté. Que peut-on, que doit-on en conclure? De deux choses l'une : l'étoile *avance* par rapport au soleil, où le soleil *retarde* par rapport à l'étoile de 4′ par jour. Mais on ne saurait attribuer cette inégalité de vitesse à l'étoile ; elle provient donc du soleil. Il faut donc que cet astre soit animé d'un *mouvement propre*, contraire au mouvement général, capable de le retarder de 4′ en vingt-quatre heures, et par suite de l'éloigner de l'étoile de 1° vers l'est dans cet espace de temps. Cet arc de 1° que, sans ce retard, le soleil eût décrit en 4′ en vertu du mouvement général, est précisément celui que son mouvement propre lui a fait décrire en vingt-quatre heures en sens inverse.

Ainsi, le soleil est assujetti à deux mouvements opposés : le mouvement d'orient en occident, ou *rétrograde*, et le mouvement d'occident en orient, ou *direct*. Par le premier il parcourt à peu près 360° en vingt-quatre heures ; par le second, 1° environ dans le même temps. La simultanéité de ces deux mouvements n'offre rien de contradictoire. Lorsqu'un navire vogue de l'est à l'ouest, par exemple, les marins, transportés en ce sens par le mouvement général du navire, peuvent très-bien, par leur mouvement propre, se mouvoir de l'ouest à l'est.

En avançant ainsi vers l'est d'un degré par jour, le soleil décrit nécessairement une courbe. Supposons que ce soit la circonférence d'un grand cercle placé transversalement entre les deux tropiques, de manière à toucher chacun d'eux en un seul point et à couper l'équateur en deux autres. Si, en avançant d'environ 1° par jour sur cette courbe, le soleil nous présente toutes les apparences que nous a déjà offertes sa marche annuelle, l'hypothèse devra être admise.

Plaçons sous nos yeux une *sphère armillaire*, construite d'après le système des apparences, pour faire cette vérification sur cette courbe qui s'y trouve représentée. Supposons d'abord que le soleil soit placé au point de tangence de ce cercle et du tropique du sud, et qu'il y soit *fixe*, sans mouvement propre. En faisant tourner la machine plusieurs fois d'orient en occident, on verrait le soleil se lever toujours au même point de l'horizon, ce qui est contraire à l'observation. Donc, 1° il se meut sur ce cercle.

Maintenant, marquons le point de l'horizon où le soleil vient de se lever, et, pendant que la machine fera une nouvelle révolution, faisons marcher le soleil vers l'*est* de *un* degré, que nous exagérerons afin de rendre les effets sensibles. Un petit morceau de papier mouillé peut représenter l'astre dans sa nouvelle position. Alors on voit : 2° qu'il ne se lève pas au même point de l'horizon, mais un peu plus au nord. En continuant ainsi à faire avancer le soleil après qu'il aura atteint le tropique septentrional, on verra : 3° que les points successifs de lever seront désormais plus méridionaux, jusqu'à ce qu'il arrive à son point de départ. Enfin on remarquera qu'il trace en même temps chaque jour un parallèle de l'est à l'ouest, en vertu du mouvement général.

Cette courbe hypothétique existe donc. Le grand cercle qu'elle détermine s'appelle *écliptique*, parce que ce n'est que dans son plan que les *éclipses* de soleil et de lune peuvent avoir lieu.

L'écliptique, allant d'un tropique à l'autre, forme avec l'équateur un angle de 23° 1/2 qu'on appelle *obliquité de l'écliptique*. Ce cercle est unique, car le soleil ne peut suivre uniformément qu'une route, qu'il parcourt en 365 j. 5 h. 48′ 48″, durée exacte de l'année.

Il y a sur l'écliptique quatre points très-remarquables : les deux points de tangence avec les tropiques et les deux points d'intersection avec l'équateur. Les deux premiers sont les *points solsticiaux* ou *solstices;* les deux autres, les *points équinoxiaux* ou *équinoxes.*

Solstice, (du latin *sol sistit*) signifie *le soleil s'arrête*. En effet, dès que le soleil arrive à l'un de ces points, il cesse d'avancer vers un pôle pour revenir vers l'autre.

Équinoxe, (de *nox æqua*) veut dire *nuit égale au jour;* car, lorsque le soleil parvient à l'un de ces points, il y a égalité de jour et de nuit sur toute la terre.

On distingue le solstice du Cancer ou d'*été*, au nord, et celui du Capricorne ou d'*hiver*, au sud, comme aussi l'équinoxe de *printemps* et d'*automne*. L'instant des solstices et des équinoxes n'existe rigoureusement que lorsque le centre du soleil coïncide avec ces points.

Le soleil passe au solstice d'hiver le 21 décembre; au solstice d'été le 21 juin; à l'équinoxe de printemps le 20 mars, en allant du sud au nord; à l'équinoxe d'automne le 22 septembre, en allant du nord au sud. Ces quatre points divisent l'écliptique en quatre parties qui correspondent aux quatre saisons.

L'*hiver* commence à l'instant où le soleil arrive au solstice du Capricorne, et, pour abréger, le *printemps* commence à l'équinoxe du 20 mars; l'*été*, au solstice du Cancer; l'*automne*, à l'équinoxe du 22 septembre.

Le vulgaire distingue les saisons à des indices moins précis : il reconnaît l'*hiver* aux jours plus courts que les nuits et qui croissent; le *printemps* aux jours plus longs que les nuits et qui croissent; l'*été* aux jours plus longs que les nuits et qui décroissent; l'*automne* aux jours plus courts que les nuits et qui décroissent.

Colures.

Tous les méridiens, passant par les deux pôles, coupent nécessairement les tropiques et l'équateur en deux points. Or, parmi les méridiens il en est un qui passe par les deux points *solsticiaux*, et un autre par les deux points *équinoxiaux*. Le premier est le *colure des solstices*; le second, celui des *équinoxes*. *Colure* signifie *qui coupe*. Ces deux cercles se croisent à angles droits et divisent la sphère en parties égales; ils forment la charpente des sphères armillaires construites d'après le système des apparences, ou de Ptolémée.

Cercles polaires.

L'écliptique étant inclinée de 23° 1/2 sur l'équateur, son axe a nécessairement la même inclinaison sur l'axe du monde, qui est aussi celui de l'équateur. Les extrémités de l'axe de l'écliptique rencontrent donc la sphère céleste en deux points opposés, distants de 23° 1/2 de chaque pôle. Ces points décrivent, en vertu du mouvement général, deux circonférences de cercles, nommés *cercles polaires*, à cause de leur proximité des pôles. L'un est le *cercle polaire boréal, septentrional, arctique;* l'autre, le *cercle polaire austral, méridional, antarctique.*

En résumé, les cercles de la sphère céleste sont :

L'horizon { sensible, rationnel;

L'équateur,

Les méridiens, les colures;

Les tropiques,

Les parallèles,

3.

L'écliptique,

Les cercles polaires.

On les divise en *grands* et *petits* cercles.

Les *grands* sont : l'horizon rationnel, l'équateur, le méridien, l'écliptique ;

Les *petits* : l'horizon sensible, les tropiques, les parallèles, les cercles polaires.

Parmi les grands, l'équateur et l'écliptique sont *uniques ;* l'horizon, le méridien sont multipliés à l'infini.

TROISIÈME LEÇON.

DIVISIONS DE LA SPHÈRE CÉLESTE.

Tout grand cercle divise la sphère en deux hémisphères. Les hémisphères formés par l'horizon sont dits *supérieur* et *inférieur;* par l'équateur, *septentrional* et *méridional;* par les méridiens, *oriental* et *occidental.*

Les tropiques et les cercles polaires, considérés simultanément, divisent la surface de la sphère céleste en *cinq* parties nommées *zones*, c'est-à-dire *ceintures.* Les *zones extrémes* ou *polaires* sont comprises entre chaque pôle et le cercle polaire correspondant; la *zone intertropicale* est entre les tropiques; les *zones moyennes* sont entre un cercle polaire et un tropique. On les distingue en désignant l'hémisphère qui les contient.

Chaque zone polaire a une largeur de 23° 1/2; chaque zone moyenne, de 43°; la zone intertropicale, de 47°.

Des divisions analogues furent déterminées sur la surface de la terre. La terre étant supposée au centre du monde, il est évident que l'équateur dépose par intersection sur sa surface une trace qui est l'*équateur terrestre*, appelé aussi *ligne équinoxiale*, parce qu'il est dans le plan qui renferme les points équinoxiaux.

Les tropiques et les cercles polaires terrestres ne peuvent être.déterminés par intersection, parce que, le diamètre de la terre n'étant qu'un point relativement à l'espace qui sépare les cercles célestes correspondants, ceux-ci ne la rencontrent pas, comme l'équateur, et ne peuvent conséquemment y déposer aucune trace; mais en réunissant, par la pensée, tous les points du globe distants de 23° 1/2 de la *ligne équinoxiale* d'une part, et de 66° 1/2 de l'autre, dans chaque hémisphère, on obtient les traces des *tropiques* et des *cercles polaires terrestres*. Alors la surface de la terre se trouve divisée en *cinq zones*, correspondantes aux zones célestes. On appelle *glaciales* celles qui sont entre les pôles et les cercles polaires, *torride* ou brûlante celle qui se trouve entre les deux tropiques, et *tempérées* les deux moyennes.

On comprend aisément l'utilité des zones et des cercles qui en fixent les limites. Sans eux il n'y aurait sur la surface des sphères aucun terme de comparaison auquel on pût rapporter la position des divers points, aucune limite pour fixer les regards; tandis que par le secours de ces repères on peut étudier successivement chaque partie en particulier, et les lier ensuite pour acquérir une idée exacte de l'ensemble.

Zodiaque.

Outre les cinq zones que nous venons de reconnaître, il en existe dans le ciel une sixième qui, par sa célébrité et son importance, mérite de fixer toute notre attention : c'est le *zodiaque*.

Le soleil n'est pas le seul astre qui soit assujetti à un *mouvement propre* ou *direct*. Ce mouvement est bien plus sensible dans la *lune*, qui parcourt environ 13° d'occident en orient en vingt-quatre heures ; en sorte qu'il ne lui faut que vingt-sept jours un tiers, à peu près, pour rejoindre une étoile dont elle s'est séparée. On reconnut de bonne heure, quoique plus difficilement, que *Mercure*, *Vénus*, *Mars*, *Jupiter* et *Saturne*, présentent aussi le même phénomène.

Leurs orbites croisent l'écliptique et la coupent en deux points appelés *nœuds ;* d'où il suit que ces astres sont tantôt *au-dessus*, tantôt *au-dessous* du plan de cercle, dont ils s'écartent de chaque côté : la lune de 5°, Mercure de 7, Vénus de 8, Mars de 2, Jupiter de 1, Saturne de 2, en nombres ronds.

Pour circonscrire la région céleste qui renferme toutes ces orbites planétaires, on imagina de tracer dans la direction de l'écliptique une zone de 16° de largeur qu'on appela *zodiaque*. L'écliptique la partage longitudinalement en deux moitiés.

Quand cette zone fut déterminée, on sentit la nécessité de la diviser en plusieurs parties égales, afin de pouvoir connaître chaque jour à quel point de leurs révolutions le soleil, la lune et les planètes sont parvenus. L'écliptique fut divisée à cet effet en 360°.

Pour cela, on détermina d'abord les points équinoxiaux et solsticiaux; ensuite on choisit un de ces points pour servir de terme fixe, de *point origine*, d'où l'on convint de partir pour mesurer les degrés. C'est à ce point que l'on rapporte les diverses positions du soleil et de tous les astres. Ce point remarquable est l'*équinoxe de printemps*, intersection de l'équateur et de l'écliptique, nommé aussi *point équinoxial du Bélier*, marqué sur toutes les sphères par le signe ♈.

Le printemps commence lorsque le centre du soleil coïncide avec ce point; mais cette coïncidence ne dure qu'un instant. A peine a-t-elle cessé que le soleil passe dans l'hémisphère boréal. Vingt-quatre heures après, cet astre s'est éloigné du point ♈ d'un arc de 1° environ, en vertu de son mouvement propre. Nous disons *environ*, parce qu'en mesurant chaque jour l'arc qui sépare le soleil du point ♈ on trouve qu'il augmente de plus d'un degré quand le soleil est dans le voisinage de l'équateur, et de moins d'un degré quand il en est éloigné. Nous en reconnaîtrons la cause (7ᵉ leçon, 2ᵉ partie).

Quand l'écliptique fut divisée en 360°, on la partagea en 12 arcs de 30° chacun.

Le zodiaque lui-même se trouva ainsi partagé en 12 parties égales, ayant chacune 30° de longueur sur 16° de largeur. Ces espaces furent appelés *signes*. Voici les noms qui leur furent imposés dans l'*ordre direct*, celui dans lequel le soleil, la lune et les planètes les parcourent :

Bélier, Taureau, Gémeaux, Écrevisse ou *Cancer, Lion, Vierge, Balance, Scorpion, Sagittaire, Capricorne, Verseau, Poissons.*

On les a renfermés dans ces deux vers techniques :

Sunt Aries, Taurus, Gemini, Cancer, Leo, Virgo,
Libraque, Scorpius, Arcitenens, Caper, Amphora, Pisces.

Le zodiaque contient divers amas d'étoiles ou *constellations* appelées *zodiacales*. Chacune d'elles reçut le nom du signe qui la renfermait ; mais il ne faut pas confondre ces deux choses. Les signes sont des espaces ; les constellations, des groupes d'étoiles. Les mêmes constellations ne restent pas constamment dans les mêmes signes. Elles paraissent les traverser insensiblement d'*occident* en *orient*, à cause d'un mouvement inverse inhérent au point ♈, dont nous parlerons bientôt, qui déplace les signes eux-mêmes. Pour éviter toute confusion, les astronomes sont convenus de donner *toujours aux signes* les noms précédents, quelles que soient les constellations qu'ils renferment.

Ces noms ne furent point imposés au hasard,

mais choisis de manière à lier les occupations sociales les plus importantes pour les inventeurs, qui
étaient des pasteurs chaldéens, aux diverses positions du soleil dans son orbite.

Ainsi, les trois premiers signes que le soleil parcourt pendant le printemps, à partir du *point origine*, reçurent les noms des animaux qui forment la
richesse des peuples pasteurs, parce que c'est dans
cette saison que les troupeaux se multiplient.

Le quatrième signe fut nommé *Écrevisse* parce
que le soleil, en le décrivant, semble marcher à re-
culons pour revenir au tropique du sud.

C'est alors que cet astre s'élève le plus sur les
horizons de notre hémisphère, et qu'il les pénètre
d'une chaleur dont la force est indiquée par celle
du *Lion*.

Cette chaleur achève de mûrir les moissons que
de jeunes filles, figurées par la *Vierge*, recueillent
la faucille à la main.

Ensuite le soleil arrive à l'équateur. Il y a *égalité* de jour et de nuit sur toute la terre, phénomène
remarquable, très-heureusement figuré par la *Balance*.

Il passe dans l'hémisphère méridional; les cha-
leurs cessent dans l'hémisphère opposé, où les exha-
laisons suspendues dans les airs retombent et occasionnent des maladies dangereuses comme la morsure
du *Scorpion*.

Les forêts se dépouillent; c'est le moment où le

chasseur poursuit les bêtes féroces qui infestaient les troupeaux.

Le soleil, arrivé au tropique du sud, commence à *remonter* vers le nord. Ce mouvement devait rappeler à des pasteurs le *Capricorne*, dont La Fontaine a dit :

Rien ne peut arrêter cet animal *grimpant*.

Les grandes pluies arrivent : voilà le *Verseau*. Elles engraissent les *Poissons :* c'est la saison de la pêche.

Ces dénominations prouvent que les inventeurs du zodiaque habitaient l'hémisphère septentrional ; car c'est là seulement que le soleil semble *monter* en partant du tropique du sud et *descendre* en revenant du tropique du nord. L'inverse a lieu dans l'hémisphère méridional.

Tous les signes, excepté la *Balance* et le *Verseau*, portent des noms d'animaux.

De là vient que cette zone fut nommée *zodiaque* (roue chargée d'animaux).

Les signes se divisent en *ascendants* et *descendants*, *septentrionaux* et *méridionaux*, et en signes *des quatre saisons*.

Les signes *ascendants* sont ceux que le soleil parcourt en s'élevant du tropique du sud au tropique du nord : le *Capricorne*, le *Verseau*, les *Poissons*, le *Bélier*, le *Taureau*, les *Gémeaux*.

Les signes *descendants* sont ceux qu'il parcourt

en allant du tropique du nord au tropique du sud :
l'*Écrevisse*, le *Lion*, la *Vierge*, la *Balance*, le *Scorpion*, le *Sagittaire*.

Les signes *septentrionaux* et *méridionaux* tirent ces dénominations des hémisphères qu'ils occupent.

Les premiers sont : le *Bélier*, le *Taureau*, les *Gémeaux*, l'*Écrevisse*, le *Lion*, la *Vierge ;*

Les seconds : la *Balance*, le *Scorpion*, le *Sagittaire*, le *Capricorne*, le *Verseau*, les *Poissons.*

Les signes du printemps sont : le *Bélier*, le *Taureau*, les *Gémeaux ;*

De l'été : l'*Écrevisse*, le *Lion*, la *Vierge ;*

De l'automne : la *Balance*, le *Scorpion*, le *Sagittaire ;*

De l'hiver : le *Capricorne*, le *Verseau*, les *Poissons.*

Il faut remarquer que les signes que nous nommons *ascendants* sont *descendants* pour les habitants de l'hémisphère méridional, et réciproquement. Les signes des saisons varient aussi inversement pour chaque hémisphère, parce que, lorsque l'un a le printemps et l'été, l'autre a l'automne et l'hiver. Quant aux signes septentrionaux et méridionaux, ils sont les mêmes partout.

Les noms imposés aux *signes*, et, par suite, aux constellations du zodiaque, furent représentés par les figures mêmes des animaux et des objets qu'ils désignent, conformément au génie de l'écriture pri mitive, *hiéroglyphique*. Ce serait une erreur grossière de penser que les divers groupes d'étoiles représentent par leur disposition la forme des animaux dessinés sur les sphères célestes. Ces dessins ne sont autre chose que les *noms* des constellations écrits hiéroglyphiquement.

Voici ces figures, abrégées ou réduites au *simple trait caractéristique*, telles qu'elles nous ont été transmises par les anciens monuments. Il importe de les connaître, parce qu'elles sont encore en usage.

♈, le Bélier : on le reconnaît à ses cornes ;

♉, le Taureau : à sa tête armée de dards ;

♊, les Gémeaux : deux enfants dont les bras sont entrelacés ;

♋, l'Écrevisse ou Cancer : cette figure offre le même aspect de quelque côté qu'on la considère ;

♌, le Lion : son œil, sa crinière et sa queue ;

♍, la Vierge : une personne agenouillée, armée d'une faucille ;

♎ la Balance : la tige et les bassins ;

♏, le Scorpion : il se reconnaît à son dard ;

♐, le Sagittaire : à la flèche ;

♑, le capricorne : à ses cornes en volute ;

♒, le Verseau est représenté par une rivière, quelquefois par une urne renversée ;

♓, les Poissons : abrégé de deux poissons unis par un lien.

Nous avons dit que les constellations du zodiaque paraissent changer de signes.

Hipparque, le plus célèbre astronome de l'antiquité, qui observait dans l'île de Rhodes 128 ans avant Jésus-Christ, reconnut que le *point équinoxial du printemps*, ♈, placé au commencement du premier degré du Bélier marqué 0°, et considéré comme fixe, ne correspond pas chaque année à la même étoile, au même point de la sphère céleste. Une séparation de plus en plus considérable s'opère entre eux, comme si l'étoile avait un mouvement *direct* par rapport à lui, ou que ♈ en eût un *rétrograde* par rapport à l'étoile. Comme la marche des étoiles est invariable, Hipparque pensa, avec raison, que ce phénomène est dû au déplacement successif du *point équinoxial*, déplacement que l'on sait être d'un arc de 51″ environ par an, de 1° en 72 ans, et de 360° en 26000 ans.

Il suit de là que le soleil, qui parcourt l'écliptique de *l'ouest* à *l'est*, ne doit pas rencontrer l'équinoxe ♈ au point de l'écliptique où il l'avait précédemment rejoint, mais *plus tôt*, puisque l'équinoxe vient à sa rencontre par son mouvement de *l'est* à *l'ouest*. Le soleil le rejoindra donc après avoir parcouru, non pas 360°, mais 360° moins 51″. Or, 51″ d'espace correspondent à 3″,06 de temps, quantité dont l'instant de la nouvelle rencontre *précède* celui auquel elle aurait eu lieu si l'équinoxe était fixe. De là vient la dénomination de *précession des équinoxes* donnée à ce phénomène important, dont nous reconnaîtrons la véritable cause (8e leçon, 2e partie).

Ainsi, le point équinoxial de printemps, en vertu de son mouvement *rétrograde*, traverse successivement les constellations du zodiaque, qu'il parcourt toutes en 26000 ans environ. Depuis Hipparque, il s'est transporté sur l'écliptique de près de 30° vers l'ouest, 27° 46'; ce qui fait que l'équinoxe de printemps n'arrive plus dans la constellation du Bélier, comme à l'origine du zodiaque, mais dans celle des Poissons, très-près du Verseau (2° 54' à peu près). Comme tous les points du zodiaque sont liés entre eux, ils doivent se déplacer tous ensemble de la même quantité; ainsi l'*équinoxe d'automne* arrive maintenant dans la constellation de la Vierge, et non plus dans celle de la Balance; le *solstice d'été*, dans celle des Gémeaux, et non de l'Écrevisse; *celui d'hiver*, dans celle du Sagittaire, et non du Capricorne. En un mot, chaque signe est plus occidental que la constellation de même nom d'environ 30°.

Afin de ne pas confondre les signes et les constellations, ajoutons à ce que nous en avons déjà dit (p. 41) que les astronomes sont convenus de considérer les signes comme fixes par rapport aux équinoxes, c'est-à-dire de les nommer et de les compter toujours à partir du point ♈, dont ils suivent attentivement les déplacements périodiques sur l'écliptique. Voilà comment le 0 du Bélier correspondra toujours à l'intersection de l'écliptique et de l'équateur, au point ♈, quelle que soit la constellation où elle s'opère. « D'ailleurs, dit M. H. Faye dans ses excellentes *Leçons de Cosmographie*, cette confusion ne peut plus avoir lieu depuis que, pour l'éviter, les astronomes modernes ont banni les signes et leurs symboles de l'écliptique, dont ils comptent les divisions comme celles de tout autre cercle. »

Terminons par un tableau qui montre la correspondance des signes et des mois, et les jours où le soleil entre actuellement dans chaque signe.

Printemps.....	♈........	20 mars.....	Équinoxe du printemps.
	♉........	20 avril.....	
	♊........	20 mai......	
Été..........	♋........	21 juin......	Solstice d'été.
	♌........	20 juillet....	
	♍........	20 août.....	
Automne......	♎........	22 septembre.	Équinoxe d'automne.
	♏........	20 octobre...	
	♐........	20 novembre.	
Hiver.........	♑........	21 décembre.	Solstice d'hiver.
	♒........	21 janvier...	
	♓........	18 février....	

On trouve sur l'horizon des sphères artificielles la correspondance entre les degrés de l'écliptique et les jours de l'année (11e leçon, 2e partie).

QUATRIÈME LEÇON.

POSITIONS DE LA SPHÈRE CÉLESTE.

La sphère céleste présente des aspects bien différents selon que l'observateur est aux pôles, sous l'équateur ou entre un des pôles et l'équateur. On dit que la sphère est *parallèle* dans le premier cas, *perpendiculaire* ou *droite* dans le deuxième, *oblique* dans le troisième.

Sphère parallèle.

Si nous nous transportons par la pensée au pôle arctique terrestre même, notre horizon rationnel se confondra avec l'équateur, puisque nous serons à 90° de chacun de ces cercles. Par conséquent l'horizon sera *parallèle* aux tropiques ; de là le nom de cette position de la sphère. Alors une moitié des parallèles que le soleil décrit dans l'année est entièrement au-dessus de l'horizon ; l'autre, au-dessous. Quand, le 20 mars, le soleil décrit l'équateur, l'observateur le voit circuler autour de l'horizon pendant vingt-quatre heures. Il jouit pendant un jour entier du spectacle ravissant de l'aurore, qui dure si peu pour nous. Le même spectacle se voit le même jour du pôle antarctique.

Le lendemain, le soleil, élevé au-dessus de l'horizon, circule parallèlement à ce cercle, comme il le fera chaque jour, en décrivant des parallèles de plus en plus élevés, jusqu'à ce qu'il atteigne le tropique du Cancer. Ensuite il descend graduellement et revient à l'équateur *six mois* après en être parti. Durant ces six mois il a été constamment visible au pôle arctique, puisqu'il n'a pas cessé de se maintenir au-dessus de l'horizon. Le jour a donc au pôle une durée continue de six mois.

Le lendemain de son retour à l'équateur, le soleil décrit un parallèle entièrement abaissé sous l'horizon de l'observateur, qui ne peut plus l'apercevoir. Il ne voit que l'*aube* circuler autour de lui pendant vingt-quatre heures, comme si le soleil allait incessamment se lever. Les jours suivants, la lumière s'affaiblit de plus en plus, parce que l'astre s'abaisse graduellement sous l'horizon, jusqu'à ce qu'il arrive au tropique du Capricorne, d'où il remontera progressivement vers l'équateur. Alors six mois se sont écoulés depuis qu'il ne s'est plus élevé sur l'horizon du pôle arctique, qui a été par conséquent plongé dans l'obscurité pendant tout ce temps. Les mêmes vicissitudes arrivent au pôle antarctique en sens inverse. Ainsi, à chaque pôle, il n'y a dans l'année qu'un seul jour et qu'une seule nuit, l'un et l'autre de six mois.

Le soleil tournant sans cesse horizontalement autour de l'observateur, celui-ci voit son ombre circuler dans le même sens; mais il ne saurait dire si c'est de l'est à l'ouest ou *vice versâ*, car ces points n'existent pas pour lui, puisque le soleil ne se lève ni ne se couche.

La nuit polaire n'est pas constamment d'une obscurité profonde; les clairs de lune, les *aurores boréales* (clartés qui se produisent instantanément dans le ciel et qui sont très-fréquentes dans ces régions), les neiges et les glaces, qui réfléchissent les rayons de lumière épars dans l'atmosphère, contribuent beaucoup à la diminuer. D'ailleurs, tant que le soleil n'est pas abaissé sous l'horizon d'une quantité plus grande que son *demi-diamètre*, les régions polaires sont encore éclairées par les réfractions atmosphériques, dont l'effet y est très-énergique, à cause de l'extrême densité de l'air.

Sphère perpendiculaire.

Transportons-nous maintenant sous l'équateur. Notre horizon rationnel, renfermant tous les points de la surface terrestre situés à 90° de nous, passe alors par les pôles. L'axe du monde est donc dans le plan de ce cercle, auquel l'équateur, les tropiques et les parallèles sont par conséquent *perpendiculaires*. Dans cette position l'horizon coupe en deux parties égales tous les cercles que le soleil décrit, et l'*arc diurne* ou supérieur de chacun d'eux est égal à l'*arc nocturne* ou inférieur. Ainsi l'observateur a constamment *douze heures* de jour et *douze heures* de nuit. Le soleil reste encore six mois dans chaque hémisphère. Il décrit toujours l'équateur le 20 mars et le 22 septembre. Ces jours-là il passe *à midi* au zénith de l'observateur, dont il consume l'ombre entièrement à cette heure. Les autres jours, cette ombre est dirigée, à midi, vers le nord, tant que le soleil est au sud de l'équateur, et vers le sud dans le cas contraire.

Le soleil passe aussi *deux fois par an* au zénith des points situés sous les divers parallèles intertropicaux, et *une fois* seulement à celui des points placés sous les tropiques.

Cette position est dite *perpendiculaire* ou *droite*, parce que l'équateur et les tropiques forment des *angles droits* avec l'horizon.

Sphère oblique.

Observons enfin l'aspect de la sphère céleste entre les pôles et l'équateur. Dès que l'on s'éloigne de ce dernier cercle, on se rapproche nécessairement de l'un des deux pôles ; supposons, pour fixer les idées, que ce soit du pôle boréal. Dès les premiers pas, l'horizon, qui est mobile, se sépare des pôles. Le pôle austral s'abaisse et le pôle boréal s'élève, par rapport à ce cercle, *de la même quantité que l'observateur s'est éloigné de l'équateur.* En effet, à 10° de l'équateur, par exemple, l'horizon doit s'être éloigné de 10° de chaque pôle ; car il faut que l'observateur (qui est le centre) (p. 18) soit toujours à 90° de tous les points de la circonférence.

On voit par là que la distance du pôle à l'horizon, la *hauteur du pôle* dont on est le plus rapproché, est constamment égale à la distance où l'on est de l'équateur. En d'autres termes, on voit que l'arc du méridien qui mesure la *hauteur* du pôle sur l'horizon renferme toujours le même nombre de degrés, de minutes et de secondes que l'arc de la *méridienne* compris entre l'observateur et l'équateur terrestre. Notons cette remarque essentielle que nous rappellerons plus tard (p. 64).

Entre un pôle et l'équateur, la sphère ne peut être *parallèle*, comme au pôle, ni *perpendiculaire*, comme sous l'équateur ; elle est donc *oblique*, c'est-à-dire que l'équateur, les tropiques et les parallèles sont inclinés sur l'horizon. Cette inclinaison varie de 0 à 90°.

La conséquence directe de cette obliquité est que l'horizon coupe tous les cercles que le soleil décrit en deux parties inégales, excepté l'équateur ; de manière que, pour un observateur situé dans l'hémisphère boréal, les arcs diurnes sont plus grands que les arcs nocturnes, et plus petits dans l'autre hémisphère. La différence entre ces arcs est d'autant plus grande que l'observateur est plus éloigné de l'équateur. En effet, à mesure qu'il s'approche du pôle boréal, ce pôle, et par suite, son hémisphère et les cercles qu'il renferme s'élèvent de plus en plus, tandis que le pôle austral s'abaisse de la même quantité, ainsi que ses parallèles : les arcs diurnes croissent donc d'un côté et diminuent de l'autre tellement que, lorsque l'observateur atteint le pôle même, l'hémisphère septentrional est tout entier sur son horizon ; l'hémisphère méridional, tout entier au-dessous. Alors les *arcs* sont devenus des *cercles* diurnes et des nocturnes. Comme les grands cercles de la sphère se coupent toujours en deux parties égales, l'équateur seul ne participe point à ces inégalités. Les parallèles qui en sont les plus voisins y participent moins que les plus éloignés, parce qu'ils se rapprochent davantage de la position des grands cercles. Ainsi les arcs supérieurs diminuent et les inférieurs augmentent *progressivement* du tropique du Cancer à celui du Capricorne, pour les habitants de l'hémisphère septentrional ; l'inverse a lieu pour ceux de l'hémisphère opposé.

Il résulte de là que le jour est *égal* à la nuit sur toute la terre quand le soleil décrit l'équateur ; que pour nous il est plus *long* quand il décrit les parallèles septentrionaux, plus *court* quand il décrit les méridionaux ; que l'inégalité entre le jour et la nuit est d'autant plus grande que le parallèle décrit est plus éloigné de l'équateur ; que les jours doivent alternativement croître et décroître pendant six mois pour tous les peuples qui ont la sphère oblique.

Si donc, le 20 mars et le 22 septembre, il y a équinoxe sur toute la terre, c'est parce que l'horizon coupe l'équateur en deux parties égales, et que, l'arc diurne étant égal à l'arc nocturne, le soleil reste douze heures au-dessus et au-dessous de l'horizon.

Le 21 juin est pour nous le plus long jour de l'année, et le 21 décembre le plus court, parce que le tropique du Cancer est, de tous les parallèles, le plus élevé sur l'horizon, et le tropique du Capricorne le plus abaissé sous ce cercle.

Les jours croissent, pour nous, du 21 décembre au 21 juin, et décroissent du 21 juin au 21 décembre, parce que, dans le premier cas, le soleil atteint chaque jour des parallèles de plus en plus élevés, dans le second, de plus en plus abaissés, par rapport à nos horizons.

Parmi les divers degrés d'obliquité de la sphère, il en est un fort remarquable que nous allons considérer. Transportons-nous sous le cercle polaire septentrional, à 66° 1/2 de l'équateur. Là, l'inclinaison est telle que le tropique du Cancer est tout entier sur l'horizon, qu'il effleure de son bord inférieur, tandis que le tropique du Capricorne est tout entier au-dessous de ce même horizon, qu'il touche par un seul point de son bord supérieur. Le 21 juin on a donc, sous le cercle polaire arctique, vingt-quatre heures de jour, et le 21 décembre vingt-quatre de nuit. L'inverse a lieu sous le cercle polaire antarctique.

Comment se fait-il que sous les cercles polaires les tropiques soient tangents à l'horizon?

Pour le comprendre, rappelons-nous que, si nous étions à un des pôles, le tropique voisin serait parallèle à notre horizon, et élevé par rapport à lui de 23° 1/2. En nous éloignant de ce pôle, le parallélisme cesserait; l'horizon se rapprocherait du tropique et le toucherait lorsque nous aurions parcouru les 23° 1/2 qui l'en séparaient, c'est-à-dire quand nous serions arrivés sous le cercle polaire.

Au delà du cercle polaire, dans la zone glaciale, le tropique et des parallèles s'élèvent successivement au-dessus de l'horizon; en sorte que l'on voit le soleil plusieurs jours et même plusieurs mois de suite, selon le degré de rapprochement du pôle et le nombre des parallèles intertropicaux qui ont surgi sur l'horizon.

Les ombres méridiennes sont toujours dirigées vers le nord dans la zone tempérée et dans la zone glaciale du nord, parce que le soleil est constamment plus méridional que ces zones. Dans les zones correspondantes du sud, elles sont au contraire toujours dirigées vers le sud, parce que cet astre est plus septentrional.

Dans la zone torride, les ombres, à midi, se dirigent vers le nord ou vers le sud, selon que le soleil est plus méridional ou septentrional que le parallèle de l'observateur, et les jours où il décrit ce parallèle, les corps situés sous ce cercle consument leurs ombres à midi.

Des climats.

Les zones, imaginées pour faciliter la détermination exacte des divers points de la sphère céleste et terrestre, parurent bientôt impropres à cet effet à cause de leur extrême largeur. On voulut remédier à ce défaut en les subdivisant en plusieurs autres zones, qu'on appelle *climats*.

Ce fut l'inégalité des journées et des nuits qui fournit le moyen de les former.

En se transportant de l'équateur, où le jour a constamment douze heures, vers un des pôles, on arrive nécessairement dans un lieu où le plus long jour de l'année est de douze heures et demie. La zone comprise entre l'équateur et le parallèle de ce lieu constitue le *premier climat d'heure*.

Le *deuxième* commence à ce parallèle et se termine à celui sous lequel le plus long jour est de treize heures. On arrive ainsi de proche en proche, et de demi-heure en demi-heure, jusque sous le cercle polaire, où le plus long jour a douze heures ou vingt-quatre demi-heures de plus que sous l'équateur, comme nous l'avons reconnu.

Un *climat d'heure* n'est donc autre chose qu'une zone comprise entre deux parallèles, sous lesquels le plus long jour de l'année diffère d'une demi-heure.

Ces climats ne sont pas d'égale largeur; ils vont
en se rétrécissant à partir de l'équateur. En effet,
dans le voisinage de ce cercle, la sphère est très-peu
oblique, et les parallèles sont coupés par l'horizon
en parties presque égales, ce qui exige que l'on
s'éloigne beaucoup de l'équateur pour que l'inégalité entre les arcs diurnes et les nocturnes produise
une *demi-heure* d'augmentation dans la durée du
jour. Loin de l'équateur, au contraire, l'obliquité
est considérable et augmente beaucoup pour peu
que l'on avance vers le nord; ce qui produit, à de
très-petites distances, des différences sensibles dans
la longueur des journées.

On divisa aussi les zones glaciales en climats;
mais, au lieu d'obtenir des climats d'heures, on obtint des *climats de mois*. Voici comment.

Nous avons vu qu'après avoir franchi les cercles
polaires les jours n'augmentent plus de quelques
heures seulement, mais de plusieurs fois vingt-
quatre heures. Il y a donc au delà de ces cercles
des points où le plus long jour est d'*un mois*; d'autres, plus voisins des pôles, où il est de *deux*, de
trois, enfin de *six* mois.

On conçoit que, pour qu'un jour ait *un mois* de
durée, il suffit que quinze parallèles intertropicaux
soient élevés sur l'horizon; car le soleil emploiera
quinze jours à les décrire en montant et quinze
autres en descendant. On conçoit aussi qu'il peut
y en avoir trente, quarante, etc., puisque, lorsque

la sphère est parallèle, il y en a quatre-vingt-dix.

Les *climats de mois* sont donc des zones comprises entre deux parallèles, sous lesquels le plus long jour de l'année diffère d'*un mois*.

Ces climats sont plus larges vers les pôles que vers les cercles polaires. Ceci tient à l'aplatissement de la terre aux pôles, qui exige que l'on parcoure un plus grand espace, à mesure qu'on se rapproche de ces points, pour que de nouveaux parallèles s'élèvent sur l'horizon et donnent au jour une plus longue durée.

Il y a donc dans chaque hémisphère vingt-quatre climats d'heures et six climats de mois; ce qui fait que la surface terrestre est divisée en soixante petites zones.

On aurait pu les multiplier en formant d'une part des climats de *quart d'heure en quart d'heure*, et de l'autre de *quinze en quinze jours*, etc., ce qui les eût rendus beaucoup plus étroits; mais ils n'eussent pas été plus propres à *déterminer exactement* la position des divers points de la terre; car il ne suffit pas pour cela d'apprécier la distance d'un lieu à l'équateur, puisque cette distance est commune à tous les points renfermés dans le même climat. Aussi chercha-t-on un moyen plus précis pour résoudre ce problème important. Nous allons voir comment on y est parvenu.

CINQUIÈME LEÇON.

LATITUDES ET LONGITUDES.

Déterminer la position d'un point, c'est l'indiquer d'une manière si précise qu'il soit impossible de le confondre avec aucun autre.

Hipparque, frappé de l'imperfection des moyens employés jusqu'à lui, appliqua son génie à la recherche d'une méthode plus satisfaisante, et fit, dans les *latitudes* et les *longitudes*, une des plus belles découvertes dont s'honore l'esprit humain.

Pour bien comprendre cette méthode, demandons-nous d'abord comment on peut déterminer la position d'un point O sur une surface plane, carrée ou rectangulaire (fig. 4).

Fig. 4.

Il est naturel de mesurer la plus courte distance ou la perpendiculaire menée de ce point à un des côtés. Mais si l'on se borne à mesurer PO, par exemple, le point O ne sera pas déterminé; car tous les points de la ligne SR, parallèle à AB, sont à cette distance de AB. Il en serait de même si l'on ne mesurait que OR, puisque tous les points de la ligne PQ sont à la même distance de BC. Mais si ces mesures, considérées isolément, conviennent à une infinité de points, considérées conjointement, elles ne peuvent convenir qu'à *un seul*, au point O. Lui seul, en effet, sur cette surface, est *à la fois* à la distance PO de AB, et à la distance OR de BC.

Les lignes AB, BC, auxquelles on rapporte la position de chaque point d'un plan, se nomment *coordonnées*.

Prenons un autre exemple. Comment déterminer la position d'un point O pris dans un cercle?

Nous n'avons pas ici, comme précédemment, deux coordonnées perpendiculaires entre elles, telles que AB, BC. Il faut nous les procurer. Le moyen en est simple; il consiste à tracer deux diamètres perpendiculaires AB, CD (fig. 5). Il semble qu'il Fig. 5. n'y ait plus alors qu'à mesurer les deux distances OP, OQ, du point aux coordonnées; mais il se présente ici une difficulté qui n'existait pas dans le cas précédent. On peut remarquer que le point O n'est pas le seul auquel ces deux distances conviennent; trois autres points (*s*, *n*, *m*) sont, comme lui, également éloignés des coordonnées CD, AB. Afin de distinguer le point O des trois autres, il faut, aux distances communes qui les confondent, ajouter une ou plusieurs autres indications qui les distinguent.

Quelles sont-elles? Observons.

Parmi ces quatre points, deux (*o*, *s*) sont *au-dessus* de AB, deux (*m*, *n*), *au-dessous*. De même (*s*, *n*) sont à la *droite* de CD, tandis que (*o*, *m*) sont à sa *gauche*. Si donc on ajoute aux *deux distances* l'observation que le point O est *au-dessus* de AB, l'indécision dans laquelle on était devient un simple *doute* : c'est O ou S. Si l'on ajoute enfin qu'il est *à la gauche* de CD, on a la *certitude* que c'est O ; car la réunion de ces *quatre* caractères ne peut convenir qu'à ce point du cercle. Quatre éléments sont donc nécessaires pour déterminer la position d'un point de la surface d'un cercle : *deux distances* et *deux positions* du point rapportées à deux coordonnées fixes qui se coupent à angle droit.

On conçoit que ces éléments sont les mêmes pour une surface plane terminée par une ligne courbe quelconque, et pour une *surface courbe*, comme celle de la terre et de la sphère céleste. Dans ce dernier cas, les coordonnées seront des circonférences de cercle au lieu d'être des lignes droites, voilà toute la différence ; car d'ailleurs la même méthode conduira au même résultat, comme nous allons le voir.

Latitudes et longitudes terrestres.

Parmi les grands cercles du globe terrestre, aux circonférences desquels on puisse rapporter les points de la surface, l'équateur et un méridien quelconque se présentent naturellement pour servir de coordonnées. Le méridien que l'on choisit prend le nom de *premier méridien*.

D'après une ordonnance de Louis XIII, les Français se servaient autrefois du *méridien de l'île de Fer*, la plus occidentale des Canaries. Ce méridien, choisi par Ptolémée, a l'avantage de ne pas couper l'ancien continent, et convient très-bien pour la construction de la mappemonde sur le plan d'un méridien. Le géographe Delille le remplaça le premier par le méridien de l'observatoire de Paris; les Anglais emploient celui de Grenwich; et chaque peuple adopte celui qui lui convient le mieux. Quel qu'il soit, il est facile de ramener par le calcul à un même méridien les observations faites sur divers; mais, pour éviter ces réductions, il serait à souhaiter que les astronomes convinssent d'employer tous le même.

Quand les deux coordonnées géographiques sont déterminées et graduées, il ne s'agit plus que de mesurer la distance des divers points du globe à chacune d'elles. Or, la distance d'un point au *premier méridien* se mesurant sur l'arc du parallèle de ce point, dans le sens de l'est à l'ouest ou *vice versá*, fut nommée *longitude*, du latin *longitudo*, *longueur*, parce que les anciens, connaissant beaucoup plus de pays de l'E. à l'O. que du N. au S., pensaient que la terre était plus étendue dans le premier sens que dans le second, comme elle l'est réellement, à cause de son aplatissement

aux pôles, dont ils ne se doutaient pas. On appela
par conséquent *latitude* ou *largeur* la distance d'un
point à l'équateur, parce qu'on la mesure sur l'arc
du méridien compris entre le point et l'équateur,
dans le sens du N. au S. ou du S. au N., en un
mot, de la *largeur* de la terre.

Mesure de la latitude.

Comment déterminer la distance perpendiculaire
d'un point de la surface du globe à l'équateur, c'est-
à-dire, mesurer l'arc de la *méridienne* (p. 24) compris entre ce point et l'équateur? Les montagnes,
les mers, les déserts offriraient des obstacles invincibles à ceux qui voudraient employer les moyens
ordinaires, et se transporter le mètre à la main de
ce point à l'équateur. Mais nous avons vu (p. 53)
que la distance où l'on est de l'équateur terrestre est
toujours égale à la hauteur du pôle sur l'horizon.
Puisque ces deux quantités sont égales, qui connaît
l'une connaît l'autre, et comme on ne peut mesurer
directement la première, on essaya de mesurer la
seconde, la *hauteur du pôle*.

Voyons d'abord comment on mesure la hauteur
d'un astre quelconque S (fig. 6). On a un *quart de
cercle gradué*, dont un des côtés porte une lunette
oc. Au centre *c* est attaché un fil à plomb qui
indique la verticale du lieu, et par suite le zénith Z.

Cette ligne forme un angle droit avec l'horizon H*h*.
On place l'instrument dans le plan du méridien, et
on dirige la lunette vers S, pour saisir l'astre au
moment de son passage au méridien. Le fil à plomb,
conservant toujours la position verticale, forme l'angle PCO égal à l'angle SCZ, dont la valeur est marquée sur l'arc DE. C'est la distance angulaire de
l'astre au zénith. Si on la retranche de l'angle droit
ZCH ou de 90°, le reste SCH sera la hauteur cherchée.

S'il y avait une étoile au pôle P (fig. 7), on opérerait de la même manière ; mais il n'y en a pas.
Il faut donc recourir à quelque artifice. On observe
une étoile voisine du pôle, dont le parallèle est tout
entier sur l'horizon, et coupe le méridien en deux
points S, S', dont le pôle occupe nécessairement le
milieu ; car ce sont deux points d'une circonférence
dont on peut le considérer comme le centre. Si l'on
place le quart de cercle dans le plan du méridien
ZPHH', de manière que le fil à plomb passe par le
zéro de l'instrument, en dirigeant la lunette sur l'étoile au moment de son passage supérieur au méridien en S et de son passage inférieur en S', ces
deux positions détermineront sur l'instrument l'arc
NN', dont le milieu M et le centre C fixeront la
droite MC dans la direction du pôle.

Alors 0°CM = PCZ, distance du pôle au zénith.
Il ne reste plus qu'à retrancher cet angle de 90° pour
avoir PCH, hauteur du pôle.

Fig. 7.

Lorsque toutes les précautions nécessaires ont été bien prises, et que l'on a corrigé les erreurs de réfraction, la *latitude* du lieu est connue. On sait, en d'autres termes, de combien de degrés, de minutes et de secondes terrestres le lieu est éloigné de l'équateur, puisque l'arc terrestre en contient autant que l'arc céleste que l'on vient de mesurer.

Pour trouver cette mesure avec une grande exactitude, on répète plusieurs fois la même opération et l'on prend une moyenne entre tous les résultats obtenus; c'est-à-dire qu'on en fait la *somme* et qu'on la divise par le nombre des résultats; de cette manière, les erreurs commises en plus et en moins se contrebalancent et sont extrêmement atténuées. .

La latitude est *septentrional*e ou *méridionale*, selon que le point est au nord ou au sud de l'équateur. Elle varie de 0 à 90°. Tous les points de l'équateur ont 0° de latitude; chaque pôle, 90°. Les degrés terrestres de latitude sont plus grands vers les pôles que vers l'équateur, à cause de l'aplatissement de la terre; mais ces différences ne sont pas assez sensibles pour qu'on ne puisse les négliger dans les usages ordinaires.

Mesure de la longitude.

La longitude est la distance angulaire d'un lieu au premier méridien, c'est-à-dire le nombre de degrés, de minutes et de secondes de l'arc équatorial compris entre le premier méridien et celui du lieu.

Elle est *orientale* ou *occidentale*, selon que le point est à l'orient ou à l'occident du premier méridien. Comme on rapporte toujours la position du point à la moitié supérieure du premier méridien, *seule graduée*, la plus grande longitude ne peut dépasser 180°. Tout point qui est situé sous la moitié graduée du premier méridien a 0° de longitude ; ceux qui se trouvent sous la moitié non graduée en ont une de 180°. Elle n'est alors ni orientale, ni occidentale. Le point supérieur d'intersection de l'équateur et du premier méridien a 0° de latitude et de longitude. Le point diamétralement opposé a 0° de latitude et 180° de longitude. Les pôles ont 90° de latitude et 0° de longitude ; car ils sont sur la moitié graduée du premier méridien.

Il n'est pas plus possible de mesurer directement un arc de l'équateur terrestre qu'un arc de la méridienne. On ne peut y parvenir que par des observations astronomiques ou par des moyens analogues.

Comme les méridiens indiquent naturellement l'instant précis de *midi* pour les divers points de la terre d'orient en occident, Hipparque pensa que la considération de la différence des heures qu'il est *au même instant* sous deux méridiens le conduirait à la connaissance de la distance angulaire qui les sépare.

En effet, le soleil parcourt 360° de l'est à l'ouest en vingt-quatre heures, et, par conséquent, 15° en une heure, 30 en deux heures, etc. Cette analogie, qui permet de convertir facilement un nombre quelconque de degrés, de minutes et de secondes d'espace, en heures, minutes, secondes de temps, et *vice versá*, renferme la solution du problème ; car si l'on sait que, lorsqu'il est *midi*, par exemple, sous un méridien, il est *une heure* sous tel autre, on est certain que cet autre est à l'orient du premier, et qu'il forme avec lui un angle de 15° ; que l'arc de l'équateur ou d'un parallèle quelconque intercepté entre ces deux méridiens est de 15° ; et si l'un d'eux est le *premier méridien*, cet arc exprime la longitude de tous les points du globe situés sous l'autre.

L'arc intercepté appartient, il est vrai, à l'équateur céleste ; mais il est représenté sur la terre par l'arc de la *ligne équinoxiale* compris entre les deux *méridiennes*. Le nombre de degrés de l'arc équatorial terrestre se trouve donc aussi déterminé par la connaissance de la différence des heures.

Si dans cette différence il se trouvait, comme il arrive presque toujours, des minutes et des secondes de temps, il serait facile de les transformer en minutes et secondes de degrés.

Le problème se réduit donc à connaître l'heure

qu'il est *au même instant* sous le *premier méridien* et sous *celui du lieu* dont on veut déterminer la longitude.

Comment y parvenir, puisque l'homme ne peut occuper à la fois qu'un seul point? Il est évident que ce ne peut être qu'au moyen de quelque *signe instantané, visible à la fois* sous les deux méridiens. Si, sous chaque méridien, quelque éloignés qu'ils soient l'un de l'autre, un observateur note exactement l'*heure précise* à laquelle il a observé le phénomène *instantané*, la comparaison de ces heures en fera connaître la *différence*, et, par suite, la *distance angulaire* des deux cercles. Le signe doit être *instantané*, autrement on ne serait pas certain de l'avoir observé au *même instant*, à la même seconde; on ne pourrait préciser *rigoureusement* la différence des heures et, par conséquent, la distance *exacte* des méridiens.

Ces signes peuvent être *artificiels* et *naturels*.

Les signes artificiels sont les *signaux de feu*, les *chronomètres*, le *télégraphe électrique*.

Quelques onces de poudre brûlées pendant la nuit illuminent, *un seul instant*, le ciel à vingt ou trente lieues à la ronde. Deux observateurs, munis de pendules bien réglées, peuvent s'entendre pour déterminer ainsi la longitude de deux points distants de quarante ou de soixante lieues, à mi-distance desquels le signal serait allumé.

Si la distance des points est plus considérable,

au lieu d'un signe intermédiaire on en met plusieurs. C'est le moyen qu'employa Cassini. Il est sujet à beaucoup d'inconvénients.

Les *chronomètres*, qu'on peut employer sur terre et sur mer, offriraient le moyen le plus simple et le plus commode pour calculer les longitudes, s'ils ne variaient pas et donnaient toujours exactement l'heure du point de départ. On conçoit qu'un voyageur muni d'un pareil instrument, bien réglé, une fois pour toutes, sur le méridien de Paris, n'aurait plus qu'à se procurer les heures des divers méridiens sous lesquels il se trouverait successivement, et à les comparer avec celle de l'instrument, pour en connaître la différence, et par suite la longitude, avec toute l'exactitude possible.

Ce moyen serait merveilleux, surtout pour les marins; mais, quelque parfaits que soient ces instruments, ils sont sujets à de trop grandes variations, occasionnées par une multitude de causes, que les ouvriers les plus habiles ne sauraient maîtriser, pour qu'on puisse entièrement s'y fier.

Le plus parfait des moyens artificiels est offert par le télégraphe électrique, dont les signaux se transmettent à 30000 kilomètres (7500 lieues) de distance en *une* seconde. Il ne s'agit que de noter exactement l'heure qu'il est à la station d'où part le signal et à celle où il est perçu. Mais les lignes télégraphiques sont encore trop peu nombreuses et trop peu étendues pour qu'on puisse y avoir recours dans tous les cas sur la terre, et surtout sur l'Océan, où elles ne pourront peut-être jamais être établies. Restent donc les signes naturels, qui seront toujours indispensables.

Ils consistent principalement dans les éclipses de soleil, de lune et des satellites. Ils sont d'autant plus convenables qu'on peut les prévoir longtemps à l'avance et se préparer à les bien observer. Les éclipses de soleil sont préférables à celles de lune, dont il est difficile de reconnaître le commencement à cause de la *pénombre*. Mais la rareté de ces phénomènes fait qu'on a recours à tous, et qu'on profite même des météores que présente le hasard.

Une seule éclipse permet de faire plusieurs observations en notant l'heure du commencement, du milieu et de la fin, et même de plusieurs instants intermédiaires, parce que la surface du soleil et de la lune est parsemée de taches connues des astronomes. Ainsi, il y a sur la surface de la lune quarante points lumineux et huit taches dont on connaît parfaitement les dimensions. Chacun de ces points peut offrir trois observations, qui se font aux instants où leurs bords oriental et occidental atteignent le commencement, le milieu et la fin de l'ombre de la terre; ce qui produit près de *trois cents* observations pour une seule éclipse de lune.

On profite aussi des *occultations* des étoiles qui se trouvent sur le passage de la lune, et même, comme son mouvement propre est très-rapide (13°

en vingt-quatre heures), on compare ses positions successives avec les étoiles près desquelles elle passe, ce qui fournit une série continuelle de phénomènes très-propres à ce genre d'observations, surtout pour les marins.

C'est par de semblables moyens qu'on a calculé les longitudes d'un très-grand nombre de points terrestres.

Il ne faut pas confondre la longitude exprimée en *degrés* et en *lieues*. Si le premier méridien forme avec un autre un angle de 15°, la longitude de tous les points terrestres situés sous celui-ci est bien de 15°, parce que l'arc de l'équateur et celui de tous les parallèles compris entre ces deux méridiens renferment en effet ce nombre de degrés; mais si l'on voulait évaluer ces degrés terrestres en lieues, on leur trouverait des valeurs itinéraires bien différentes, selon les diverses latitudes des parallèles. Sous l'équateur, chaque degré terrestre vaut environ vingt-sept lieues de poste de 4000 mètres, tandis que sous tel parallèle il n'en vaut que dix, sous tel autre que cinq, quatre, etc., et moins encore, à mesure qu'ils se rapprochent des pôles. Il faut bien, en effet, que la distance linéaire varie avec la latitude, puisque les circonférences des parallèles décroissent à mesure que celle-ci augmente.

Voici le tableau de ces diminutions, qui peut être appliqué aux usages de la géographie.

Table du nombre de lieues, de 25 au degré, que contient un degré de longitude dans chaque parallèle de latitude.

Degrés de latitude.	Lieues.	Fraction de lieue.	Degrés de latitude.	Lieues.	Fraction de lieue.	Degrés de latitude.	Lieues.	Fraction de lieue.	Degrés de latitude.	Lieues.	Fraction de lieue.	Degrés de latitude.	Lieues.	Fraction de lieue.	Degrés de latitude.	Lieue.	Fraction de lieue.
0	25		15	24	$\frac{5}{36}$	30	21	$\frac{25}{36}$	45	17	$\frac{2}{3}$	60	12	$\frac{1}{2}$	75	6	$\frac{17}{36}$
1	24	$\frac{35}{36}$	16	24	$\frac{1}{36}$	31	21	$\frac{5}{12}$	46	17	$\frac{13}{36}$	61	12	$\frac{1}{9}$	76	6	$\frac{1}{18}$
2	24	$\frac{35}{36}$	17	23	$\frac{11}{12}$	32	21	$\frac{7}{36}$	47	17	$\frac{1}{18}$	62	11	$\frac{13}{16}$	77	5	$\frac{23}{36}$
3	24	$\frac{17}{36}$	18	23	$\frac{7}{9}$	33	20	$\frac{35}{36}$	48	16	$\frac{13}{18}$	63	11	$\frac{1}{3}$	78	5	$\frac{2}{7}$
4	24	$\frac{11}{12}$	19	23	$\frac{23}{36}$	34	20	$\frac{13}{18}$	49	16	$\frac{7}{18}$	64	10	$\frac{17}{18}$	79	4	$\frac{7}{9}$
5	24	$\frac{8}{9}$	20	23	$\frac{1}{2}$	35	20	$\frac{17}{36}$	50	16	$\frac{1}{18}$	65	10	$\frac{5}{9}$	80	4	$\frac{1}{3}$
6	24	$\frac{31}{36}$	21	23	$\frac{1}{3}$	36	20	$\frac{2}{9}$	51	15	$\frac{13}{18}$	66	10	$\frac{1}{6}$	81	3	$\frac{8}{9}$
7	24	$\frac{29}{36}$	22	23	$\frac{1}{6}$	37	19	$\frac{35}{36}$	59	15	$\frac{7}{18}$	67	9	$\frac{7}{9}$	82	3	$\frac{17}{36}$
8	24	$\frac{3}{4}$	23	23		38	19	$\frac{25}{36}$	53	15	$\frac{1}{18}$	68	9	$\frac{7}{18}$	83	3	$\frac{1}{18}$
9	24	$\frac{2}{3}$	24	22	$\frac{5}{6}$	39	19	$\frac{5}{12}$	54	14	$\frac{25}{36}$	69	8	$\frac{3}{36}$	84	2	$\frac{11}{18}$
10	24	$\frac{11}{18}$	25	22	$\frac{3}{5}$	40	19	$\frac{5}{36}$	55	14	$\frac{1}{3}$	70	8	$\frac{5}{9}$	85	2	$\frac{1}{6}$
11	24	$\frac{19}{36}$	26	22	$\frac{17}{36}$	41	18	$\frac{31}{36}$	56	13	$\frac{35}{36}$	71	8	$\frac{5}{36}$	86	1	$\frac{17}{36}$
12	24	$\frac{4}{9}$	27	22	$\frac{1}{18}$	42	18	$\frac{21}{36}$	57	13	$\frac{11}{18}$	72	7	$\frac{13}{18}$	87	1	$\frac{11}{36}$
13	24	$\frac{13}{36}$	28	22	$\frac{1}{12}$	43	18	$\frac{5}{12}$	58	13	$\frac{1}{4}$	73	7	$\frac{11}{36}$	88	0	$\frac{31}{36}$
14	24	$\frac{1}{4}$	29	21	$\frac{31}{36}$	44	17	$\frac{35}{36}$	59	12	$\frac{8}{9}$	74	6	$\frac{8}{9}$	89	0	$\frac{16}{36}$
															90	0	

Latitudes et longitudes célestes.

On détermine la position des points de la sphère céleste, comme celle des points du globe terrestre, en les rapportant à un système de coordonnées tel que l'équateur et un méridien quelconque; mais il ne faut pas changer celui-ci quand on l'a choisi. On le reconnaîtra facilement s'il passe par une étoile remarquable, qui prend le nom d'*étoile origine*. Alors, il ne s'agit plus que de mesurer la distance angulaire de telle étoile qu'on voudra à l'équateur et à ce méridien.

La distance d'une étoile à l'équateur s'appelle *déclinaison* de l'étoile, parce que l'œil *décline* ou descend en allant de l'équateur à l'astre, quand la sphère est droite. La déclinaison est *septentrionale* ou *méridionale*, selon que l'étoile est dans l'un ou l'autre hémisphère, et se marque par le signe + dans le premier cas, et par — dans le second.

La distance de l'étoile au méridien origine se nomme *ascension droite*, parce que, lorsque la sphère est droite, l'étoile décrit dans *son ascension* un arc qui forme un *angle droit* avec l'horizon.

La mesure de la *déclinaison* est le nombre de degrés, de minutes et de secondes de l'arc du méridien compris entre l'équateur et l'étoile. Celle de l'*ascension droite* est le nombre de degrés, de minutes et de secondes de l'arc équatorial compris entre le méridien de l'étoile et le méridien origine. Voyons comment on obtient ces mesures.

1° On calcule la *déclinaison* en déterminant la *hauteur de l'astre* et *celle de l'équateur;* la différence entre ces deux hauteurs est la déclinaison cherchée, comme le montre la figure 8.

Soit Hh l'horizon, S une étoile, CE l'équateur, Z le zénith, P le pôle, HSEPh le méridien de l'étoile. Les arcs HS, HE, ou les angles HCS, HCE, sont les hauteurs de l'astre et de l'équateur; et il est facile de voir que, si HE et HS sont connus, leur différence SE le sera au moyen d'une simple soustraction.

Fig. 8.

Nous savons déjà calculer la hauteur d'un astre et du pôle (p. 64); voyons comment on mesure celle de l'équateur.

La hauteur de l'équateur est toujours le *complément* de celle du pôle; c'est-à-dire qu'elle est égale à ce qui manque à la hauteur du pôle pour *compléter* 90°. En effet, HEPh = 180°; mais l'arc EZP, distance de l'équateur au pôle, vaut seul 90°; les deux arcs HE, Ph valent donc en somme 90°. Or HE est la hauteur de l'équateur, Ph celle du pôle; donc, si de 90° on retranche Ph, on aura HE et par suite SE.

2° La mesure de l'*ascension droite* est, avons-nous dit, l'arc équatorial compris entre le méridien origine et celui de l'astre.

Pour comprendre comment on peut mesurer cet

arc, il faut préalablement remarquer que, d'après les apparences, la terre étant immobile et la sphère céleste mobile, tous les méridiens terrestres sont fixes et les méridiens célestes mobiles ; en sorte que, en vertu du mouvement général, ceux-ci sont tantôt à l'est, tantôt à l'ouest de ceux-là, tantôt ils coïncident avec eux. L'équateur céleste participe à ce mouvement ; par conséquent l'arc que l'on veut mesurer traverse de l'est à l'ouest le méridien fixe de l'observateur. Eh bien ! au moment où le méridien de l'étoile origine coïncide avec celui de l'observateur, on commence à compter, non pas les divisions de l'arc équatorial, qui n'étant qu'idéales ne sauraient être aperçues, mais le nombre d'heures, de minutes et de secondes qui s'écoulent depuis cet instant jusqu'à celui où le méridien de l'astre dont il s'agit arrive à son tour à la coïncidence. On réduit ensuite ce temps en espace à raison de 15° par heure.

Supposons que, depuis l'instant où l'étoile origine se trouve dans le plan du méridien de l'observateur jusqu'à celui où l'astre dont on veut mesurer l'ascension droite y arrive à son tour, il se soit écoulé trois heures ; c'est une preuve certaine que l'arc de l'équateur qui a traversé le méridien de l'observateur, ou que l'angle formé par les plans des deux méridiens qui interceptent cet arc, que l'*ascension droite* de l'étoile, en un mot, est de 45°.

Ainsi l'ascension droite est l'angle formé par le

méridien d'un astre avec le méridien choisi pour origine, au moment où celui de l'astre coïncide avec le méridien de l'observateur. Elle se compte depuis 0 jusqu'à 360° de l'ouest à l'est, puisque le passage des divisions hypothétiques de l'équateur sous le méridien fixe est censé se faire de l'est à l'ouest.

Comme la plupart des phénomènes célestes relatifs à notre monde se passent dans le plan de l'écliptique, qui a d'ailleurs une position invariable par rapport aux étoiles, on l'a substituée à l'équateur, et on a remplacé le méridien par un des grands cercles analogues, perpendiculaires à l'écliptique, qui se croisent à ses pôles, comme les méridiens à ceux de l'équateur. Ce sont les *cercles de latitude*, que l'on peut voir sur les sphères célestes artificielles (11e leçon, 2e partie).

Avec ces nouvelles coordonnées, l'*arc du grand cercle de latitude* d'un astre compris entre cet astre et l'écliptique est *la latitude* de cet astre ; elle correspond à la *déclinaison ;* et l'*arc de l'écliptique* compris entre le cercle de latitude de l'astre et celui qui passe par le point ♈, en est *la longitude*, qui correspond à l'*ascension droite*.

Nous ne dirons point comment on passe du système de coordonnées précédent à celui-ci. Il suffit que l'on comprenne comment on peut déterminer rigoureusement la place de chaque point de la sphère céleste.

Ces moyens de détermination permirent à Hipparque de former le *catalogue des étoiles*, il y a près de deux mille ans. Malgré leur ancienneté, les cartes qu'il établit représentent encore l'état du ciel ; ce qui prouve que depuis cette époque les étoiles n'ont éprouvé aucun changement *sensible* dans leur position.

SIXIÈME LEÇON.

DES CONSTELLATIONS ET DES PLANÈTES.

On appelle *constellations* des groupes d'étoiles plus ou moins considérables qui paraissent séparés et distincts les uns des autres. Les constellations zodiacales ne sont probablement pas les premières que l'on ait distinguées. Il en existe en dehors du zodiaque, dans les deux hémisphères, qu'il est impossible de ne pas remarquer et que tout le monde connaît.

Les constellations le plus anciennement connues, les seules dont il soit parlé, tant dans le livre de Job que dans Homère et dans Hésiode, sont : la *Grande Ourse*, le *Bouvier*, les *Hyades*, les *Pléiades*, le *Grand Chien* ou la *Canicule*, le *Scorpion* et *Orion*.

La *Grande Ourse* est vraisemblablement la première constellation que l'on ait distinguée. Elle est en effet si remarquable que les sauvages de l'Amérique septentrionale la connaissaient avant l'arrivée des Européens et lui avaient donné le même nom que nous. Ils l'appelaient l'*Ourse*, parce qu'elle semble, comme cet animal, affectionner la région polaire, autour de laquelle elle tourne sans cesse. Les Romains la nommaient *Septem Triones* (les Sept

Chariots), parce qu'elle renferme *sept* étoiles très-apparentes, dont *quatre* figurent un chariot en forme de trapèze, et *trois* le timon; c'est la queue de l'Ourse. C'est de son voisinage avec cette constellation que le pôle boréal a reçu le nom de *septentrion*.

Fig. 8 *bis*   Si on tire une ligne droite par les deux étoiles extrêmes du trapèze de la Grande Ourse, α et β, que l'on nomme les deux gardes, cette ligne passera près d'une étoile isolée, P, assez brillante, à peu près aussi éloignée de β que celle-ci de l'extrémité de la queue. C'est l'*étoile Polaire*, la plus voisine du pôle boréal, si utile aux navigateurs de l'antiquité, qui la nommèrent *tramontane*, de *trans-montes* (au delà des monts), parce que de la Méditerranée, la seule mer où l'on navigua longtemps, on l'aperçoit au delà des Alpes. Quand ils ne la voyaient plus, ils ne savaient de quel côté se diriger pour faire bonne route, et disaient qu'ils avaient *perdu la tramontane*, expression passée en proverbe pour exprimer qu'on ne sait plus ce qu'on fait.

La *Petite Ourse*, plus septentrionale que la Grande, a exactement la même forme sous de moindres dimensions. Elle en diffère néanmoins en ce qu'elle a une position renversée, et que les trois étoiles de la queue, terminée par l'*étoile Polaire*, se relèvent au lieu de s'abaisser.

Le *Bouvier* (Bootès) fut remarqué de bonne heure à cause d'une étoile très-brillante qu'il renferme,

Arcturus, qui paraît ordinairement la première après le coucher du soleil. Cette constellation fut ainsi nommée parce qu'elle accompagne le Chariot.

Les *Hyades* et les *Pléiades* font partie du *Taureau*; elles sont célèbres par l'usage qu'en faisaient les anciens pour l'agriculture et la navigation. Les *Hyades*, groupées sous les yeux du Taureau, offrent une ressemblance assez frappante avec la tête de cet animal pour que les sauvages eux-mêmes l'aient saisie. Les habitants des rives de l'Amazone les nomment *Tapira* (tête de bœuf.) Virgile les qualifie de *pluvieuses*. Leur nom, dérivé de *hiems* (hiver), provient de ce qu'elles annonçaient les pluies printanières. Au milieu des Hyades brille *Aldébaran*, l'œil méridional du Taureau.

Les *Pléiades* sont un groupe de *sept* étoiles placées sur l'épaule du Taureau, et si rapprochées les unes des autres qu'elles paraissent *liées*. De là vient que les habitants du Groënland les appelaient *liées ensemble*, comme l'*Étoile polaire*, *celle qui ne marche point*. Les Pléiades se nomment aussi la *Poussinière*, par analogie avec des poussins groupés sous l'aile de leur mère. Nous les retrouverons dans la seconde partie (9ᵉ leçon, 2ᵉ partie), lorsque nous parlerons des *nébuleuses*.

Quand ces deux constellations se levaient le matin, elles indiquaient l'époque de la moisson; le soir, celle des semailles.

Le *Grand Chien* ou *Canicule*, qui renferme *Si-*

rius, la plus belle étoile du ciel, dut par cette raison être reconnu dès la plus haute antiquité. L'apparition de la Canicule annonçait aux Égyptiens l'époque, si importante pour eux, du débordement du Nil; elle remplissait à leur égard la fonction de ce fidèle et vigilant animal qui avertit son maître du danger qui le menace. De là le nom de *Canicule*, de *canis* (chien). On la nomme *Grand Chien* pour la distinguer d'une autre constellation, le *Petit Chien*. Le vulgaire attribue encore à la Canicule une influence maligne sur les eaux, qu'elle exerce, dit-il, du 24 juillet au 24 août: ce sont les *jours caniculaires*.

Le *Scorpion* est remarquable par *Antarès*, étoile très-brillante placée sur son cœur. Dans les anciens zodiaques, les signes du *Scorpion* et de la *Vierge* se suivaient immédiatement. Les serres du Scorpion (*chelæ*) occupaient la place de la *Balance*. On fut obligé de les contracter lorsqu'on voulut introduire ce dernier signe. Virgile a tiré parti de ce fait astronomique pour encenser Auguste dans des vers magnifiques, traduits ainsi par Delille :

> Peut-être, plus voisin de tes nobles aïeux,
> Nouveau signe d'été, veux-tu briller aux cieux?
> Le Scorpion brûlant, déjà loin d'Érigone,
> S'écarte avec respect et fait place à ton trône.

Orion est la plus grande et la plus éclatante de toutes les constellations. Aratus, qui a embelli l'astronomie des charmes de la poésie, dit que qui-

conque ne la distinguerait pas à la première vue
serait incapable d'en distinguer aucune. On la voit
en hiver au sud du Taureau. Elle est coupée par
l'équateur. Elle renferme la brillante *Rigel* et les
trois étoiles équidistantes et en ligne droite que le
vulgaire nomme les *Trois Mages* et les astronomes
le *baudrier* d'Orion.

On divise toutes les constellations en anciennes
et en modernes. Les premières précèdent le siècle
de Ptolémée Soter; elles sont au nombre de qua-
rante-neuf, dont douze dans le zodiaque : vingt-deux
au nord de cette zone, quinze au sud. Les nouvelles
s'élèvent à soixante-neuf. On appelle *informes* ou
sparsiles les étoiles qui ne sont comprises dans aucune constellation.

On divise encore les constellations en zodiacales
et en extra-zodiacales, du nord et du sud. Voici une
méthode simple et facile pour reconnaître les constellations dans le ciel.

On oriente une sphère céleste artificielle, et on
en élève le pôle d'autant de degrés que l'indique la
latitude de l'observateur. Ensuite, pour se familia-
riser d'abord avec la machine, on la fait tourner lentement de l'E. à l'O., en y observant les constellations dans l'ordre où elles se présentent. On peut
commencer par celle qui touche le pôle boréal, la
Petite Ourse, et descendre circulairement jusqu'à
l'équateur, et de là jusqu'au pôle austral. Lorsque,
par cet exercice répété, on aura reconnu toutes les

constellations, et que l'œil saura les distinguer facilement, on sera suffisamment préparé pour faire la même étude dans le ciel.

Par une belle nuit, dans un lieu où l'horizon soit bien découvert, placez devant vous la sphère artificielle orientée, comme nous venons de le prescrire ; faites face au nord et cherchez la *Grande Ourse* sur le globe et dans le ciel. Au nord de cette constellation vous verrez la *Petite Ourse*, et reconnaîtrez l'Étoile polaire qui en fait partie (p. 80).

En descendant directement vers le sud vous trouverez le *Petit Lion*, et un peu plus bas le *Grand Lion* du zodiaque, remarquable par la brillante *Régulus*. Fixez-vous bien sur la position de cette étoile de première grandeur, qui vous servira de repère.

Vous êtes arrivé du pôle à l'écliptique en suivant un méridien ; revenez à la Grande Ourse pour vous diriger vers l'orient. A une distance un peu plus grande que l'espace occupé par les sept brillantes de l'Ourse, vous remarquez sur la machine un groupe circulaire appelé *Couronne boréale* ; vous le cherchez dans le ciel. Entre la Couronne et la Grande Ourse est le *Bouvier*, qui ne peut vous échapper. Il est remarquable par *Arcturus*, dont vous saisissez la position. Sous la queue de l'Ourse sont les *Lévriers*, composés d'étoiles éparses. Au-dessous des Lévriers est la *Chevelure de Bérénice*, formée d'étoiles agglomérées. Vous liez ces rapports, et cherchez ainsi à graver dans votre esprit l'image de cette partie du

ciel. En continuant de la même manière de proche
en proche, vous serez étonné de la facilité avec laquelle vous distinguerez bientôt de l'ordre où vous
n'aperceviez que confusion; mais, dans ce labyrin-
the, n'abandonnez jamais le fil de la méthode que
vous aurez adoptée.

Rien ne facilite plus l'étude des constellations que
la connaissance de la position des étoiles de première grandeur. On n'en distingue que dix-huit ou
vingt dans toute l'étendue du ciel; ce sont :

Sirius ou la *Canicule*, la plus grande, la plus res-
plendissante de toutes : elle est située dans l'œil
droit du Grand Chien, au sud-est d'Orion ;

Aldébaran, l'œil méridional du Taureau, remarquable par sa couleur rouge de sang : elle est au
milieu des Hyades;

Régulus, le cœur du Lion ;

Antarès, le cœur du Scorpion : elle est rouge ;

Ces quatre premières étoiles s'appellent *royales*.

Cassiopée, vue par Ticho-Brahé et disparue ;

Alhaïot, dans le Cocher ;

Alazed, à l'extrémité de la queue du Lion ;

L'*Épi*, dans la Vierge ;

Arcturus, dans le Bouvier ;

Al Raï (le Berger), dans le Serpentaire ;

Rigel et *Kadib*, aux deux pieds antérieurs du
Centaure ;

La brillante de la Croix ;

Adalem, à l'extrémité méridionale de l'Éridan ;

Canopus, la brillante du gouvernail du navire Argo.

Toutes les étoiles n'ont pas un nom spécial comme les précédentes; cependant elles sont désignées par des marques littérales et numériques qui empêchent de les confondre, malgré leur multitude.

Nautaque tum stellis numeros et nomina fecit.
Alors le nocher compte et nomme les étoiles.

D'après la méthode de Bayer, les astronomes désignent par α (première lettre de l'alphabet grec) l'étoile la plus brillante de chaque constellation; par β celle qui brille le plus après elle, et ainsi de suite jusqu'à ce que ces lettres soient épuisées. On passe alors aux lettres de notre alphabet, et, si elles ne suffisent pas, on a recours aux chiffres 1, 2, 3, etc.

Planètes connues des anciens.

Les planètes différaient des étoiles, aux yeux des anciens, en ce que : 1° elles ont un mouvement propre ou direct; 2° leurs orbites, peu inclinées sur l'écliptique, sont renfermées dans le zodiaque; 3° leur lumière est réfléchie et non scintillante, excepté celle du soleil; 4° elles ne conservent pas entre elles et avec les étoiles les mêmes positions et les mêmes distances; 5° presque toutes paraissent plus grandes et plus éclatantes que les étoiles.

Sept astres furent primitivement rangés dans cette catégorie; les voici, dans l'ordre décroissant et présumé de leur distance à la terre : *Saturne, Jupiter, Mars,* le *Soleil, Vénus, Mercure* et la *Lune.*

La Terre, que les anciens considéraient comme immobile, ne pouvait être pour eux un *astre errant,* une *planète.* Ils avaient si bien observé la marche de ces corps célestes qu'ils reconnurent, à une seule erreur près, dans quel ordre ils sont éloignés de la terre, sans pouvoir toutefois mesurer les distances qui les en séparent. Cette unique erreur consiste à supposer que *Mercure* est plus rapproché que *Vénus.*

Quand les planètes furent connues, il fallut leur imposer des noms. On les trouva dans des analogies.

Saturne, la planète la plus éloignée de la terre, est aussi celle dont la marche paraît la plus lente. Elle fut consacrée au dieu qui dispense lentement le temps et au jour du repos.

Jupiter, si resplendissant et presque toujours visible, paraît être le roi du ciel étoilé ; de là son nom.

Mars a une couleur rouge de sang qui rappelle le dieu de la guerre.

Soleil : ce mot signifie *solitaire,* de *solus* (seul). L'analogie est frappante.

Vénus méritait bien le nom de la déesse de la beauté. On l'appelait aussi *Lucifer* et *Vesper,* parce qu'on la voit briller tantôt le matin, tantôt le soir.

On put penser d'abord que c'étaient deux astres différents, mais on ne dut pas tarder à en constater
l'identité.

Mercure, la plus petite des planètes, dut à la rapidité de son mouvement le nom du messager des
dieux.

Lune, du radical *lu, lux*, veut dire *lumière*. Ce
nom convenait parfaitement au clair flambeau des
nuits. On l'appelait encore *Diane*, de *dies* (jour),
d'où vient l'expression *battre la diane*, pour dire
battre la caisse *au point du jour*.

On trouva aussi des analogies entre les planètes
et les métaux, analogies dont il reste encore des
traces dans l'ancienne nomenclature chimique et
dans la pharmaceutique.

Saturne, dont la marche est *pesante,* désigna le
plomb ;

Jupiter, l'*étain*, parce que sa lumière est blanche ;

Mars, le *fer*, consacré au dieu de la guerre ;

Le *Soleil*, l'*or ;*

Vénus, le *cuivre* (cuprum). Le mot *Chypre*, nom
de l'île consacrée à la déesse de la beauté, est de la
même famille, parce que cette île renfermait jadis
de riches mines de ce métal.

Mercure donna son nom au seul métal fluide que
nous connaissons, mobile comme lui.

La *Lune* désigna l'*argent*, dont elle a la couleur et
l'éclat. De là vient que les poëtes l'appellent l'*astre*
au front d'argent.

Enfin, les noms des planètes furent assignés aux jours de la semaine, dont le nombre fut peut-être aussi déterminé par elles.

Lundi, *Lunæ dies*, signifie le jour de la lune;
Mardi, *Martis dies*, le jour de Mars;
Mercredi, *Mercurii dies*, le jour de Mercure;
Jeudi, *Jovis dies*, le jour de Jupiter;
Vendredi, *Veneris dies*, le jour de Vénus;
Samedi, *Saturni dies*, le jour de Saturne;
Dimanche, *Domini dies*, le jour du Seigneur.

Le christianisme a substitué cette dénomination à celle qui correspondait au *soleil* dans le sabéisme.

On reconnaît encore mieux ces étymologies dans quelques idiomes plus rapprochés du latin que notre langue : *di-lus, di-mar, di-mècre, di-jau, di-vendre, di-sate*.

Mais d'où vient que les noms des jours de la semaine ne sont pas disposés dans le *même ordre* que ceux des planètes, d'où ils dérivent si évidemment?

Saturne, lundi;
Jupiter, mardi;
Mars, mercredi;
Soleil, jeudi;
Vénus, vendredi;
Mercure, samedi;
Lune, dimanche.

Vénus et *vendredi* seuls se correspondent; tous les autres paraissent avoir été disposés arbitrairement.

Cette discordance n'est qu'apparente. Elle résulte de combinaisons méthodiques et religieuses trop instructives et trop curieuses pour être passées sous silence.

Dion Cassius, dans son *Histoire romaine*, rapporte que les Égyptiens avaient donné à chaque heure du jour le nom d'une planète, en suivant l'ordre précédent de ces astres, de sorte que la *première* heure s'appelait *Saturne ;* la *deuxième*, *Jupiter*, et ainsi de suite ; la *huitième*, *Saturne ;* la *neuvième*, *Jupiter*, etc., en recommençant toujours dans le même ordre jusqu'à la *vingt-quatrième*, qui s'appelait *Mars*. Il suit de là que la *première* heure du *second* jour doit s'appeler *soleil ;* la première du *troisième* jour, *lune ;* celle du *quatrième*, *Mars ;* du *cinquième*, *Mercure ;* du *sixième*, *Jupiter ;* du *septième*, *Vénus*. Plus tard, on décida de donner au *jour entier* le nom de la première heure, ce qui produisit l'ordre dans lequel nous nommons les jours de la semaine.

Le même auteur donne une seconde explication, plus plausible et plus simple que la précédente.

Les Égyptiens réduisaient toutes les sciences à des formules harmoniques. Ils comparèrent les sept planètes à l'octave musicale, et comme une *octave* se divise en *deux quartes*, ils les cherchèrent dans les planètes pour y adapter les jours de la semaine, d'après l'ordre harmonique, qui, dans leurs opinions religieuses, devait, plus que tout autre, déterminer le rang convenable à chaque divinité. Or, en commençant toujours par *Saturne*, la quarte tombe sur le *Soleil*; en franchissant les deux planètes suivantes, elle tombe sur la *Lune*; puis sur *Mars*, sur *Mercure*, sur *Jupiter*, enfin sur *Vénus*; et les jours de la semaine se présentent encore dans l'ordre que nous connaissons.

« La semaine, dit Laplace, est le plus ancien monument, le plus antique débris des connaissances primitives communes à tous les hommes. Elle atteste que, dans les temps les plus reculés, il existait une société unique, source originelle de la civilisation de tous les peuples. »

Les planètes, comme les signes du zodiaque, furent représentées par des caractères hiéroglyphiques que voici :

♄ est la figure de la faux de Saturne ;

♃ l'abrégé des carreaux de la foudre de Jupiter ;

♂ le bouclier et la balance de Mars ;

☉ le disque rayonnant du Soleil ;

☿ l'abrégé du caducée de Mercure, qui lui-même représente l'équateur, l'écliptique et l'orbite de la Lune, comme l'explique si bien Court de Gébelin ;

♀ le miroir de Vénus ;

☽ le croissant de la Lune.

Les astronomes employaient jadis ces signes pour désigner les jours, comme les alchimistes pour représenter les métaux.

SEPTIÈME LEÇON.

MESURE DU TEMPS.

Mesure et division du jour.

Le temps est la succession des événements mesurée par un mouvement uniforme. L'unité naturelle du temps est le *jour*, c'est-à-dire l'intervalle qui sépare deux levers ou deux couchers consécutifs du soleil, et, plus exactement, deux passages semblables d'une étoile à un même méridien.

De toute antiquité l'on sentit le besoin de diviser le jour en plusieurs parties égales, afin de pouvoir régler les diverses occupations qui doivent le remplir. On conçoit en effet que, si des divisions n'existaient pas, on ne pourrait mesurer la durée de chaque exercice ; les moments destinés à quelques-uns seraient absorbés par d'autres, sans qu'on pût l'éviter, et la journée ne serait pas avantageusement remplie.

Pour obtenir des parties égales du jour, il fallait déterminer des espaces égaux de la course diurne du soleil ; car, sa marche étant supposée uniforme, il est évident qu'il doit parcourir des espaces égaux en temps égaux. Mais comment marquer dans le ciel des points équidistants parmi ceux que le soleil y occupe successivement, puisqu'il ne laisse aucune trace de son passage? C'est impossible. Cependant on peut marquer sur la terre des points correspondants aux diverses positions du soleil, et c'est ce que l'on fit.

Personne n'ignore qu'en présence de la lumière tout corps opaque projette une ombre directement opposée au point radieux, et située dans le même plan vertical que ce point et le corps éclairé. Il suit de là que l'ombre est immobile tant que le corps opaque et le foyer de lumière le sont eux-mêmes, mais que, si le dernier change de place, l'ombre se meut au même instant en sens inverse. Observons ces mouvements relatifs d'où dépend la solution du problème.

On peut ramener toutes les variations des ombres par rapport au soleil à deux espèces : *variations journalières*, de l'est à l'ouest et *vice versá ; variations annuelles*, du nord au sud et réciproquement.

1° Les ombres des corps terrestres se confondent avec la ligne est et ouest au moment du lever et du coucher du soleil. Après le lever, elles s'en séparent bientôt, et forment avec elle des angles qui augmentent à mesure que l'astre s'élève, en sorte qu'ils sont *aigus* le matin, *droits* à midi, *obtus* le soir, si on compare toujours ces ombres avec la moitié occidentale de la ligne est et ouest. De plus, la longueur des ombres varie en raison inverse de la hauteur du soleil. L'expérience de chaque jour de la vie nous apprend en effet qu'elles décroissent progressivement le matin, et croissent de même le soir.

> Majoresque cadunt altis de montibus umbræ. (VIRGILE.)
> Les ombres s'allongeant descendent des montagnes.

2° Depuis le tropique du nord terrestre, les ombres sont constamment dirigées à *midi* vers le pôle boréal, et vers le pôle austral depuis le tropique du sud, parce que le soleil est toujours au sud du premier et au nord du second de ces cercles. Dans la zone torride, elles se projettent alternativement vers chaque pôle, le soleil se trouvant tantôt plus septentrional, tantôt plus méridional que les corps qui les produisent.

En nous bornant aux ombres *méridiennes* (qui correspondent à midi), nous verrons que dans notre hémisphère elles croissent ou décroissent progressivement, selon que le soleil s'abaisse en se dirigeant vers le sud, ou s'élève en revenant vers le nord ; de manière qu'elles atteignent le *maximum* de longueur le jour où le soleil s'élève le *moins* sur l'horizon, le 21 décembre, au solstice d'hiver, et le *minimum* le jour où il s'y élève le *plus*, le 21 juin, au solstice d'été.

Cela posé, on élève verticalement au milieu d'une vaste surface plane une *aiguille*, qu'on nomme aussi *style* ou *gnomon*. De son pied, comme centre, on trace plusieurs circonférences de cercle de rayons différents, et, quelques heures après le lever du soleil, lorsque l'ombre du style n'est plus d'une longueur démesurée, et que son extrémité se rapproche sensiblement des circonférences concentriques, on suit attentivement cette extrémité, qu'on appelle *point d'ombre*, pour marquer le point de chaque circonférence qu'il atteint successivement dans la période décroissante.

Jusque-là l'ombre s'est projetée vers l'ouest, le soleil étant à l'est ; à *midi* elle se dirigera vers le nord ; après midi, vers l'est, le soleil étant à l'ouest. Alors l'ombre commence à s'allonger, et l'on marque les nouveaux points des circonférences que son extrémité va successivement atteindre dans la période croissante.

Quand cette opération est terminée, on a sur chaque circonférence deux points, l'un oriental, l'autre occidental, qui correspondent évidemment à deux hauteurs égales du soleil, puisqu'ils sont donnés par deux ombres égales d'un même corps. Ces hauteurs, égales deux à deux, correspondent à deux positions symétriques du soleil, également distantes, l'une du vrai point est, l'autre du vrai point ouest, et toutes les deux du méridien du style. Les extrémités des ombres qui les représentent sont donc, comme elles, également distantes de l'intersection du méridien du style avec la surface terrestre. Donc, pour tracer cette intersection, il n'y a qu'à élever une perpendiculaire sur le milieu de la corde qui joint les deux points marqués sur une des circonférences concentriques. Si toutes les opérations sont exactes, cette perpendiculaire sera située dans le plan du méridien, et, suffisamment prolongée, elle passerait par les pôles terrestres.

On l'appelle *méridienne*.

Cette ligne jouit de la précieuse propriété de faire connaître l'instant précis de *midi*, qui a lieu toutes les fois que l'ombre du style se confond avec elle. Elle divise la journée en deux parties égales, le matin et le soir, quand elle est bien tracée.

Mais il est presque impossible de distinguer parfaitement le point d'ombre, à cause de la *pénombre*, espèce de demi-teinte qui sépare l'ombre pure de la lumière. D'ailleurs, ce point d'ombre correspond au bord supérieur du disque solaire, et il serait beaucoup plus convenable, pour l'exactitude du résultat, qu'il correspondît au centre même, qui peut seul indiquer rigoureusement l'instant précis de midi.

Pour obvier à ce double inconvénient, on imagina de fixer au sommet du style une plaque métallique légèrement inclinée et percée d'une petite ouverture circulaire. Au centre de ce petit cercle on fixe un fil à plomb, *nouveau style*, dont l'extrémité devient sur le sol le nouveau centre des circonférences, et, par suite, le·point d'où il faut partir quand on veut mesurer la longueur des ombres méridiennes. Le rayon solaire qui passe par l'ouverture forme sur le terrain un petit fantôme lumineux et circulaire, image du soleil. Il se détache nettement de l'ombre de la plaque qui l'environne. On le suit, et l'on marque les points des circonférences que son *centre*, facile à distinguer, atteint tour à tour. En saisissant de cette manière les positions du centre du soleil, on conçoit combien la méridienne devient plus exacte.

Si l'on trace plusieurs circonférences, c'est d'abord par précaution ; car s'il n'y en avait qu'une, et qu'elle vînt à s'effacer, ou que l'on manquât l'instant propice de marquer un des points, il faudrait remettre l'opération à un autre jour. C'est aussi pour s'assurer, par le parallélisme des cordes, du degré de confiance que peut inspirer l'opération.

Si le soleil décrivait chaque jour, comme les étoiles, un cercle véritable, perpendiculaire à l'axe du monde, il resterait pendant vingt-quatre heures à égale distance des pôles, et l'opération précédente serait exacte en quelque temps qu'on la fît ; mais il décrit dans cet espace de temps un arc de l'écliptique (page 31).

Dans sa route, oblique à la ligne est et ouest, il s'approche donc d'un pôle et s'éloigne de l'autre ; il n'est pas, au commencement de l'opération, à la même distance du pôle qu'à la fin. Ainsi la corde qui réunit les deux points d'une circonférence n'est pas perpendiculaire à l'axe du monde ; elle n'est pas parallèle à la ligne est et ouest; elle ne passe pas par les vrais points est et ouest; et, par suite, la méridienne, qui lui est perpendiculaire, ne passe pas par les pôles terrestres, quoiqu'elle ne s'en écarte pas beaucoup.

Pour l'y ramener autant que possible, il faut choisir, pour faire cette opération délicate, l'époque du *solstice d'été*, parce que l'arc de l'écliptique que le soleil décrit ce jour-là (21 juin), de onze heures à une heure, peut être considéré comme une *ligne droite parallèle* au tropique et *perpendiculaire* au plan du méridien. Le solstice d'été est préférable au solstice d'hiver, parce que la hauteur du soleil atténue les effets de la réfraction, qui déplace les astres en nous les montrant où ils ne sont pas (page 12).

Une méridienne est un instrument indispensable dans une multitude d'opérations astronomiques, géographiques, géodésiques, etc. Non-seulement cette ligne fait connaître le milieu du jour; mais si, pendant une année entière, on a soin d'y marquer chaque jour le point central du soleil par la longueur de l'ombre qu'y projette le style, on y déterminera les degrés de hauteur de cet astre d'un tropique à l'autre. L'ombre la plus courte indiquera, dans notre hémisphère, le jour du solstice d'été; la plus longue, celui du solstice d'hiver; la moyenne, les deux jours équinoxiaux, faciles à distinguer quoique marqués par un seul et même trait, le centre du soleil y arrivant par la progression croissante des ombres à l'équinoxe d'automne, et par la décroissante à celui de printemps. Les points intermédiaires feront connaître les divers degrés de déclinaison du soleil dans chaque hémisphère.

Ainsi l'écliptique entière sera graduée sur une seule ligne droite, véritable calendrier, indiquant la position du soleil sur son orbite, le milieu de chaque journée, le commencement et la fin de chaque saison et de l'année.

Cependant, la méridienne la plus parfaite, ne divisant la journée qu'en deux parties égales, est loin de résoudre le problème qui nous occupe et que nous ne devons pas perdre de vue.

Ces deux parties sont trop longues et doivent être divisées elles-mêmes. Pour obtenir ces subdivisions, il fallut partager une des circonférences concentriques en plusieurs parties égales. Il est probable qu'on la divisa d'abord en *six* parties ; car le premier qui décrivit un cercle put s'apercevoir que le rayon s'applique exactement six fois, comme corde, sur la circonférence. On la divisa ensuite en *douze*, puis en *vingt-quatre* parties. Alors on eut *l'heure*, temps que l'ombre du style emploie pour aller d'une de ces divisions à la suivante. On subdivisa ensuite l'heure en soixante minutes, la minute en soixante secondes, et l'on obtint des espaces de temps aussi petits et aussi commodes qu'on le désirait.

Les heures furent désignées et distinguées par des nombres. On marqua par XII les deux points d'intersection de la circonférence et de la méridienne ; par VI les extrémités de la ligne E. et O., qu'on appela la *ligne de six heures*. Sur la demi-circonférence septentrionale, on marqua par I, II, III, etc., les points orientaux, à partir du plus voisin de XII : ce furent les heures du soir ; et par XI, X, etc., les points occidentaux, à partir encore du plus voisin de XII : ce furent les heures du matin. On fit l'inverse sur la demi-circonférence méridionale, en sorte que les mêmes indices sont écrits aux extrémités d'un même diamètre, comme on le voit dans la figure 9.

Fig. 9.

Le tracé de la méridienne sert donc de base à la construction des *cadrans solaires*, instruments destinés à marquer les heures par le mouvement de l'ombre d'un style. Il y en a de plusieurs espèces. Le plus simple de tous est le *cadran équinoxial*, ainsi nommé parce que le soleil se trouve dans son plan le jour des équinoxes. En voici la description.

Concevons la terre coupée à nos pieds parallèlement à l'équateur, et écartons la calotte sphérique qui vient d'être détachée. La surface qui s'offre à nos regards est un cercle qui a pour axe celui du monde. Le plan de ce cercle peut être considéré comme celui de l'équateur même, la terre étant si petite relativement à l'immensité qu'elle n'est qu'un point, et que tout plan qui la coupe passe, pour ainsi dire, par son centre.

Concevons aussi que ce cercle soit divisé en vingt-quatre parties par douze méridiens ou *cercles horaires*, parmi lesquels est le nôtre, formant entre eux des angles de 15°. Leurs intersections avec le plan du cercle détermineront douze *lignes horaires* qui se croiseront au centre du cercle et le diviseront en vingt-quatre parties égales. La ligne qui passe à nos pieds est la *méridienne*. L'axe du monde est le *style*. Numérotons les points de division de la circonférence, comme nous venons de l'indiquer, et nous aurons un cadran solaire qui marquera les vingt-quatre heures du jour ; car, pendant que le soleil fera sa révolution autour d'un parallèle, l'ombre du style opèrera la sienne en sens inverse.

Il faut observer que ce cadran a deux faces, l'une septentrionale, l'autre méridionale, et que les heures seront indiquées sur la première ou sur la seconde, selon que le soleil aura une déclinaison boréale ou australe. Les jours équinoxiaux, où il décrit l'équateur confondu avec le plan même du cadran, il n'éclairera aucune face et ne pourra faire connaître les heures.

Ce cadran hypothétique va nous servir de modèle pour en construire un véritable.

Prenons un disque dont les deux faces soient parfaitement planes. Divisons-les chacune en vingt-quatre parties égales par des diamètres représentant les lignes horaires, de telle sorte que les divisions des deux faces se correspondent exactement. Faisons passer par le centre un style perpendiculaire qui traverse le disque de part en part. Mettons XII aux deux extrémités d'un diamètre quelconque ; il sera notre méridienne ou la ligne de *douze heures ;* celui qui lui est perpendiculaire sera la ligne de *six heures*. Les autres diamètres, sur les deux faces, seront numérotés comme nous l'avons déjà dit.

Le cadran est terminé ; il ne s'agit plus que de le placer convenablement.

On l'assujettit de manière : 1° que le style soit parallèle à l'axe du monde, c'est-à-dire qu'il fasse avec l'horizon un angle égal à la hauteur du pôle, à la *latitude* du lieu ; 2° que la ligne de douze heures soit exactement dans le plan du méridien, indiqué par la méridienne.

Les vingt-quatre lignes horaires ne seront pas couvertes par l'ombre du style, comme dans le cadran hypothétique, parce que la calotte sphérique terrestre empêche, par sa convexité, les rayons du soleil d'éclairer la surface entière du cadran réel. On pourra donc se dispenser de tracer les heures qui ne sont jamais indiquées dans le lieu destiné au cadran.

Si l'on veut qu'il marque les heures pendant les jours équinoxiaux, il faut munir sa circonférence d'un anneau perpendiculaire dont la surface reçoive l'ombre du style. Rien n'est plus varié que la forme et la construction des cadrans solaires, qui sont l'objet de la *gnomonique*.

Diogène Laërce en attribue l'invention à Anaximandre, et Pline, l'ancien, à Anaximène, qui vivaient, le premier six cents ans , le second cinq cent vingt ans avant Jésus-Christ.

Mais il est certain que, plus d'un siècle avant celui-là, les Hébreux se servaient de cet instrument, puisque le prophète Isaïe dit que l'ombre du style rétrograda de dix degrés sur le cadran du roi Achaz. On pense que les Égyptiens en ignoraient l'usage, car on n'en a trouvé chez eux nulle trace.

Mesure de l'année.

Autant les divisions du jour sont nécessaires pour régler les diverses occupations quotidiennes, autant la mesure de l'année l'est pour déterminer les époques de la vie des individus et de l'histoire des peuples, et pour fixer celles des travaux de la société.

Le moyen le plus simple, le plus naturel, du moins, de mesurer la longueur de l'année, celui qui dut se présenter d'abord aux premiers observateurs, fut de remarquer sur un horizon bien découvert un point où ils voyaient le soleil se lever, et de compter le nombre de jours qui s'écoulèrent jusqu'à ce que cet astre y revînt en suivant la même direction que la précédente fois. Ils trouvèrent ainsi trois cent soixante-cinq jours. Mais ce nombre n'est par parfaitement exact, parce que, le 365e jour, le soleil n'atteint pas tout à fait ce point, qu'il dépasse le 366e. On comprit que ce moyen n'est pas assez rigoureux, et qu'il est beaucoup plus rationnel de suivre le soleil dans la route même qu'il parcourt, et de mesurer le temps qu'il emploie pour revenir à un point quelconque de l'écliptique, considéré comme point de départ, à l'un des équinoxes ou des solstices, par exemple.

Mesure de l'année par l'observation des solstices.

On choisit le solstice d'été préférablement à celui d'hiver, parce que, le soleil étant alors aussi élevé que possible au-dessus de nos horizons, les erreurs produites par les réfractions atmosphériques sont plus faibles qu'à toute autre époque.

Mais comment connaître l'instant précis où le soleil part du solstice d'été et celui où il y revient? M. Biot va nous l'expliquer.

« Supposons d'abord que l'ombre méridienne la plus courte du style soit bien connue, et que son extrémité soit marquée sur une méridienne ; elle fera connaître le jour du solstice.

« Ce jour-là, à midi, on mesure la déclinaison du soleil (p. 75). Si le méridien de l'observateur coupait le tropique au point solsticial même, il est clair que, à midi, le soleil serait au solstice, et qu'il faudrait partir de ce moment pour compter le temps écoulé jusqu'au prochain retour du soleil à ce point.

« Mais cette heureuse circonstance n'a lieu que

pour un seul méridien et ne pourrait exister pour le nôtre que par le plus grand des hasards, que rien d'ailleurs ne saurait indiquer, puisque ce point d'intersection est invisible. »

Que faire donc ?

« Quel que soit le méridien qui coupe le tropique au point solsticial, il ne peut être éloigné du nôtre de plus de 180° à droite ou à gauche. Le passage du soleil au solstice ne peut arriver par conséquent plus *d'un demi-jour* avant ou après midi. Formons cette supposition extrême. Dans ce temps-là, la longitude a changé de 33′ de degré, terme moyen, et l'on sait qu'un pareil changement en longitude en produit un deux cent soixante-quinze fois plus petit, ou de $7'' \frac{1}{3}$ en déclinaison. La déclinaison du soleil observée à midi ne différerait donc, dans ce cas, de celle du solstice, que de $7'' \frac{1}{3}$, et c'est la plus grande erreur que l'on puisse commettre. »

« Si, au lieu de 33′, la longitude n'était que de $19'',8$, cent fois moindre, la déclinaison, qui est proportionnelle au carré de l'erreur de la longitude, ne serait plus que de $0'',00072$, au lieu de $7'' \frac{1}{3}$, *dix mille* fois plus petite. Or, $19'',8$ de mouvement annuel répondent à 3′ de temps sexagésimal. Ainsi, dire que la déclinaison du soleil diffère de celle du solstice de $0'',00072$, c'est dire qu'à midi le soleil occupe sur le méridien un point éloigné du tropique de cette quantité; que s'il fût arrivé à ce méridien 3′ plus tôt, cette différence de déclinaison n'existerait pas, que le soleil a passé au solstice 3′ avant midi. »

« Il ne s'agit donc, pour connaître l'heure du passage du soleil au solstice, que de déterminer la *déclinaison du soleil à midi*, le jour où le passage s'effectue. Eh bien ! il existe des *tables du soleil* dans lesquelles la longitude et la déclinaison de cet astre sont indiquées d'avance pour chaque jour. On peut, au moyen de ces tables, assigner, non pas rigoureusement et sans incertitude, mais d'une manière très-rapprochée, l'instant où le soleil arrive à un point quelconque de l'écliptique. En calculant ainsi celui où il atteint le solstice, la plus grande erreur en longitude est bien rarement de 10″ de degré, qui répondent à 1′,6 de temps. C'est donc à moins d'une minute qu'on peut reconnaître l'heure à laquelle commence et finit l'année. Mais l'incertitude ne va peut-être pas à 1″ depuis les travaux de Delambre relativement à cet objet.

« C'est ainsi qu'on a trouvé 365^j 5^h 48′ 48″, à très-peu près, pour la véritable longueur de *l'année tropique*. »

Nous ferons remarquer que, lorsqu'on connaît le point solsticial, on a la plus grande déclinaison du soleil, et, par suite, *l'inclinaison de l'écliptique* sur l'équateur, ou l'angle formé par ces deux cercles, qui a pour mesure l'arc du *colure des solstices* compris entre eux.

Il y a un moyen très-simple de mesurer cet angle

ou cet arc : il consiste à retrancher la hauteur méridienne du soleil le 21 décembre de celle qu'il a le 21 juin ; la différence égale l'intervalle qui sépare les deux tropiques. En en prenant la moitié, on obtient l'inclinaison cherchée, qui est de 23° ½.

Il est entendu que dans toutes ces observations il faut corriger les erreurs produites pàr les réfractions atmosphériques.

Mesure de l'année par l'observation des équinoxes.

Les retours successifs du soleil à un même point équinoxial donnent aussi la longueur de l'année. Le procédé consiste à déterminer l'instant où la *déclinaison* est *zéro ;* car c'est précisément à cet instant que l'astre est à l'équinoxe, point d'intersection de l'écliptique et de l'équateur.

A cet effet, on calcule la déclinaison du soleil le jour qui *précède* et celui qui *suit* son passage à ce point, le 20 et le 21 mars. La première est *australe*, la seconde, *boréale*. Ces deux observations sont séparées par un intervalle de vingt-quatre heures seulement, puisqu'elles se font à midi. C'est dans ce court intervalle que se trouve compris l'instant où le passage du soleil à l'équinoxe a eu lieu.

Pour donner une idée de la manière dont on détermine cet instant, supposons que, le 20 mars, on trouve le soleil à une distance de 9' au sud de l'équateur, arc mesuré sur le méridien, et le lendemain à 3′ au nord du même cercle, mesurées encore sur le méridien. Le soleil aura, pour ainsi dire, parcouru en vingt-quatre heures un arc de 12′ du sud au nord; il aura donc passé à l'équateur à un instant déterminé par une proportion analogue à celle-ci : Si un arc de 12′ est parcouru en vingt-quatre heures, en combien d'heures le sera un arc de 3′? Il le sera en six heures et l'arc de 9′ en dix-huit. C'est donc dix-huit heures après midi du 20 mars, ou le 21 mars à six heures du matin, qu'a eu lieu le passage à l'équinoxe.

Pour atténuer les erreurs inévitables dans des opérations si délicates, on multiplie les observations, c'est-à-dire que l'on calcule les déclinaisons australes et boréales plusieurs jours avant et après le passage, et que l'on compare tous les résultats entre eux. On les compare même aux observations qui ont été faites dans les temps les plus reculés, afin de pouvoir répartir les erreurs sur un plus long intervalle et les rendre insensibles. Malheureusement celles des anciens ne paraissent pas mériter une grande confiance. Nous allons en offrir un exemple.

Cent quarante-six ans avant J. C. on observa l'équinoxe de printemps avec des *armilles* de cuivre imaginées par Ératosthène, bibliothécaire d'Alexandrie, sous Ptolémée Évergète. Ces armilles, placées sous le portique d'Alexandrie, étaient des cerceaux évidés représentant les cercles du ciel. On les avait

placés de manière que chacun d'eux était parallèle
à son correspondant céleste. Le demi-cercle supérieur qui figurait l'équateur était ainsi plus incliné
sur la partie méridionale de l'horizon que le demi-
cercle inférieur, parce que Alexandrie est dans l'hémisphère septentrional.

Le soleil, encore dans l'hémisphère méridional,
projetait vers le nord l'ombre du demi-cercle supérieur, et cette ombre s'avançait vers le sud à mesure que le soleil remontait au nord.

On observa le moment où l'ombre vint porter sur
la concavité du demi-cercle inférieur, et l'on s'appliqua surtout à déterminer l'instant où cette ombre, plus étroite que la largeur de l'armille, y était
renfermée tout entière, *exactement au milieu,* et
laissait sur chaque bord un espace égal éclairé par
le soleil. Le milieu de cette ombre parut devoir coïncider parfaitement avec le centre du soleil situé dans
le plan de l'équateur, au point équinoxial même :
dans le *plan*, puisque l'ombre se confondait avec
celui de l'armille parallèle à l'équateur; au *point
équinoxial*, puisque l'égalité des deux bordures éclairées indiquait un éloignement égal des deux pôles.

Ces deux circonstances arrivèrent à six heures du
matin, le 24 mars de l'an 146 avant J. C. On ne
doutait pas de l'exactitude de l'observation, lorsque,
cinq heures et demie après, l'ombre, qui avait abandonné le demi-cercle inférieur, y revint, absolument
dans la même position que nous venons de décrire;

en sorte qu'elle parut avoir rétrogradé, comme sur le cadran du roi Achaz.

Ce phénomène inouï, inexplicable alors, semblait annoncer que le soleil avait passé au point équinoxial deux fois dans le même jour, à quelques heures d'intervalle. On sentait bien que c'était impossible; mais le fait était là, confondant la raison. On en chercha vainement la cause, qui ne devait être reconnue que longtemps après.

C'était un effet de la réfraction atmosphérique.

A six heures du matin, le soleil était très-près de l'horizon, et la réfraction, très-forte alors, le porta jusqu'à l'équateur, dont il était voisin, en le faisant paraître beaucoup plus haut. Mais, à mesure qu'il s'éleva, l'effet diminuant, le soleil parut plus près de sa véritable place, c'est-à-dire au sud de l'équateur, qu'il atteignit enfin par son mouvement propre. Cependant, comme à onze heures et demie la réfraction agissait encore sur lui, il reparut à l'équateur un peu avant d'y être réellement. Ainsi, sur deux équinoxes observés le même jour, aucun n'était le véritable.

Il existe aujourd'hui des tables de réfractions calculées pour toutes les hauteurs. On les perfectionne tous les jours, ce qui contribue beaucoup à l'exactitude des observations pour lesquelles il est nécessaire de les consulter.

HUITIÈME LEÇON.

PHASES DE LA LUNE.

La lune, le plus grand, en apparence, et le plus remarquable des corps célestes après le soleil, fixa particulièrement l'attention des premiers observateurs, qui durent promptement reconnaître la durée de sa révolution et les causes de ses diverses phases. Cherchons à nous en former nous-mêmes des idées nettes.

Si l'on remarque une étoile très-voisine de la lune, on verra que, dès le lendemain, celle-ci sera sensiblement plus orientale que la veille par rapport à l'étoile, et le deviendra chaque jour davantage, en sorte que, après $27^j\frac{1}{3}$ environ, elle la rejoindra du côté opposé à celui de la séparation.

Nous savons déjà que cette translation ne peut être attribuée qu'à la lune ; ainsi, cet astre parcourt, par son mouvement propre, 360° de l'ouest à l'est en $27^j\frac{1}{3}$, et, par suite, environ 13° en 24 heures, tandis que le soleil ne parcourt que 1° dans le même temps et dans le même sens.

Pour comprendre facilement la marche de la lune et les phénomènes qui en résultent pendant une révolution, il est nécessaire de nous aider d'une figure.

Fig. 10.   Soient T, la terre, S, le soleil, E′, une étoile fixe, dont les centres se trouvent sur une même ligne droite E′N.

Supposons d'abord que, pendant une révolution entière de la lune, le soleil S ne soit assujetti, comme l'étoile E′, qu'au mouvement général. Parmi toutes les positions que la lune peut occuper dans son orbite, que nous supposerons aussi *circulaire* et confondue avec le plan de l'écliptique, pour simplifier, nous considèrerons les huit principales. Dans chacune de ces positions, la lune est représentée sous deux formes différentes, comme *cercle* et comme *sphère*, afin que l'on puisse mesurer, pour ainsi dire, d'un coup d'œil, la partie de la surface éclairée visible de la terre. Il faut considérer les lunes extérieures comme des cercles, les intérieures comme des sphères. Dans les premières on remarque trois teintes : la *noire* indique la partie obscure; la *blanche*, la partie éclairée visible pour nous; la *demi-teinte*, la partie éclairée invisible pour nous. Des flèches indiquent la direction du mouvement de l'ouest à l'est.

Cela posé : Quand la lune se trouve entre le soleil et la terre, en 0°, et que son centre est sur la ligne NE′, ou en est très-rapproché, elle se trouve dans un même plan vertical avec T, S, E′; elle est en *conjonction* avec le soleil, parce que, vus de la terre, ces deux astres paraissent *joints* et correspondre à un même point du ciel, E′. Cette première position se nomme *néoménie* ou *nouvelle lune*.

L'hémisphère éclairé étant tourné tout entier vers le soleil, il est évident que nous ne pouvons nullement apercevoir la lune; aussi la perdons-nous alors de vue pendant près de quatre jours, parce qu'elle cesse d'être visible quelque temps avant d'atteindre le plan vertical et quelque temps après l'avoir traversé. Le jour de la conjonction, la lune passe à notre méridien supérieur avec le soleil.

Le lendemain, à midi, elle est plus orientale que cet astre de 13°, en vertu de son mouvement propre. Elle ne passe donc au méridien que 52′ après lui, parce qu'il lui faut ce temps pour regagner par le mouvement général ces 13° de retard. Le jour suivant, son retour au méridien sera retardé encore de 52′ sur le jour précédent, et ainsi de suite. Nous verrons que ces retards croissants expliquent précisément ceux des marées (2ᵉ part., 7ᵉ leç., § 4). Les mêmes intervalles de temps séparent aussi ceux des levers et des couchers des deux astres, qui avaient été presque instantanés le jour de la néoménie.

Les deux premières distances angulaires sont assez petites pour que la lune, plongée dans les rayons du soleil, ne présente à nos yeux aucun des points éclairés de sa surface; mais, dès le troisième jour, se trouvant à midi à 39° est du plan vertical, elle laisse apercevoir à l'*ouest*, au commencement de la nuit, un mince *filet lumineux* et *circulaire* dont les extrémités ou les *cornes* sont tournées vers l'est, et la convexité vers l'ouest, d'où lui vient alors la lumière du soleil.

Quand la lune est à 45°, un peu moins de quatre jours après la néoménie, le *filet* est déjà devenu un *croissant* égal à la huitième partie de la surface de l'astre. En effet, le rayon S*b*, qui passe par le centre du soleil et de la lune, peut être considéré comme constamment parallèle à lui-même, à cause de l'extrême éloignement de ces deux astres et de la petitesse relative du diamètre de l'orbite lunaire. Il est donc constamment perpendiculaire à la ligne OP, limite de l'ombre et de la lumière; d'où il suit que cette dernière ligne conserve toujours son parallélisme avec elle-même, quels que soient les points de la surface qu'elle sépare, comme le montre la figure.

Cela posé : lorsque la lune se présente à nous sous une obliquité de 45°, l'angle sous lequel nous la voyons n'est plus OTP, mais O′TP′. Le point P′, identique avec P, s'est, pour ainsi dire, détourné de la terre de 45°, il a pénétré dans la partie éclairée de cette quantité. Voilà pourquoi nous apercevons la partie P″CP′, qui est bien égale au *huitième* du cercle entier, ou au *quart* du demi-cercle éclairé. On raisonnera de la même manière pour prouver que, lorsque la lune terminera le deuxième, le troisième, le quatrième huitième de sa révolution, on apercevra les *deux, trois, quatre* huitièmes de sa surface entière, ou la moitié, les trois quarts, la totalité de la surface éclairée (*).

Remarquons que le mouvement continu du point P ou P′, qui est le même, nous montre que la lune circule de manière à présenter toujours à la terre les mêmes points de sa surface. C'est un phénomène commun à tous les *satellites*, c'est-à-dire aux astres de second ordre qui gravitent autour des planètes. Nous reconnaîtrons plus tard la cause de ce phénomène (fin de la 3ᵉ leç., 2ᵉ part.).

Il reste à montrer comment le triangle de lumière P′CP″ du cercle devient un croissant, *aef,* sur la sphère.

On voit d'abord que ce croissant est le *quart* de l'hémisphère que représente la figure, et l'on conçoit que le reste de l'hémisphère éclairé, qu'il faut imaginer sous le papier, s'étend jusqu'au cercle *axf.* Dans cet état de choses, quelle autre figure que celle d'un croissant peut offrir la partie visible pour nous, le fuseau resserré entre les deux demi-grands cercles *aef, aif?* Dans la position qui nous occupe, la lune passe à notre méridien à trois heures du soir, en vertu du mouvement diurne; car, étant plus orientale que le soleil de 45°, elle le suit dans le sens rétrograde, à trois heures de différence.

(*) En effet : $\frac{2}{8}$, $\frac{3}{8}$, $\frac{4}{8}$ d'un tout égalent $\frac{4}{8}$, $\frac{6}{8}$, $\frac{8}{8}$, ou, en simplifiant : $\frac{1}{2}$, $\frac{3}{4}$, 1 de la moitié.

Cette position s'appelle premier *octant*.

Sept jours environ après la néoménie (6ʲ 22ʰ 9′), la lumière a envahi le *quart* du cercle ou de l'hémisphère tourné vers la terre. C'est le *premier quartier*, car elle a parcouru 90° de son orbite. Elle passe, ce jour-là, au méridien à six heures du soir ; elle éclaire pendant la première moitié de la nuit. La ligne concave du croissant est devenue droite. Le lendemain et les jours suivants elle sera convexe, et, en moins de *quatre* jours, la lumière, de forme elliptique, nous montrera les *trois quarts* de l'hémisphère constamment dirigé vers nous. C'est le *deuxième octant*. La lune passe alors au méridien à neuf heures du soir ; elle éclaire jusqu'à trois heures du matin.

La lumière continue à croître jusqu'à ce que l'astre parvienne à 180°. Se trouvant alors de nouveau dans le plan vertical, quatorze jours environ après l'avoir abandonné, il présente l'aspect d'un cercle de lumière à peu près parfait. Ce phénomène est la *pleine lune*.

La terre étant entre le soleil et la lune, on dit que celle-ci est en *opposition* avec le soleil, parce que ces deux astres correspondent à deux points *opposés* du ciel. La lune se lève à six heures du soir et éclaire toute la nuit.

Quand la pleine lune coïncide avec les jours équinoxiaux, un magnifique spectacle s'offre à nos regards. Comme le soleil se couche alors au moment même où la lune se lève, on voit ces deux astres resplendissants se balancer à deux points diamétralement opposés de l'horizon, et nous jouissons sans interruption pendant vingt-quatre heures de la lumière directe et réfléchie du soleil.

Le *cours*, ou période croissante, est achevé; le *décours* va commencer.

Le cercle de lumière s'échancre chaque jour, selon l'heureuse expression du plus aimable de nos poëtes :

> Le temps, qui toujours marche, avait, pendant deux nuits,
> *Échancré*, selon l'ordinaire,
> De l'astre au front d'argent la face circulaire.

Arrivée à son *troisième octant*, la lune ne présente plus que les *trois quarts* de sa surface éclairée ; mais l'ellipse qu'elle offre est tournée en sens inverse de celle du deuxième octant. Le jour du *plein*, la lune a passé au méridien supérieur à *minuit;* à son *troisième octant* elle n'y passera qu'à trois heures du matin; à son *second quartier*, à six heures; à son *quatrième octant* à neuf heures, trois heures avant le soleil, dont elle n'est plus éloignée que de 45°, distance que son mouvement propre lui fera parcourir en moins de quatre jours.

Alors elle passera de nouveau au méridien en même temps que le soleil. Sa révolution se sera accomplie en 27^j 1/3, plus exactement en 27^j 7^h 43' 11".

Si le soleil n'était assujetti qu'au mouvement rétrograde, la lune le rejoindrait en effet dans cet espace de temps, période précise de sa *révolution sidérale*, c'est-à-dire de son retour à une même étoile ; mais il n'en est pas ainsi. Quand la lune est revenue à son point de départ, 0°, elle n'y trouve plus le soleil, qui, en vertu de son mouvement propre, s'est transporté en S′, à 27° vers l'est. Il lui faut par conséquent $2^j\ 5^h\ 0'\ 51''$ pour le rejoindre et se trouver de nouveau en *conjonction* avec lui. Ainsi ce n'est qu'après $29^j\ 12^h\ 44'\ 2''$ que la *nouvelle lune* peut avoir lieu.

Cette révolution s'appelle *synodique ;* elle a produit le mois, comme ses quartiers, la semaine. C'est sur cette période qu'est fondé le *comput du calendrier ecclésiastique.*

On distingue encore la *révolution périodique* de la lune, qui se rapporte aux points équinoxiaux. Ces points ayant, comme nous l'avons vu (p. 46), un mouvement *rétrograde* de 51″ par an, la lune doit les rejoindre plus tôt qu'elle ne ferait s'ils étaient fixes, puisqu'elle va au-devant d'eux par son mouvement *direct.* De là vient que cette révolution est plus courte que la révolution sidérale et ne dure que $27^j\ 7^h\ 43'\ 4''$.

Nous verrons que l'orbite lunaire n'est point un cercle, mais une ellipse (p. 207). Les points les plus remarquables de cette orbite sont : les *quadratures*, où la lune est à 90° du soleil ; les *syzy*-

gies, dans lesquelles elle est en conjonction et en opposition, à 0° et à 180° de cet astre; le *périgée,* point où elle est le plus près de la terre; l'*apogée,* où elle en est le plus loin. On désigne ces deux derniers points sous le nom commun d'*apsides*; la *ligne des apsides* est celle qui les joint. Les *nœuds* sont les points d'intersection de l'orbite lunaire et de l'écliptique. On distingue le *nœud ascendant* ☊, au nord, et le *nœud descendant* ☋, au sud. Ces deux orbites forment un angle de 5° 8′ 49″, en sorte que celle de la lune est à moitié au-dessus, à moitié au-dessous de l'écliptique. De là vient que le *nœud* qu'elle franchit en montant se nomme *ascendant :* il est dans la région boréale; l'autre, dans la région australe. Les nœuds de la lune ont un mouvement *rétrograde* qui leur fait parcourir l'écliptique en dix-huit ans onze jours ; plus exactement, en 6585ʲ,77, période extrêmement remarquable pour les éclipses.

Au premier et au dernier octant, mais surtout au premier, la partie du disque lunaire qui n'est point frappée par les rayons du soleil paraît souvent couverte d'une *lumière cendrée* qui rend très-visible une moitié de la lune. Ce curieux phénomène est produit par la vive lumière que l'hémisphère éclairé de la terre reflète sur la lune, qui alors a *pleine terre,* si l'on peut ainsi s'exprimer. Ce beau phénomène est beaucoup plus sensible au premier octant qu'au dernier, parce que, vue de la lune, la terre paraît presque pleine, ce qui n'a pas lieu au dernier, le soleil éclairant trop peu de régions terrestres vers l'ouest pour que la planète puisse s'y présenter en *plein* à son satellite.

Quoique la lumière que la terre réfléchit sur la lune soit douze fois plus vive que celle que nous envoie celle-ci, le phénomène de la lumière cendrée disparaît avant le premier quartier, parce que la partie lumineuse de notre globe, visible de la lune à cette époque, ne suffit plus à cet effet.

La lumière de la lune n'est accompagée d'aucune chaleur, puisque, concentrée par les miroirs ardents de la plus grande force, elle n'a jamais pu produire aucun effet sur les thermoscopes les plus sensibles, capables de mesurer un *millième* de degré de chaleur ; elle n'a de plus aucune action chimique sur l'hydrochlorate d'argent lui-même. On prétend cependant que M. Daguerre est parvenu à jeter sur ses écrans l'image de la lune formée au foyer d'une très-forte lentille, et qu'elle y a laissé une très-faible empreinte blanche.

Des Éclipses.

Une éclipse (de soleil ou de lune) est la disparition momentanée de la lumière solaire directe ou réfléchie, produite par l'interposition de la lune entre le soleil et la terre, ou de la terre entre la lune et le soleil.

Pour en bien saisir la théorie, disons un mot sur les ombres des corps sphériques.

Il peut arriver qu'un globe lumineux, L, soit d'un volume *égal, inférieur* ou *supérieur* à celui d'un corps opaque, O, qu'il éclaire.

Dans le premier cas, l'ombre projetée est cylindrique et s'étend indéfiniment dans l'espace. Fig. 11.

Dans le deuxième, elle est un tronc de cône indéfini qui va toujours en s'élargissant. Fig. 12.

Dans le troisième, le seul que nous devrons considérer, l'ombre projetée par le corps opaque a la forme d'un cône, *nqr*, limité au point d'intersection des tangentes communes aux surfaces des deux globes. Fig. 13.

L'étendue de l'*ombre pure*, ou de l'espace complétement privé de lumière, étant déterminée par ces tangentes, dépend de la grandeur relative des sphères et de la distance qui les sépare.

En vertu de ce double rapport, le cône d'ombre que la terre projette dans l'espace est de 300,000 lieues, et celui de la lune de 84,000 environ.

Les limites que nous venons d'assigner à l'ombre conique sont celles de *l'ombre géométrique* qui succéderait à la lumière pure par un passage brusque et nettement tranché, sans la *diffraction* ou déviation des rayons qui rasent les bords des corps opaques et produisent la *pénombre*, lumière affaiblie qui avoisine l'ombre pure.

Pour nous en faire une idée exacte, menons Fig. 14.

l'axe OS et les tangentes communes ABS, CES, qui indiquent le cône d'ombre BSE projeté derrière le corps opaque O'. Menons aussi les tangentes AEM, CBL, qui se croisent entre les deux corps. Tous les points de l'espace situés au-dessous de AM et au-dessus de CL seront éclairés par le globe lumineux O tout entier ; mais les portions de l'espace LBS ne recevront de lumière que d'une partie de ce corps, et d'une partie d'autant plus petite qu'elles seront plus rapprochées de la ligne BS, limite de l'ombre géométrique. Il en est de même de l'espace MES. La lumière s'affaiblit donc insensiblement depuis BL et EM jusqu'à BS et ES. C'est cette dégradation de teinte qui constitue la *pénombre*.

Quand la lune est en *conjonction*, c'est-à-dire entre le soleil et la terre, et dans un même plan vertical, il arrive quelquefois que son ombre couvre une partie de notre globe. Alors il y a *éclipse de soleil*.

Si, dans l'*opposition*, lorsque la terre est entre le soleil et la lune, celle-ci pénètre dans l'ombre de la terre, il y a *éclipse de lune*.

Les éclipses de lune et de soleil ne peuvent avoir lieu, les premières que dans les oppositions, les secondes que dans les conjonctions, parce que c'est alors seulement que l'ombre de la terre peut envelopper la lune et l'empêcher d'être frappée par les rayons du soleil, d'une part, et, de l'autre, que l'ombre de la lune peut couvrir une partie de la terre et y dérober la lumière du soleil. Encore faut-il le concours de plusieurs autres circonstances pour que le phénomène puisse se produire ; car, si la première suffisait, il y aurait régulièrement tous les mois une éclipse de lune et une de soleil.

C'est ce qui arriverait si l'orbite de la lune était dans le plan de l'écliptique ; car, dans cette hypothèse, le satellite se trouvant deux fois par mois, non-seulement dans le même plan vertical que le soleil et la terre, mais, de plus, en ligne droite avec ces deux astres, il nous cacherait nécessairement l'un et serait forcément dérobé à notre vue par l'autre dans les deux positions précédentes. Mais cette orbite étant inclinée de 5° 9′ sur l'écliptique, la lune s'élève et s'abaisse alternativement de cette quantité par rapport à ce plan. On conçoit donc que si, dans les syzygies, elle est éloignée de ses nœuds, elle n'interceptera pas les rayons du soleil, qui passeront par-dessus ou par-dessous elle pour aller éclairer la terre, et que la lune passera elle-même au-dessus ou au-dessous de l'ombre terrestre et recevra la lumière du soleil.

Si au contraire elle se trouve à ses nœuds pendant les syzygies, ou qu'elle n'en soit pas trop distante ; si, en un mot, le plan de l'écliptique la coupe alors en deux parties égales ou même inégales, l'éclipse aura lieu d'une manière plus ou moins complète.

A moins de 9° en deçà ou au delà de chaque nœud, l'éclipse de lune est certaine.

Entre 9° et 12° elle est possible.

A moins de 15° l'éclipse de soleil est certaine.

Entre 15° et 20° elle est possible.

Il est évident que les éclipses de soleil sont plus fréquentes que celles de lune, puisque leurs limites sont beaucoup plus larges. L'observation s'accorde en effet avec la théorie. Les Chaldéens, qui enregistraient avec soin toutes les éclipses, avaient reconnu que, dans la célèbre période de dix-huit ans onze jours, qu'ils ont créée, il y a 70 éclipses, dont 41 de soleil et 29 de lune.

Éclipses de lune.

Les éclipses de lune sont *partielles, totales* ou *centrales*, selon que cet astre ne pénètre qu'en partie dans l'ombre de la terre, qu'il s'y plonge entièrement, ou que son centre coïncide avec un point de l'axe du cône d'ombre.

La largeur de cette ombre, au point d'intersection, distant de la terre de 84,000 lieues environ, est de plus du double du diamètre de la lune, qui peut ainsi en être entièrement enveloppée. Aussi met-elle, dans les circonstances les plus favorables, jusqu'à $1^h 52'$ à la traverser. La partie orientale du disque s'immerge la première, parce que la lune se meut d'occident en orient. Quand elle approche de l'ombre, sa lumière ne disparaît pas subitement; elle s'affaiblit peu à peu, en acquérant une obscurité de plus en plus intense, qui diminue ensuite graduellement à mesure qu'elle en sort. Ces effets sont produits par la *pénombre*. Au milieu d'une éclipse totale et même centrale, la lune n'est jamais entièrement invisible ; elle a encore une teinte rougeâtre et cuivrée que l'on attribue à la réfrangibilité des rayons *bleus,* plus grande que celle des rayons *rouges*, de la lumière solaire qui n'a pas été absorbée par la terre. Les premiers, plus courbés par l'atmosphère, sont retenus entre la terre et la lune ; les seconds, l'étant moins, s'étendent jusqu'à la lune, dont ils colorent le disque.

Pour déterminer la grandeur d'une éclipse de lune, les astronomes en divisent le diamètre en douze parties égales, que l'on nomme *doigts*. Chaque doigt se subdivise en 60′. Ainsi quand on dit qu'une éclipse a été de trois, de quatre doigts, cela signifie que le *quart*, le *tiers* du diamètre de l'astre a été éclipsé.

En général, la durée d'une éclipse de lune dépend de la distance du satellite à la planète et de la rapidité de son mouvement. Plus il est près de la terre, plus l'éclipse devrait être longue, la partie de l'ombre qu'il traverse étant plus large ; mais le temps de sa durée se trouve alors modifié inversement par l'accélération de vitesse produite par l'attraction (2ᵉ part., 7ᵉ leç.).

Une éclipse totale de lune peut durer 1ʰ 52′, si l'on ne compte que le temps employé à traverser le diamètre du cône d'ombre, le temps pendant lequel le bord oriental ou occidental de la lune est dans l'ombre; mais la durée peut être de quatre heures environ si l'on calcule depuis l'instant où le bord oriental du disque lunaire atteint l'ombre jusqu'à celui où le bord occidental s'en détache.

Les éclipses de lune commencent et finissent *au même instant* pour tous les peuples sur l'horizon desquels l'astre se trouve. Cet *unique instant* correspond à des heures différentes selon la longitude des observateurs, ce qui fournit un moyen précieux pour la calculer.

Les *éclipses partielles* de lune offrent une preuve évidente de la rondeur de la terre dans la forme circulaire de l'ombre projetée sur le disque du satellite ; elles prouvent aussi que la lune est opaque.

Éclipses de soleil.

Les éclipses de soleil sont *partielles, totales* où *annulaires*.

L'éclipse est *partielle* si l'orbe de la lune ne cache qu'une partie du disque du soleil, ce qui arrive quand l'œil de l'observateur et les centres des deux astres ne sont pas en ligne droite. Elle est *totale* lorsque la lune couvre le disque tout entier; *annulaire*, de *annulus* (anneau), quand le centre du soleil est couvert par la lune, mais que les bords du disque ne l'étant pas forment un anneau lumineux. On voit par là que les éclipses annulaires sont en même temps *centrales*, ainsi que les éclipses *totales*.

La lune n'est pas toujours, dans la néoménie, à la même distance de la terre, parce qu'elle décrit une ellipse, et non un cercle, autour de sa planète. Lorsqu'elle est à sa *distance moyenne*, l'extrémité de son cône d'ombre n'effleure qu'un point de la surface terrestre, *point* pour lequel l'éclipse peut être totale. A *plus* de sa distance moyenne, le sommet du cône n'atteignant pas la terre, le disque de la lune ne peut couvrir qu'une partie de celui du soleil, et l'éclipse peut être annulaire. A *moins* de la distance moyenne, l'ombre de la lune couvre successivement une zone terrestre qui, dans le plus grand rapprochement, n'a pas plus de 60 lieues de largeur; alors l'éclipse est encore totale pour un assez grand nombre de points terrestres.

D'ailleurs, quoique le diamètre réel du soleil soit à peu près quatre cents fois plus grand que celui de la lune, cependant, en raison des distances auxquelles ces astres sont de la terre, leurs diamètres apparents diffèrent assez peu et se surpassent occasionnellement l'un l'autre. Lorsque la lune est le plus près de nous et que le soleil en est le plus loin (p. 207), l'excès en faveur du diamètre de la lune est de 1′ 5″ de degré, espace qu'elle parcourt exactement en 4' 6" de temps, et qui détermine la durée des plus longues éclipses de soleil.

L'ombre de la lune se meut sur la surface de la terre avec une vitesse de plus de 10 lieues par minute, et balaie ainsi successivement diverses régions d'occident en orient. Mais, comme la terre se meut dans le même sens par sa rotation diurne, ainsi que nous le verrons (2ᵉ partie, 4ᵉ leç.), la rapidité de l'ombre en est, pour ainsi dire, ralentie au point que, dans les circonstances les plus favorables, une obscurité profonde peut durer près de 5'.

La partie occidentale du disque solaire est obscurcie la première, parce qu'elle est couverte par le bord oriental du disque lunaire, qui vient à sa rencontre en vertu de l'excès de sa vitesse propre d'occident en orient.

Dans la plupart des éclipses de soleil, le disque de la lune est couvert d'une faible lumière provenant de la réflexion de la partie éclairée de la terre, et environné d'une couronne lumineuse produite par l'atmosphère du soleil.

Les éclipses de soleil, même totales, ne sont pas visibles, comme celles de la lune, dans toutes les parties de la terre sur l'horizon desquelles les deux astres se trouvent, mais seulement et successivement dans celles que l'ombre couvre ; en sorte que, dans les parties les plus voisines qui n'en sont pas couvertes, le phénomène passe inaperçu. « La lune, dit Francœur, produit alors l'effet de ces nuages poussés par les vents, dont l'ombre cache momentanément le soleil à certains spectateurs, tandis que d'autres, placés en des lieux assez rapprochés, jouissent de sa lumière. »

Les astronomes ont coutume de tracer à l'avance une carte qui indique le chemin que l'ombre doit parcourir sur la terre, et de déterminer ainsi avec la plus grande précision les lieux où le phénomène se présentera sous des aspects différents.

L'étendue des éclipses de soleil se mesure aussi par *doigts*.

Les planètes sont si distantes les unes des autres, et si petites par rapport à ces distances, que leurs ombres ne s'étendent point de l'une à l'autre. Aussi ne s'éclipsent-elles pas entre elles. Il n'en est pas de même de ceux de leurs satellites qui en sont assez rapprochés pour en traverser les ombres. Ce sont les éclipses du premier satellite de Jupiter qui ont conduit à la découverte de la vitesse de la lumière (2e partie, 4e leçon).

Rien ne prouve mieux la certitude des connaissances astronomiques que la précision étonnante avec laquelle on prédit aujourd'hui l'*instant* où doit commencer et finir une éclipse et *toutes* les circonstances qui doivent l'accompagner.

Les anciens avaient remarqué que les *nœuds* de la lune parcourent sur l'écliptique, dans le sens *rétrograde*, 1° en 19 jours, tandis que le soleil en décrit *un* chaque jour en sens inverse sur le même cercle. Il en résulte que le soleil rejoint le *nœud* après 346 jours (365—19). Mais le soleil et la lune ne le rejoignent ensemble qu'au bout de 18 ans 11 jours, et alors les éclipses se reproduisent, pendant cette nouvelle période, à peu près dans le même ordre que dans la précédente, puisque les mêmes rapports se rétablissent entre les deux astres. Après cette découverte, il ne s'agissait plus que de noter exactement les *dates* de toutes les éclipses pendant quelques périodes successives, pour pouvoir prédire à peu près les époques des éclipses analogues de la prochaine période. C'est ainsi, sans doute, que Thalès eut la gloire de prédire le premier la fameuse éclipse de soleil qui s'épara, 603 ans avant J. C., les armées de Cyaxare, roi des Mèdes, et d'Alyatte, roi de Lydie, prêtes à en venir aux mains, et que Halley put prédire l'éclipse du 2 juillet 1684, au moyen de celle qui avait été observée le 22 juin 1666.

La prédiction du retour des *comètes* est à peu près, pour les astronomes modernes, ce qu'était pour les anciens celle des éclipses.

L'ignorance de la cause si naturelle et si simple des éclipses, jointe aux phénomènes extraordinaires qui les accompagnent, en fit longtemps un objet de terreur. On conçoit en effet que, lorsqu'au milieu d'un jour pur et serein on voit tout à coup d'épaisses ténèbres succéder à des flots de lumière, les étoiles briller comme pendant la nuit, le soleil s'obscurcir, la consternation plonger dans la stupeur tous les êtres vivants, l'esprit soit troublé et confondu à ce renversement apparent de l'ordre de la nature. On s'explique la terreur des Mèdes et des Lydiens, l'épouvante du pilote de Périclès, l'empire que Cristophe Colomb prit sur les Caraïbes, les images terribles, les récits effrayants dont sont remplies les annales des peuples; et l'on se félicite des progrès des lumières qui ont délivré l'esprit humain de ces vaines terreurs, en s'écriant avec Virgile :

Felix qui potuit rerum cognoscere causas!
Heureux le sage instruit des lois de la nature!

NEUVIÈME LEÇON.

DU CALENDRIER.

Le calendrier est une division régulière du temps, établie sur l'ordre des saisons, avec une telle harmonie que les mêmes époques de l'année coïncident constamment avec les mêmes positions du soleil dans son orbite, afin que l'on puisse régulariser, dans la société, les diverses occupations civiles et religieuses.

Il y a donc deux sortes de calendrier : le *calendrier civil* et le *calendrier ecclésiastique*.

Calendrier civil.

Le but du calendrier civil est de faire concorder les divers travaux de l'agriculture et les institutions sociales avec les époques de l'année qui doivent naturellement leur correspondre. Tous les anciens peuples réglèrent leurs calendriers sur les mouvements de la lune, que ses phases rendent si facile à observer, et formèrent ainsi la semaine et le mois que nous avons adoptés. Les Egyptiens seuls basèrent le leur sur le cours du soleil, qui attira principalement leur attention, à cause de l'influence qu'il exerce sur les débordements du Nil, qui coïncident avec le solstice d'été.

Ils ne firent d'abord leur année que de 360 jours, ce qui produisit une erreur de 5 jours dans un an, d'un mois en 6 ans, de 12 mois en 72 ans. Ainsi, dans le cours de 72 ans, chaque date de cette année civile traversait toutes les saisons en rétrogradant, de manière qu'au bout de 18 ans la crue du Nil, par exemple, ne correspondait plus à *l'été du calendrier*, mais au *printemps*; à *l'hiver* après 36 ans; puis à *l'automne*. Un pareil désordre ne pouvait durer. Pour y remédier, les Égyptiens observèrent plus attentivement la longueur de l'année, et reconnurent qu'elle renferme 365 jours. Ils ajoutèrent donc 5 jours, nommés *épagomènes* ou *supplémentaires*, à la fin des douze mois de 30 jours chacun.

Cette nouvelle année se trouva trop courte encore d'un *quart de jour* environ. Or, une erreur d'*un quart de jour* par an en produit une d'*un jour* entier en quatre ans. La même rétrogradation existait donc; seulement elle était *vingt* fois plus lente, et s'accomplissait en 1460 ans, au lieu de 72. Les Égyptiens nommaient *sothiaque* cette période de 1460 ans, qui ramenait la concordance entre l'année civile et l'année solaire. Ces deux espèces d'années furent nommées *vagues*, parce que chaque date passait successivement par toutes les saisons.

Du temps de Jules César, le désordre était si

grand qu'on fut obligé, avant de réformer tout à fait le calendrier, d'ajouter 90 jours pour faire concorder l'année lunaire, de 355 jours, avec l'année solaire. Ce fut l'année de *confusion*.

Vers l'an 46 avant J. C., Jules César consulta le célèbre astronome Sosigène d'Alexandrie pour réformer le calendrier. Celui-ci adopta, d'après Hipparque, *l'année tropique* de 365 jours 1/4, et prescrivit que *l'année civile* commencerait au 1er janvier, jour où tombait la nouvelle lune ; que trois années consécutives auraient 365 jours, et la quatrième 366. De cette manière il évita les embarras que présentait la fraction. Les années de 365 jours furent nommées *communes*, celles de 366 jours *bissextiles*, de *bis sex* (deux fois six), parce que le jour intercalé, se plaçant après le 24 février, que les Romains nommaient *sexto calendas* (le sixième avant les calendes), dut s'appeler *bis sexto calendas, bissextil.*

L'intercalation d'un jour tous les *quatre ans* est la plus simple que l'on connaisse. Jules César est le premier qui eut recours à cette méthode, qui a donné *l'année julienne* et le *calendrier julien*, dans lequel toutes les années dont le millésime est exactement divisible par 4 sont *bissextiles*.

Cette correction suppose que la fraction 1/4 de jour est exacte, mais elle ne l'est pas ; elle est plus forte que la véritable, ce qui produit une erreur annuelle *en plus* de 11′ 11″,254, dont l'accumulation donne *un jour* en 128 ans, puisque la véritable année tropique est de 365^j 5^h 48$'$ 48$''$. (P. 106.) Si donc les années égyptiennes étaient trop courtes, celle de Jules César était trop longue ; et, dans les deux cas, la même confusion devait encore se manifester, mais en sens inverse et plus lentement.

En effet, en 1582, les 11$'$ 11$''$,254 excédantes avaient produit 10 *jours* de *trop* par leur accumulation. Toutes les dates de l'année civile étaient en avance de 10 jours par rapport à l'équinoxe de printemps, qui avait eu lieu le 21 mars 325, comme l'avait constaté le concile de Nicée.

Pour rétablir la coïncidence, déjà si sensiblement détruite, le pape Grégoire XIII résolut de supprimer les 10 jours excédants, et ordonna que, dans toute la chrétienté, le lendemain du 4 octobre 1582 s'appellerait non le 5, mais le 15 octobre ; et pour prévenir l'erreur connue, au lieu de supprimer 1 jour tous les 128 ans, ou 2 jours tous les 256 ans, ou bien 3 jours tous les 384, comme la rigueur mathématique l'exigeait, on convint d'en supprimer 3 tous les 400 ans (pour simplifier les calculs par ce nombre rond) ; de faire l'année séculaire 1600 bissextile, mais de supprimer le jour intercalaire dans les trois années séculaires suivantes, quoiqu'elles eussent dû le prendre d'après leur rang dans la période julienne de 4 ans, et de l'ajouter à l'an 2000, et ainsi de suite, à perpétuité.

Ainsi, toutes les années séculaires dont les chiffres qui précèdent les deux zéros à droite forment
un nombre exactement divisible par 4 sont *seules*
bissextiles. Par ce moyen on prévint l'erreur qu'aurait encore occasionnée l'accumulation des 11′
11″,254. En effet, on n'intercale ainsi que 97 jours
au lieu de 100 sur 400 ans, puisque trois années
séculaires sur quatre ne sont pas bissextiles ; ce qui
fait 400 fois 365 jours, plus 97 jours, ou 146097
jours, qui, divisés par 400, donnent 365ʲ 5ʰ 49′ 12″
pour la durée moyenne de chaque *année grégorienne*, durée qui n'excède l'*année tropique* que
de 24″. Or 24″ par an font 9600″ en 400 ans,
et 96000″, ou 1 jour 1/9, en 4000 ans. L'erreur
d'*un jour* entier, se trouvant ainsi répartie sur un
si long espace de temps, ne saurait avoir aucune
influence sur nous, et il est évident que l'exactitude même n'offrirait pas plus d'avantage ; seulement dans 4000 ans on sera obligé d'aviser
aux moyens de prévenir l'erreur, qui commencera à
devenir sensible.

La réforme grégorienne s'appelle *nouveau style* :
elle forme le *calendrier grégorien ;* celle de Jules
César porte le nom de *vieux style.*

Le nouveau style fut adopté par la plupart des
peuples chrétiens, excepté par les protestants.

En 1752 lord Chesterfield le fit adopter en
Angleterre, et faillit être massacré par le peuple
qui, ne comprenant pas la suppression, lui criait :

« Rendez-nous les 11 jours que vous nous avez volés. »

Les Russes et les Grecs sont les seuls, en Europe, qui suivent encore le vieux style ; ils ont fait bissextiles les années 1700 et 1800, d'où vient qu'ils comptent maintenant 12 jours de plus que nous. En 1900 ils en compteront 13, parce qu'ils feront cette année de 366 jours, et nous de 365. Dans leurs relations avec les autres peuples de l'Europe, ils ont soin d'indiquer les dates des deux styles ; par exemple, 7/19 août 1854 signifie le 7 août (vieux style) ou le 19 (nouveau style) du mois d'août de cette année.

On a fait commencer le jour au lever et au coucher du soleil, à midi et à minuit. En choisissant pour origine le lever ou le coucher, il y a cet inconvénient que, excepté sous l'équateur, cette origine varie sans cesse. En la fixant à midi, les occupations de la même journée, qui naturellement doivent être renfermées dans une seule période, se trouveraient réparties dans deux de différente dénomination. *Minuit* seul offrait tous les avantages, aussi est-il généralement adopté.

Il en est de même de l'année : si elle commençait au solstice d'été ou à l'équinoxe d'automne, les mêmes travaux agricoles seraient répartis en deux années différentes. L'équinoxe de printemps, époque de la renaissance de la nature dans notre hémisphère, semblait devoir être celle de l'année ; « mais, dit

Laplace, il est aussi naturel de la commencer au solstice d'hiver, que l'antiquité a célébré comme l'époque de la renaissance du soleil, et qui d'ailleurs est, sous le pôle, le milieu de la grande nuit de l'année. »

DIXIÈME LEÇON.

CALENDRIER ECCLÉSIASTIQUE [*].

Le concile de Nicée a décidé que la *fête de Pâques* serait célébrée chaque année le *dimanche qui suit le jour de la première pleine lune du printemps*, l'équinoxe de printemps étant supposé arriver toujours le 21 mars. Eh bien! le but du calendrier ecclésiastique est uniquement de déterminer *le jour de cette première pleine lune*, et par suite le *dimanche de Pâques*, qui règle l'ordre de toutes les fêtes mobiles.

C'est par le moyen du *cycle solaire*, du *cycle lunaire*, des *lettres dominicales*, des *épactes* et du *calendrier perpétuel*, que l'on parvient à résoudre ce problème. Formons-nous donc une idée exacte de toutes ces choses.

Cycle solaire. Si l'on divise 365 jours par 7, on trouve que l'année *commune* renferme 52 semaines plus 1 jour, et la *bissextile*, 52 semaines plus 2 jours. Il suit de là que le *premier* et le *dernier* jour de toute année commune portent le même nom. Si donc le premier jour d'une année com-

---

[*] L'excellente Notice de M. H. Faye sur ces matières obscures nous a beaucoup servi pour y répandre quelque clarté.

mune est un *lundi*, le premier de la seconde
année sera *mardi*, et (en les supposant d'abord
toutes communes) le premier jour de la troisième
année serait *mercredi;* celui de la quatrième, *jeudi;*
de la cinquième, *vendredi;* de la sixième, *samedi;*
de la septième, *dimanche.* Chaque jour de la semaine a été à son tour de succession le premier
d'une année dans cette période de *sept* ans. Il en
sera de même dans les périodes suivantes : les
*années de même rang y commenceront par des
jours de même nom.*

Cette période serait le *cycle solaire* si toutes les
années étaient communes. Mais une année bissextile se présente : si son premier jour est *lundi,* son
dernier sera *mardi.* L'année suivante commencera
donc par *mercredi.* L'ordre de succession est inter-
rompu; *mardi* est franchi; il a perdu son tour de
premier jour de l'an. La troisième commencera par
jeudi, la quatrième par *vendredi*, la cinquième par
samedi. L'ordre de succession est rétabli; mais,
comme celle-ci est bissextile, il va être encore in-
terrompu, et la sixième commencera par *lundi.*
Dimanche est franchi à son tour; après chaque
bissextile, ou de 4 ans en 4 ans, un autre jour de
la semaine le sera pareillement; et, comme il y en a
7, ce ne sera qu'après 28 ans qu'ils auront tous été
le premier d'une année. Alors commencera une
nouvelle période de 28 ans dans laquelle les choses
se passeront comme dans la précédente, et où les

années de même rang commenceront par des jours de même nom. C'est là le véritable *cycle solaire.*

Lettres dominicales. Dans le calendrier ecclésiastique les jours de la semaine ne sont pas représentés par leurs noms, comme dans le calendrier civil, mais par les sept premières lettres écrites invariablement dans l'ordre alphabétique, depuis le 1ᵉʳ janvier jusqu'au 31 décembre (p. 154-155); la lettre qui correspond aux dates des *dimanches* d'une année prend le nom de *lettre dominicale.*

En mettant les sept premières lettres en regard des 28 années du cycle solaire, c'est donc comme si l'on y mettait les noms des jours, et l'on a le tableau suivant :

Lettre dom. A B C D E̸ F G A B C̸ D E F G A̸ B C D E
Cycle sol. 1 2 3 4 5 6 7 8 9 10 11 12 13 14 15 16

F̸ G A B C D̸ E F G A B̸ C D E F G̸
17 18 19 20 21 22 23 24 25 26 27 28

où l'on voit que, si A désigne le premier jour de l'an 1, B désignera le premier jour de l'an 2, C celui de l'an 3, D celui de l'an 4. Mais, comme l'an 4 est bissextil, la lettre E doit être franchie, et c'est F qui désignera le premier jour de l'an 5; et ainsi de suite, en franchissant une lettre, c'est-à-dire un jour, après chaque bissextile.

On conçoit que dans tous les cycles suivants les mêmes lettres correspondront aux mêmes années. Il faut remarquer que ces lettres ne représentent point chacune un jour particulier, mais un jour quelconque indifféremment; de telle sorte, néanmoins, que, si A représente *mercredi*, par exemple, alors B doit nécessairement représenter *jeudi*, C *vendredi*, etc.

Calendrier perpétuel. Un calendrier ordinaire, dans lequel les noms des jours sont remplacés par les lettres précédentes, devient *perpétuel* par l'indétermination même que les lettres apportent aux noms des jours, indétermination qui permet d'appliquer ce calendrier à une année quelconque, pourvu que l'on connaisse seulement le nom du premier jour de cette année. Ce n'est autre chose qu'une simple substitution algébrique, qui en procure tous les avantages.

Prenons pour exemple la première année de notre ère, dont le premier jour était un samedi, puisque Jésus-Christ mourut un vendredi. Alors A représente *samedi* pour l'an 1; B, *dimanche,* etc. B est la *lettre dominicale* de l'an 1. Partout où l'on verra B dans le calendrier perpétuel (p. 154-155), on est sûr que la date correspondante fut un dimanche en l'an 1.

Le dernier jour de l'an 1 étant un *samedi*, le premier de l'an 2 fut un *dimanche;* alors A, qui correspond au 1er janvier dans le calendrier perpétuel, fut la lettre dominicale de l'an 2.

Le premier jour de l'an 3 était un *lundi*, et G la lettre dominicale.

Le premier jour de l'an 4, un *mardi*, et F la lettre dominicale.

L'an 4, étant bissextil, finit par *mercredi*. L'an 5 commença donc par *jeudi*.

La lettre A correspondant à jeudi, B correspondit à vendredi, C à samedi, D à dimanche ; ainsi D fut la lettre dominicale de l'an 5.

On voit par là comment on pourrait déterminer les lettres dominicales des 28 années qui forment le cycle solaire. En continuant comme nous avons commencé, on obtiendrait le tableau suivant :

Ann. du cycle sol. 1 2 3 4 5 6 7 8 9 10 11 12 13 14 15
Lettre dom.   B A G FE D C B AG F E D CB A G F

                   16 17 18 19 20 21 22 23 24 25 26 27 28
                   E DC B A G FE D C B AG G F E D

Quand on connaît les lettres dominicales de toutes les années d'un cycle solaire quelconque, on connaît celles des années de même rang dans tout autre cycle. Donc, pour trouver la lettre dominicale de telle année qu'on veut, il n'y a qu'à déterminer le cycle dont cette année fait partie et le rang qu'elle y occupe, puis à regarder dans le tableau quelle est la lettre dominicale de l'année correspondante.

Le tableau précédent pourrait servir, comme tout autre, à cet usage ; cependant ce n'est pas celui qui sert de type dans le comput ecclésiastique. Le premier jour de ce cycle est un *samedi*, et le concile de Nicée jugea qu'il valait mieux que ce fût un *lundi*, qui est le commencement de la semaine chez les chrétiens. On remonta donc, à cet effet, à la neuvième année avant notre ère, et l'on eut le tableau suivant :

Ann. du cycle sol.	1	2	3	4	5	6	7	8	9	10	11	12	13	14	15
Lettre dom.	G	~~F~~	E	D	C	B	~~A~~	G	F	E	D	~~C~~	B	A	G	F	~~E~~	D	C

	16	17	18	19	20	21	22	23	24	25	26	27	28
	B	A	~~G~~	F	E	D	C	~~B~~	A	G	F	E	~~D~~	C	B	A

Il suffit, pour le former, de remarquer que, quoique la première année du cycle précédent se trouve la dixième de celui-ci, elle n'en a pas moins B pour lettre dominicale, puisqu'elle ne cesse pas d'être la première de notre ère. Il n'y a donc qu'à mettre B sous 10, et à placer ensuite les lettres sous les autres nombres, avec l'attention de barrer celles qui doivent être franchies après chaque bissextile.

Appliquons ce type à la recherche de la lettre dominicale d'une année quelconque, de 1855, par exemple.

Pour remonter à l'origine du cycle, il faut d'abord ajouter 9 à 1855, ce qui donne 1864. En divisant cette somme par 28, le quotient 66 indiquera le cycle dont cette année fait partie, et le reste, 16, le rang qu'elle occupe dans ce cycle ; 1855 est donc la seizième année du soixante-sixième cycle solaire. Or dans le tableau la seizième année correspond à la lettre B, qui est la lettre dominicale cherchée.

Si l'on trouvait zéro pour reste, cela signifierait que l'année proposée serait la vingt-huitième de son cycle, et que sa lettre dominicale serait A.

Telle est la manière de trouver la lettre dominicale dans le *vieux style*, sur lequel est basé le calendrier perpétuel. Pour la trouver dans le *nouveau
style*, il faut regarder à quelle date correspond B
dans le calendrier perpétuel, à sa première apparition : nous trouvons que c'est au 2 janvier (vieux
style). En ajoutant 12 jours, nous aurons 14 janvier
(nouveau style); vis-à-vis cette date se trouve G,
qui est la véritable lettre dominicale de 1855.

Dans les années bissextiles, la lettre dominicale
est *double*, à cause de la manière dont le jour bissextil est intercalé. Si on le plaçait à la fin de
l'année, cette lettre serait toujours *simple;* mais
comme on le met à la fin de février, il s'ensuit qu'à
partir de cette époque les mêmes lettres ne correspondent plus aux mêmes dates, comme on le voit :

ANNÉE COMMUNE.			ANNÉE BISSEXTILE.		
Février.	27	B	Février.	27	B
—	28	C	—	28	C
Mars...	1	D	—	29	D
—	2	E	Mars...	1	E
—	3	F	—	2	F
—	4	G	—	3	G

Faudra-t-il donc *deux* calendriers, l'un pour les
années communes, l'autre pour les bissextiles?
Voyons. En 1844, année bissextile, la lettre dominicale (nouveau style) est G, et marque les dimanches dans les deux calendriers jusqu'au 28 février.
A partir de là, il n'en est plus ainsi, les mêmes

lettres ne correspondent plus aux mêmes dates. Le 3 mars est indiqué comme dimanche par la lettre G dans le deuxième, et par la lettre F dans le premier. Si donc on veut se servir *uniquement* du premier, du calendrier perpétuel, qui suppose toutes les années communes, et dans lequel le *jour bissextil* n'est pas intercalé, comme on peut le voir (p. 154-155), il faut remplacer G par F, qui servira jusqu'à la fin de l'année. Ainsi il suffit de prendre la lettre moins avancée d'un rang.

Cycle lunaire, nombre d'or. Le cycle lunaire est une période de 19 ans qui ramène les mêmes phases de la lune aux mêmes dates dans les années de même rang, puisque 19 ans renferment *à très-peu près* 235 lunaisons (234,997). Chaque nombre de cette période s'appelle *nombre d'or*, parce que les Athéniens firent graver en lettres d'or cette période, trouvée par Méthon leur compatriote.

Épacte. On appelle *épacte* l'âge de la lune au 1er janvier d'une année quelconque. Cet âge n'est autre chose que le nombre de jours écoulés depuis la *néoménie*, considérée comme l'instant de sa renaissance.

Supposons que la lune soit nouvelle au commencement du 1er janvier d'une année, comme il est arrivé l'année qui précéda notre ère; le 2 janvier elle sera âgée d'*un* jour, le 3 de *deux* jours, et ainsi de suite, jusqu'au 31 janvier, où elle aura 30 jours. Alors, la lunaison étant accomplie, la lune recommencera une nouvelle révolution de 29^j 1/2 (p. 118), et repassera par les mêmes âges, qui sont représentés dans le calendrier perpétuel par les chiffres romains : O, I, II,..... XXIX, inscrits successivement depuis le 1er janvier jusqu'au 31 décembre, mais dans l'ordre inverse au précédent (nous verrons pourquoi dans un instant); O, qui correspond au 1er janvier dans le calendrier perpétuel, indique que la lune n'a pas d'âge, qu'elle est nouvelle, ou bien qu'elle a 30 jours, ce qui est identique.

La durée de chaque lunaison étant de 29^j 1/2, on évite la fraction en donnant alternativement 30 et 29 jours à la période des âges, et pour cela on cumule tous les deux mois deux chiffres romains sur un seul jour. (Voir le calendrier perpétuel, (p. 154-155.) Ce cumul se fait sur le 24e jour avant la *nouvelle lune* prochaine. Voilà pourquoi le 25e jour avant cette néoménie est marqué (25) dans le calendrier; ce qui est très-commode pour compter les 29 ou 30 âges, car il suffit de partir de (25) en remontant jusqu'à O, et l'on trouve alternativement 4 ou 5, c'est-à-dire 29 ou 30, selon que les mois sont *caves* ou *pleins* (avec ou sans cumul).

Cela posé, tous les jours du calendrier marqués O, la lune sera nouvelle; elle aura pour âge, I II, etc., jours, partout où l'on verra ces signes; mais il n'en sera ainsi que lorsque l'année commencera avec une nouvelle lune, puisque cette partie du calendrier perpétuel a été établie sur cette supposition.

10.

Or il est bien rare que cette circonstance se réa-lise. Il faut donc trouver le moyen de faire indiquer au calendrier les *dates des nouvelles lunes, quel que soit l'âge de la lune au* 1ᵉʳ *janvier.* On y par-vient en combinant les *épactes* avec les *nombres d'or.*

L'année commune renferme 365 jours ; 12 lunai-sons de 29ʲ 1/2 en renferment 354 ; différence, 11 jours. Si la lune est nouvelle au 1ᵉʳ janvier d'une année, elle serà donc âgée de 11 jours au 1ᵉʳ jan-vier de l'année suivante. Quel que soit l'âge de la lune au commencement d'une année, elle aura 11 jours de plus au commencement de la suivante ; si l'âge est XI le 1ᵉʳ janvier d'une année, 19 jours après, ou (XXX — XI), la lune sera nouvelle. Or, 19 jours après le 1ᵉʳ, c'est le 20, qui serait pré-cisément marqué XIX dans le calendrier si les chiffres romains y étaient inscrits dans l'ordre na-turel.

C'est pour éviter la soustraction qui fait trouver XIX, ou tout autre reste, que les chiffres romains sont écrits dans un ordre inverse ; car alors la sous-traction devient inutile, et c'est l'*indice même* de l'épacte (XI) qui correspond à 20, date de la nou-velle lune.

La règle est donc : pour trouver les dates des *nouvelles lunes*, cherchez l'*épacte* de l'année, son indice correspond à toutes ces dates pendant toute l'année dans le calendrier perpétuel.

En ajoutant 13 à la date de la nouvelle lune, on aura celle de la *pleine lune* (*).

Mais comment trouver *l'épacte* au 1er janvier d'une année quelconque?

On sait que, le 1er janvier de l'année qui précéda immédiatement notre ère, la lune fut nouvelle et eut pour âge O. On sait aussi que 19 ans après les phases de la lune se reproduisirent dans le même ordre que dans la période précédente, et ainsi de suite de 19 ans en 19 ans. Il n'y a donc qu'à déterminer l'épacte de chaque année d'une seule période pour avoir celles des années de même rang dans une période quelconque.

Le 1er janvier de l'année qui précéda immédiatement notre ère eut O pour épacte; ainsi le 1er janvier de l'année suivante la lune était âgée de XI jours; la 3e son âge fut de XXII; la 4e, de XXXIII, ou plutôt de III jours, en retranchant la lunaison entière contenue dans ce nombre; la 5e, de XIV, et ainsi de suite. En augmentant toujours de 11 l'épacte précédente et en retranchant la lunaison entière qui peut se trouver dans la somme, on forme le tableau suivant :

(*) Si l'on n'ajoute que treize au lieu de quinze qu'il faudrait pour la nouvelle lune astronomique, c'est que l'Église calcule l'instant où la lune se montre deux jours après la néoménie, selon les anciens usages.

Nombres d'or. 1, 2, 3, 4, 5, 6, 7, 8, 9, 10,
Épactes...... O, XI, XXII, III, XIV, XXV, VI, XVII, XXVIII, IX,

11, 12, 13, 14, 15, 16, 17, 18, 19.
XX, I, XII, XXIII, IV, XV, XXVI, VII, XVIII.

Maintenant, pour trouver l'épacte d'une année quelconque, il suffit de déterminer le cycle lunaire dont elle fait partie et le rang qu'elle y occupe ou son *nombre d'or*, sous lequel on lira l'épacte dans le tableau précédent.

Pour trouver le cycle lunaire et le nombre d'or d'une année, il faut ajouter 1 à son millésime, afin de remonter à l'origine des cycles lunaires, et diviser la somme par 19 ; le quotient indique le cycle et le reste le nombre d'or.

Ainsi 1855 est la 13e année du 97e cycle lunaire, et le tableau montre que l'épacte est XII. Or dans le calendrier perpétuel XII correspond au 19 janvier, au 17 février, etc., jours de nouvelle lune. En ajoutant 13 à ces dates, on trouve pour les jours de *pleine lune* : $19 + 13 = 32$, ou plutôt 2 janvier, en supprimant 30 jours ; et $17 + 13 = 30$, ou 1er février, en retranchant 29 (*).

Mais notre but unique, ne l'oublions pas, est de trouver la date de la *première pleine lune du printemps*, qui est censé commencer toujours le 21 mars

(*) On retranche trente jours aux mois *pleins*, et vingt-neuf aux mois *caves*, parce que les lunaisons y ont cette durée dans le calendrier perpétuel.

dans le comput ecclésiastique. Cherchons donc l'époque de la pleine lune de mars.

Dans le calendrier, l'épacte XII correspond au 19 mars, jour de nouvelle lune ; ainsi $19 + 13 = 32$, ou plutôt 2 mars, correspond à la pleine lune. Comme ce jour précède le 21 mars, il n'est pas dans le printemps ; ce n'est donc pas la *lune pascale*.

En avril, l'épacte correspond au 17. Or $17 + 13 = 30$, qui, diminué de 29, donne 1. Le 1er avril est le jour de la *première pleine lune du printemps*. Pâques tombe le dimanche suivant. Quelle en est la date ? Cherchons la *lettre dominicale* de 1855. Nous trouvons G, qui nous conduit au 8 avril, dimanche de Pâques.

Résumé des règles du comput ecclésiastique.

1° Pour trouver dans quel *cycle solaire* est une année et le *rang* qu'elle y occupe, il faut diviser par 28 le millésime de cette année augmenté de 9 unités ; le quotient indique le cycle, et le reste, le rang de l'année dans ce cycle. Cette opération est nécessaire pour trouver la lettre dominicale.

2° Pour trouver la *lettre dominicale* d'une année, il faut d'abord chercher le rang qu'occupe l'année dans son cycle solaire, et prendre, dans le tableau de la correspondance des *lettres* et des *années du type* des cycles solaires, la lettre qui correspond à ce rang. On cherche ensuite dans le calendrier perpétuel la première apparition de cette lettre; elle correspond à une date (V. S.). On augmente cette date de 12, ce qui donne la même date (N. S.), à côté de laquelle se trouve la véritable *lettre dominicale*. Si l'année est bissextile, la lettre dominicale que l'on vient de trouver servira pour les *deux premiers mois*; celle qui la précède, pour tous les autres.

Cette lettre fait connaître tous les dimanches de l'année, mais elle ne suffit pas pour déterminer celui de Pâques en particulier.

3° Pour trouver le *cycle lunaire* d'une année et le *rang* qu'elle y occupe, ou son *nombre d'or*, il faut diviser par 19 son millésime augmenté de 1; le quotient indique le cycle, et le reste le nombre d'or. Cette opération est nécessaire pour trouver l'*épacte*.

4° Pour trouver l'*épacte* d'une année, on cherche le *nombre d'or*, et l'on voit l'épacte écrite sous ce nombre dans le tableau combiné des cycles lunaires et des épactes.

5° Pour trouver la *date de la pleine lune pascale*, c'est-à-dire de la première pleine lune du printemps, on cherche l'épacte dans le calendrier perpétuel; elle y correspond directement aux dates des *nouvelles lunes* de toute l'année (V. S.); en y ajoutant 13, on aura les dates de toutes les *pleines lunes* (V. S.). En augmentant ces dates de 12 jours, on aura celles des *pleines lunes* (N. S.), parmi lesquelles on cher-

chera la première qui se présente à partir du 21 mars *inclusivement;* ce sera la date de la lune pascale. Le dimanche suivant est le *jour de Pâques.*

Plus brièvement : 1° le cycle solaire fait connaître la lettre dominicale à l'aide du calendrier perpétuel ; 2° la lettre dominicale indique les dimanches ; 3° le cycle lunaire conduit au nombre d'or ; 4° le nombre d'or, à l'épacte ; 5° l'épacte mène de la nouvelle à la première pleine lune du printemps, et par suite au *dimanche* de Pâques.

COMPUT ECCLÉSIASTIQUE POUR 1855.

	1855
Cycle solaire	16
Lettre dominicale	G
Nombre d'or	13
Epacte	XII
Pâques	8 avril.

La fête de Pâques a deux limites qu'elle ne peut dépasser ; elle ne peut arriver *avant* le 22 mars, ni *après* le 25 avril. 1° Il peut se faire qu'il y ait *pleine lune* le 21 mars, et que le 22 soit un dimanche, comme en 1818 ; 2° si la pleine lune tombe le 20 mars, la lune pascale n'arrivera que 30 jours après, y compris le 20 mars, c'est-à-dire le 18 avril. Si ce jour-là est un dimanche, il faut aller jusqu'au dimanche *suivant*, au 25 avril, pour arriver au dimanche de Pâques, comme il adviendra en 1886.

CALENDRIER PERPÉTUEL.

Jours du mois	Janvier Lett. dom.	Janvier Épactes.	Février Lett. dom.	Février Épactes.	Mars Lett. dom.	Mars Épactes.	Avril Lett. dom.	Avril Épactes.	Mai Lett. dom.	Mai Épactes.	Juin Lett. dom.	Juin Épactes.
1	A	O	D	XXIX	D	O	G	XXIX	B	XXVIII	E	XXVII
2	B	XXIX	E	XXVIII	E	XXIX	A	XXVIII	C	XXVII	F	XXVI. 25
3	C	XXVIII	F	XXVII	F	XXVIII	B	XXVII	D	XXVI	G	XXV. XXIV
4	D	XXVII	G	XXVI. 25	G	XXVII	C	XXVI. 25	E	XXV. 25	A	XXIII
5	E	XXVI	A	XXV. XXIV	A	XXVI	D	XXV. XXIV	F	XXIV	B	XXII
6	F	XXV. 25	B	XXIII	B	XXV. 25	E	XXIII	G	XXIII	C	XXI
7	G	XXIV	C	XXII	C	XXIV	F	XXII	A	XXII	D	XX
8	A	XXIII	D	XXI	D	XXIII	G	XXI	B	XXI	E	XIX
9	B	XXII	E	XX	E	XXII	A	XX	C	XX	F	XVIII
10	C	XXI	F	XIX	F	XXI	B	XIX	D	XIX	G	XVII
11	D	XX	G	XVIII	G	XX	C	XVIII	E	XVIII	A	XVI
12	E	XIX	A	XVII	A	XIX	D	XVII	F	XVII	B	XV
13	F	XVIII	B	XVI	B	XVIII	E	XVI	G	XVI	C	XIV
14	G	XVII	C	XV	C	XVII	F	XV	A	XV	D	XIII
15	A	XVI	D	XIV	D	XVI	G	XIV	B	XIV	E	XII
16	B	XV	E	XIII	E	XV	A	XIII	C	XIII	F	XI
17	C	XIV	F	XII	F	XIV	B	XII	D	XII	G	X
18	D	XIII	G	XI	G	XIII	C	XI	E	XI	A	IX
19	E	XII	A	X	A	XII	D	X	F	X	B	VIII
20	F	XI	B	IX	B	XI	E	IX	G	IX	C	VII
21	G	X	C	VIII	C	X	F	VIII	A	VIII	D	VI
22	A	IX	D	VII	D	IX	G	VII	B	VII	E	V
23	B	VIII	E	VI	E	VIII	A	VI	C	VI	F	IV
24	C	VII	F	V	F	VII	B	V	D	V	G	III
25	D	VI	G	IV	G	VI	C	IV	E	IV	A	II
26	E	V	A	III	A	V	D	III	F	III	B	I
27	F	IV	B	II	B	IV	E	II	G	II	C	O
28	G	III	C	I	C	III	F	I	A	I	D	XXIX
29	A	II			D	II	G	O	B	O	E	XXVIII
30	B	I			E	I	A	XXIX	C	XXIX	F	XXVII
31	C	O			F	O			D	XXVIII		

Jours du mois	Juillet Lett. dom.	Juillet Épactes.	Aout Lett. dom.	Aout Épactes.	Septembre Lett. dom.	Septembre Épactes.	Octobre Lett. dom.	Octobre Épactes.	Novembre Lett. dom.	Novembre Épactes.	Décembre Lett. dom.	Décembre Épactes.
1	G	XXVI	C	XXV. XXIV	F	XXIII	A	XXII	D	XXI	F	XX
2	A	XXV. 25	D	XXIII	G	XXII	B	XXI	E	XX	G	XIX
3	B	XXIV	E	XXII	A	XXI	C	XX	F	XIX	A	XVIII
4	C	XXIII	F	XXI	B	XX	D	XIX	G	XVIII	B	XVII
5	D	XXII	G	XX	C	XIX	E	XVIII	A	XVII	C	XVI
6	E	XXI	A	XIX	D	XVIII	F	XVII	B	XVI	D	XV
7	F	XX	B	XVIII	E	XVII	G	XVI	C	XV	E	XIV
8	G	XIX	C	XVII	F	XVI	A	XV	D	XIV	F	XIII
9	A	XVIII	D	XVI	G	XV	B	XIV	E	XIII	G	XII
10	B	XVII	E	XV	A	XIV	C	XIII	F	XII	A	XI
11	C	XVI	F	XIV	B	XIII	D	XII	G	XI	B	X
12	D	XV	G	XIII	C	XII	E	XI	A	X	C	IX
13	E	XIV	A	XII	D	XI	F	X	B	IX	D	VIII
14	F	XIII	B	XI	E	X	G	IX	C	VIII	E	VII
15	G	XII	C	X	F	IX	A	VIII	D	VII	F	VI
16	A	XI	D	IX	G	VIII	B	VII	E	VI	G	V
17	B	X	E	VIII	A	VII	C	VI	F	V	A	IV
18	C	IX	F	VII	B	VI	D	V	G	IV	B	III
19	D	VIII	G	VI	C	V	E	IV	A	III	C	II
20	E	VII	A	V	D	IV	F	III	B	II	D	I
21	F	VI	B	IV	E	III	G	II	C	I	E	O
22	G	V	C	III	F	II	A	I	D	O	F	XXIX
23	A	IV	D	II	G	I	B	O	E	XXIX	G	XXVIII
24	B	III	E	I	A	O	C	XXIX	F	XXVIII	A	XXVII
25	C	II	F	O	B	XXIX	D	XXVIII	G	XXVII	B	XXVI
26	D	I	G	XXIX	C	XXVIII	E	XXVII	A	XXVI. 25	C	XXV. 25
27	E	O	A	XXVIII	D	XXVII	F	XXVI	B	XXV. XXIV	D	XXIV
28	F	XXIX	B	XXVII	E	XXVI. 25	G	XXV. 25	C	XXIII	E	XXIII
29	G	XXVIII	C	XXVI	F	XXV. XXIV	A	XXIV	D	XXII	F	XXII
30	A	XXVII	D	XXV	G	XXIII	B	XXIII	E	XXI	G	XXI
31	B	XXVI. 25	E	XXIV			C	XXII			A	XX

FIN DE LA PREMIÈRE PARTIE.

SECONDE PARTIE.

MOUVEMENTS RÉELS DES CIEUX.

PREMIÈRE LEÇON.

PRINCIPAUX INSTRUMENTS ASTRONOMIQUES.

S'il est difficile, au point de vue littéraire, de décider à qui des anciens ou des modernes appartient la palme du génie; si cette question célèbre divise encore les arbitres du goût, les plus éclairés et les plus judicieux, il n'en est pas de même pour les sciences, et en particulier pour l'astronomie. Ici les modernes dominent les anciens de toute la hauteur des cieux.

Cette immense supériorité est due principalement à la découverte des logarithmes, de l'analyse algébrique, des télescopes, des lunettes astronomiques, du micromètre et du pendule.

Les logarithmes ont procuré aux astronomes un temps précieux qui était absorbé par de longs et pénibles calculs.

Maniée par les Newton, les Laplace, les Lagrange, l'analyse dirigea les observations astronomiques que ne manquèrent jamais de confirmer les résultats du calcul.

Ouvrant de nouveaux cieux aux regards étonnés, les télescopes et les lunettes astronomiques offrirent des phénomènes dont l'existence ne pouvait même être soupçonnée.

Le micromètre et le pendule permirent de mesurer avec une extrême précision les plus petites parties de l'espace et du temps.

Nous pensons qu'il sera aussi agréable qu'utile d'acquérir quelques notions exactes sur les quatre derniers instruments, aussi merveilleux par eux-mêmes que par les résultats qu'ils ont fait obtenir.

Des télescopes et des lunettes.

La construction des télescopes reposant sur la *réflexion* et celle des lunettes sur la *réfraction* de la lumière, il est nécessaire d'étudier un peu ces deux propriétés du fluide lumineux.

Réflexion de la lumière.

Que la lumière soit une émanation des corps en ignition, comme Newton le pensait, ou un fluide répandu dans l'univers que la présence de ces corps rend sensible par des mouvements ondulatoires, comme le prétendait Descartes, et comme semblent le confirmer les belles expériences de Fresnel et d'Arago, les lois de la réflexion et de la réfraction n'en sont pas moins constantes.

Lorsqu'on lance une balle élastique sur le sol verticalement, PB, elle remonte en suivant la même droite BP. Si on lui imprime une direction oblique AB, elle se relève du côté opposé suivant une ligne oblique BC, formant avec le sol un angle CBM′ égal au premier ABM, ou, pour mieux dire, formant avec la perpendiculaire ou *normale* BP, élevée au point d'incidence, deux angles égaux ABP, CBP, situés dans le même plan vertical que la normale. Cette ascension, ce changement de direction du mobile est ce qu'on appelle la *réflexion*. L'angle sous lequel le mobile tombe se nomme *angle d'incidence*; celui sous lequel il se relève, *angle de réflexion*.

Fig. 15.

Ainsi, la direction primitive du mobile est-elle perpendiculaire à la surface réfléchissante : il rebrousse par le même chemin ; est-elle oblique : il est réfléchi obliquement en sens inverse, de manière que l'angle d'incidence est égal à l'angle de réflexion et que les deux obliques sont dans le même plan que la normale.

La lumière est assujettie à ces lois, comme le prouve l'expérience suivante.

Ayez un miroir plan, horizontal, AB, et un demi-cercle gradué de carton placé verticalement sur la surface polie du miroir. Prenez deux arcs égaux

Fig. 16.

MA, OB; fixez sur le bord, aux points M, O, une épingle perpendiculairement au demi-cercle; placez-vous ensuite de manière à voir l'épingle M suivant MC; vous apercevrez aussi l'épingle O, invisible dans toute autre position; ce qui prouve que le rayon OC est réfléchi suivant CM. Ainsi l'angle de réflexion est égal à l'angle d'incidence, car d'après la construction MCA = OCB, et par suite MCN = NCO.

La réflexion de la lumière sur une surface courbe est soumise aux mêmes lois que sur un plan, parce que, au point où le rayon lumineux frappe cette surface convexe ou concave, on peut toujours concevoir un *plan* de très-petite étendue qui se confond avec elle.

Nous ne parlerons que des *miroirs concaves sphériques*.

Fig. 17. Pour en avoir une idée, faites tourner l'arc de cercle MA autour du diamètre 2MO, qui passe par une de ses extrémités, et qu'on appelle l'*axe principal;* cet arc engendrera une calotte sphérique. Si ce segment de sphère est en verre ou en métal et poli à l'intérieur, il constituera un miroir sphérique *concave;* poli à l'extérieur, le miroir serait *convexe*.

Dans la construction des télescopes on emploie des miroirs métalliques, parce qu'ils ne donnent jamais qu'une image, tandis que les miroirs de verre en donnent toujours deux.

Fig. 18. Cela posé, supposons un miroir concave métallique parfaitement poli NM, recevant d'un corps éloigné, CB, un faisceau de rayons parallèles. Le rayon A*a*, tombant perpendiculairement en *a*, rebroussera par le même chemin *a*A. Le rayon B*b*, tombant obliquement en *b*, sera réfléchi suivant *b*F, qui forme avec la normale *bx* l'angle d'incidence B*bx*, égal à l'angle de réflexion *xb*F. Ainsi le rayon parti de B passe, après la réflexion, par le point F de l'axe principal.

Tous les autres rayons réfléchis passeront aussi par ce point, qu'on appelle *foyer principal* et qui est situé au milieu du rayon de la sphère dont le miroir fait partie. Le demi-rayon se nomme *distance focale.*

Il n'en faut pas davantage pour comprendre la construction du télescope.

Au fond d'un tube PQRS, noirci intérieurement Fig. 19. pour absorber les rayons qui ne sont pas réfléchis, et qui rendraient l'image moins nette et moins vive, est placé un grand miroir métallique concave MN, partie essentielle de tous les télescopes. Il est percé d'une ouverture circulaire, munie d'un tuyau qui porte une loupe. Ce miroir réunit à son foyer tous les rayons émanés de l'objet, et y forme une image renversée, *ba*, au delà de laquelle est un petit miroir concave, *xz*, placé de manière que l'image soit entre son foyer, *f*, et son centre, *o*. Il reçoit les rayons réfléchis par le grand miroir, et leur fait subir une seconde réflexion qui produit une nouvelle

image redressée et agrandie AB. C'est cette image
que l'on regarde à travers la loupe o' qui l'amplifie
encore davantage, A'B'. Le petit miroir est mobile
à l'aide d'une vis de rappel. L'instrument est supporté par un pied, sur lequel il peut se mouvoir en
tous sens à l'aide d'un genou.

Tel est le télescope dont l'Écossais Jacques Gré-
gori eut, dit-on, le premier l'idée, et que Newton
perfectionna.

Il est à remarquer que l'image n'est pas de beaucoup aussi vive que l'objet, parce que la double
réflexion éprouvée par la lumière l'affaiblit nécessairement beaucoup, et que, d'ailleurs, un grand
nombre de rayons ne peuvent pénétrer dans le tube.
Cependant elle est *pure*, et c'est cette qualité qui
fit préférer à Newton le télescope *à réflexion* au
télescope *à réfraction*, qui, de son temps, ne pouvait offrir cette netteté si désirable de l'image.

Le télescope d'Herschel n'a que le grand miroir
qui forme à son foyer une image renversée, que
l'on observe directement à l'aide d'une loupe d'un
court foyer. Le miroir du grand télescope dont il
s'est servi pour ses recherches astronomiques avait
près de 24 pieds carrés de surface, et 40 pieds de
distance focale.

Réfraction de la lumière.

Toute la lumière qui tombe sur la surface d'un

corps n'est pas réfléchie. Une partie plus ou moins considérable, selon l'état de la surface, est absorbée par les corps *opaques*, ou traverse les corps *diaphanes* et *transparents*. C'est cette dernière que nous allons suivre dans sa marche.

On appelle *milieux* les espaces que traverse la lumière. Les milieux sont *homogènes* quand ils ne renferment que des molécules de même nature, *hétérogènes* dans le cas contraire. Un milieu est plus *dense* qu'un autre lorsque, sous le même volume, il renferme une plus grande quantité de matière, plus *rare* lorsqu'il en renferme moins. L'*eau* est plus *dense* que l'*air*, plus *rare* que le *verre*.

Les milieux homogènes ne sont pas toujours d'une densité uniforme dans toutes leurs parties; ainsi, dans les hautes régions de l'atmosphère, l'air est beaucoup plus *rare* qu'à la surface de la terre, parce que, les couches inférieures supportant tout le poids des supérieures, cette compression rapproche les molécules, en sorte que le même espace en renferme un plus grand nombre.

L'expérience démontre que, lorsqu'un rayon lumineux traverse un milieu homogène de *densité uniforme*, il ne dévie pas de la ligne droite, quelle que soit sa direction. Si au contraire le milieu homogène *n'a pas* une densité uniforme, le rayon qui le traverse dévie de la ligne droite, à moins qu'il n'y ait pénétré perpendiculairement. Quand le rayon passe d'un milieu dans un autre de densité différente, de l'air dans l'eau, par exemple, suivant une direction perpendiculaire à la surface commune des deux milieux, il les traverse encore en ligne droite ; mais, s'il se présente obliquement à cette surface, il change de direction, se brise, se *réfracte*, en un mot.

La *réfraction* de la lumière suit diverses lois, selon que le rayon oblique passe du milieu le plus dense dans le plus rare, ou du plus rare dans le plus dense.

Fig. 20.

Imaginons une normale Pp, élevée par le point d'immersion, r, à la surface commune de l'air, A′, et de l'eau, E. Soit AB cette surface, Rr le rayon oblique. En arrivant en r, ce rayon ne suivra pas rr', prolongement de Rr ; il se réfractera et se dirigera suivant rr'', en se *rapprochant* de la normale. S'il passait de l'eau dans l'air, après avoir suivi la ligne droite $r''r$, il se réfracterait en r et suivrait, non rr'', mais rR, en s'*éloignant* cette fois de la normale. Dans tous les cas, le rayon incident et le rayon réfracté sont toujours dans un même plan perpendiculaire à la surface commune.

Le phénomène de la réfraction est facile à constater. Sans répéter l'expérience si simple et si convaincante de la pièce de monnaie placée au fond d'un vase (p. 13), qui ne sait qu'un bâton plongé obliquement dans l'eau ne paraît brisé au point d'immersion que parce que les rayons émanés de la partie immergée, qui nous la rendent visible, le sont seuls réellement eux-mêmes à ce point?

Supposons maintenant qu'un rayon LI traverse Fig. 21.
une lame de verre à faces parallèles AB. Au point
d'immersion I, le rayon incident LI sera réfracté et
se rapprochera de la normale NI. Au point d'émergence K, il éprouvera une seconde réfraction qui
l'écartera de la seconde normale KG d'une quantité
telle que le rayon émergent KE est parallèle au
rayon immergent LI. Si la lame était très-mince, on
pourrait considérer le rayon émergent comme le
prolongement du rayon immergent.

Si les deux faces de cette lame étaient inclinées
sous un angle quelconque, nommé *angle réfringent,*
on aurait un *prisme.* Ces faces se coupent suivant
une ligne droite, qui est *l'arête* ou le *sommet* du
prisme; qu'on imagine ces surfaces terminées par
un plan parallèle ou non à l'arête, il sera la *base*
du prisme. Toute section faite perpendiculairement
à l'arête mesure *l'angle réfringent,* c'est-à-dire
l'angle formé pour les deux surfaces, et s'appelle
section principale. Cela posé, suivons la marche
des rayons lumineux à travers un prisme de verre,
que nous représenterons par une simple *section
principale* ASB.   Fig. 22.

Soit LI un rayon incident contenu dans le plan
même de cette section. Pour en déterminer la
marche dans le verre, élevons en I la normale NIP.
Le rayon réfracté doit s'en *rapprocher;* supposons
qu'il se dirige suivant IR. Au point d'émergence R,

élevons une normale à l'autre face, soit N'RP. Le rayon émergent devra s'en *éloigner*, et se dirigera suivant RE. Si l'on prolonge le rayon incident et le rayon émergent, puisqu'ils sont dans un même plan, ils se rencontreront en D, par exemple, et formeront l'angle LDE, qu'on nomme la *déviation*. En faisant la même construction pour d'autres rayons partis du point L, et voisins de LI, on reconnaîtra que les rayons émergents qui leur correspondent iront, après leur prolongement, se couper quelque part en un point, tel que D', élevé, comme D, au-dessus du point L. D'où il suit que, lorsqu'un rayon lumineux tombe sur un prisme, il se brise et émerge *en se rapprochant de la base du prisme.* Par conséquent, lorsqu'on regarde un objet quelconque à travers un prisme, on le voit toujours dévié d'une certaine quantité vers le sommet.

Les *lentilles*, avec lesquelles on construit les lunettes astronomiques, ne sont autre chose qu'un assemblage infini de prismes, dont les bases sont tournées vers le milieu de la lentille, comme le montre la figure 23. Tout corps réfringent circulaire terminé par deux surfaces convexes, et aminci par les bords, a la forme d'une *lentille* et en a reçu le nom, qu'il conserve quelle que soit la configuration qu'on lui donne.

On distingue les lentilles *convergentes* et *divergentes*, c'est-à-dire qui *réunissent* ou *dispersent* les rayons lumineux. Parmi les premières, nous ne parlerons que des lentilles *bi-convexes*, formées de deux portions de sphères appliquées l'une sur l'autre, et dont les centres sont sur une même ligne droite, appelée *axe principal* (fig. 24); et parmi les secondes, que des lentilles *bi-concaves*, formées de deux surfaces sphériques opposées par leur convexité (fig. 25).

Supposons (fig. 26) qu'un faisceau de rayons lumineux tombe sur une lentille *bi-convexe* AB, parallèlement à son axe principal SN; le rayon qui se confondra avec cet axe n'éprouvera aucune réfraction, puisqu'il sera perpendiculaire aux deux petits plans parallèles que l'on peut concevoir aux points d'immergence et d'émergence. Ce cas est celui de la lame de verre à faces parallèles traversée par un rayon perpendiculaire.

Les autres rayons, tels que S'I, etc., tombent plus ou moins obliquement sur les petits plans situés aux points d'incidence, qui ont leurs analogues aux points d'émergence, et forment, pris deux à deux, comme autant de petits prismes que l'on déterminerait en prolongeant les plans tangents, comme le montre la figure 23. Or, comme une moitié de ces prismes ont leurs sommets en haut, l'autre en bas, tous les rayons s'infléchissent *vers la base des prismes*, vers l'axe principal, qu'ils coupent sensiblement en un même point F. Ainsi ils tendent tous à se rapprocher, à *converger*.

Dans les lentilles *bi-concaves*, au contraire, les

prismes ont leurs sommets tournés vers l'axe principal. Les rayons émergents s'éloignent donc de cet axe pour se rapprocher des bases, et tendent à s'écarter, à *diverger*.

Le foyer F, que nous avons reconnu à la lentille *bi-convexe*, se nomme *foyer principal*, et sa distance FO au centre de la lentille, *distance focale*. AFB est *l'angle d'ouverture* de la lentille. Plus il est *petit*, plus le foyer, qui en est le sommet, est éloigné, moins la lentille est épaisse ; alors la plupart des rayons réfractés se réunissent au centre. Plus il est *grand*, plus la lentille est épaisse et d'un *court foyer*, et, dans ce cas, les rayons voisins de l'axe se rencontrent au foyer.

Les lentilles *bi-convexes* ont aussi un foyer qu'on appelle *foyer virtuel*. On le trouve en prolongeant les rayons émergents du côté de la lumière qui les a émis. Il est situé sur un point de l'axe (fig. 27).

Fig. 27.

Il existe aussi des *foyers conjugués*, dont il faut avoir une idée pour comprendre *la formation des images*.

Fig. 28.

Mettons en présence d'une lentille bi-convexe AB un corps éclairé LM, dont un point L soit sur l'axe principal, à une distance finie, plus grande que la distance focale principale. Les rayons émanés de ce point iront, après leur émergence, couper l'axe en un point P, *foyer conjugué* du point L, placé au delà du foyer principal. Plus le point lumineux s'approchera de la lentille, plus son foyer conjugué s'éloignera. Quand le point L arrivera au foyer principal même, ses rayons émergeront parallèlement à l'axe ; il n'y aura plus de foyer conjugué. S'il passe entre le foyer principal et la lentille, ses rayons émergents deviennent divergents, et forment un *foyer virtuel* par leur prolongement du côté du point radieux.

Les rayons émanés du point M, situé hors de l'axe principal, auront aussi un foyer conjugué. Pour le trouver, il faut savoir que dans l'intérieur de toute lentille il existe sur l'axe principal un point O, nommé *centre optique*, jouissant de cette propriété que tout rayon incident qui passe par ce point émerge parallèlement à lui-même, comme il arrive à la plaque de verre à faces parallèles. C'est qu'en effet la forme de cette plaque se reproduit ici, comme le montre la figure 23, où l'on voit que les faces symétriques *ab*, *co*, *eq*, *df*, etc., sont parallèles deux à deux ; d'où il est facile de conclure que de semblables couples de facettes existent en nombre infini dans les lentilles sphériques.

Soit donc un point lumineux, M ; parmi les rayons qui en émanent, il y en a un, MG, qui passe par le *centre optique* O, et qui, par suite, émerge parallèlement à lui-même. On peut le considérer comme une ligne droite, si la lentille a peu d'épaisseur.

C'est sur cet *axe secondaire* MX que se formera le *foyer conjugué* du point M, et que viendront se couper les autres rayons qu'il émet. Les points intermédiaires à M, L, auront de même des foyers conjugués entre P et G, et c'est ainsi que se formera une image de l'objet ; mais elle sera renversée, puisque les rayons partis d'en haut sont abaissés, et ceux d'en bas élevés, pour se rapprocher des bases des prismes ou de l'axe principal.

Si l'objet est très-éloigné, son image est très-petite et située à peu près au foyer principal ; s'il se rapproche, l'image, toujours renversée, s'éloigne et s'agrandit ; s'il arrive au foyer, l'image ne peut exister à cause du parallélisme des rayons émergents ; enfin, s'il est entre le foyer principal et la lentille, il se forme en arrière, du côté de l'objet, une image virtuelle, droite et très-amplifiée.

Description des lunettes astronomiques.

A chaque extrémité d'un long tube on place une lentille convergente : l'une reçoit la lumière de l'objet et se nomme *objectif;* l'autre se place près de l'œil et s'appelle *oculaire*.

Fig. 29. L'objectif A, d'un assez long foyer, forme une image, PQ, de l'objet vers lequel on le dirige. L'oculaire B, d'un court foyer, fait l'office de loupe et contribue à agrandir l'image que l'on regarde.

La longueur de la lunette est égale à la somme des distances focales des deux lentilles. Ces lunettes offrent l'image renversée de l'objet ; mais, comme les astres sont des corps ronds, cela importe peu.

Il n'en est pas ainsi quand on considère des objets terrestres. Pour redresser l'image, il faut employer un oculaire concave, que l'on place entre l'objectif et l'image, comme dans la lunette de Galilée, appelée aussi *lunette de spectacle*. Sa longueur égale la différence des distances focales principales. On la redresserait encore en ajoutant deux objectifs; mais la multiplicité des verres diminue singulièrement l'intensité de la lumière; voilà pourquoi on préfère la première construction.

Pour comprendre comment l'image est amplifiée par l'oculaire, remarquons que le même objet nous paraît plus ou moins grand selon qu'il est plus ou moins rapproché. La raison en est que les objets nous apparaissent constamment sous un angle quelconque, formé par les rayons émanés des extrémités de ses dimensions linéaires, et dont le sommet est dans l'œil, au centre de la pupille.

Ainsi la flèche AB (fig. 30), vue du point O'', apparaîtrait sous l'angle $AO''B$; de O', sous $AO'B$; de O, sous AOB. L'*angle visuel* diminuant à mesure que le point de vue s'éloigne, c'est une nécessité que les dimensions apparentes de l'objet diminuent aussi, et réciproquement. De là vient que les arbres opposés d'une longue avenue semblent être plus rapprochés à mesure qu'ils sont plus éloignés.

Nous jugeons toujours aussi qu'un objet est placé sur la ligne droite dont la direction est le prolongement de la partie du rayon qui pénètre dans l'œil.

Fig. 30.

Si donc nous interposons une lentille convexe BI (fig. 29) entre l'œil O et l'image PQ, les rayons extrêmes PBO, QIO, arrivés en O, seront prolongés suivant OBP′, OIQ′, et la flèche PQ paraîtra réellement de la longueur P′, Q′. Or, plus la distance focale, *co*, de l'oculaire sera courte, plus l'angle visuel sera grand, plus aussi l'image sera amplifiée.

Il y a des lunettes astronomiques qui grossissent jusqu'à *neuf mille* fois l'objet ; c'est le plus grand grossissement que l'on ait encore pu obtenir : tous les efforts de l'art n'ont pu surpasser ce résultat. C'est donc comme si l'objet était 9000 fois plus rapproché. « Si la lumière de la lune n'était pas trop faible pour supporter nettement une telle amplification, on apercevrait les montagnes de ce satellite comme on voit la chaîne du Mont-Blanc de Macon, de Lyon, et même de Genève. » (Arago.)

Nous avons étudié jusqu'ici le phénomène de la déviation des rayons réfractés ; occupons-nous maintenant de celui de la coloration qui l'accompagne toujours.

Lorsque la lumière blanche du soleil, la lumière diffuse, que les corps rayonnent dans tous les sens, passe au travers d'un prisme réfringent quelconque, elle projette sur un écran une image allongée et colorée qu'on appelle *spectre solaire*. On y distingue *sept* rayons de couleur différente, dispersés en éventail dans l'ordre suivant en montant, quand le sommet du prisme est en bas : *violet, indigo, bleu, vert, jaune, orangé, rouge.*

Ces rayons *primitifs, élémentaires, indécomposables,* sont donc diversement réfrangibles, propriété qui a permis à Newton de décomposer la lumière. On voit que le rayon *violet* est le *moins* et le rayon *rouge* le *plus* réfrangible de tous, puisqu'ils se rapprochent l'un, le moins, l'autre, le plus de la base du prisme (p. 166). Il en résulte que, dans les lunettes, les images sont toujours colorées et irisées des nuances de l'arc-en-ciel, surtout vers les bords, ce qui les rend confuses.

« En 1755, Dollon, habile opticien de Londres, réfugié français, parvint à faire disparaître ce défaut en *achromatisant* les lentilles, c'est-à-dire en leur donnant le pouvoir de *dévier* les rayons lumineux sans les décomposer, sans former le *spectre.* Il imagina pour cela de former des lentilles avec deux espèces de verres, le *crown-glas,* qui ressemble à notre verre commun, et le *flint-glas,* au plus pur cristal. Le premier a la propriété de donner les iris les plus faibles ; par conséquent la réfraction des deux rayons extrêmes du spectre, le rouge et le violet, y diffère le moins. Le second produit des effets tout contraires. En les combinant d'une manière convenable, il parvint à neutraliser leurs effets et à détruire presque entièrement l'iris. Ces lentilles et les lunettes qu'elles composent se nomment *achromatiques.* » L'*achromatisme* est la propriété qu'ont

certains verres de dévier la lumière sans la disper-
ser, de réunir tous les rayons élémentaires dans un
seul foyer et par suite de rendre les images nettes
et pures.

On produit aujourd'hui l'achromatisme de plusieurs manières différentes. « M. Barlow a essayé
d'achromatiser un *objectif simple*, de verre ordinaire, au moyen d'une lentille creuse, plus convexe,
renfermant du sulfure de carbone, substance très-
dispersive. Il a parfaitement réussi, et a formé une
lunette d'un objectif de $0^m,198$ d'ouverture, tandis
qu'on ne pouvait en former que de 80 à 90 millimètres, parce qu'on était obligé de restreindre le
champ de la vision en couvrant les bords de l'objectif d'un cercle de papier pour détruire l'aberration
de la lumière.

« Le meilleur moyen de juger de l'excellence
d'une lunette ou d'un télescope de grandes dimensions est de voir si ces instruments montrent distinc-
tement séparées les *étoiles doubles* (2e partie,
9e leçon), c'est-à-dire ces étoiles si voisines l'une de
l'autre qu'elles semblent n'en former qu'une.

« Deux grandes difficultés se présentent dans la
construction des lentilles, d'où dépend l'excellence
de la lunette.

« La première est relative à la forme, la seconde
à la grandeur.

« Les deux faces d'une lentille objective doivent
avoir une courbure régulière parfaitement égale à

la forme géométrique que la théorie fait connaître comme la plus convenable. Tous les efforts des artistes les plus habiles tendent à s'en rapprocher autant que possible sans pouvoir l'atteindre.

« D'un autre côté, lorsqu'on veut former des lentilles de grandes dimensions, on rencontre une difficulté qui paraît insurmontable. Il entre de l'oxyde rouge de plomb et de l'oxyde de manganèse dans la fabrication du crown-glas et du flint-glas. On met en fusion toutes les matières qui doivent les composer. Tant qu'elles sont liquéfiées, elles sont également réparties dans toute la masse ; mais, à mesure que celle-ci se refroidit et se cristallise, le plomb et le manganèse se précipitent, tandis que les matières plus légères s'élèvent. Alors il n'y a plus cette densité homogène à laquelle ces verres doivent leurs propriétés réfringentes. On est obligé de briser la masse cristallisée et de choisir parmi les fragments ceux qui paraissent les plus parfaits. Il est difficile d'en obtenir de 4 à 5 pouces. » (Arago.)

Si l'on parvient à surmonter ces obstacles, qui peut dire quels effets pourront en résulter ?

Historique de la découverte des lunettes.

L'œil est un globe ovoïde renfermé dans une cavité osseuse nommée *l'orbite*. L'enveloppe extérieure est composée de deux parties : la postérieure ou *cornée opaque*, c'est le blanc de l'œil ; l'antérieure ou *cornée transparente*. La cornée opaque est tapissée intérieurement par une membrane, la *choroïde*, enduite d'une liqueur noire, le *pigmentum*, qui n'existe pas chez les Albinos. Derrière la cornée transparente se trouve une bande circulaire de couleur variable, qui détermine celle que l'on donne aux yeux ; c'est *l'iris*, percé au milieu d'un trou rond, la *pupille* ou *prunelle*, qui se dilate ou se contracte au moyen des fibres contractiles de l'iris. Derrière la pupille est un corps solide et transparent, le *cristallin*, qui a la forme d'une lentille convergente. Au fond de l'œil, à côté de l'axe, pénètre le *nerf optique*, qui s'épanouit sur la choroïde et forme la *rétine*, que l'on peut regarder comme la toile sur laquelle se peint l'image renversée. L'espace compris entre la cornée transparente et le cristallin est rempli par une liqueur nommée *l'humeur aqueuse*, et celui qui est entre le cristallin et le fond de l'œil, par *l'humeur vitrée*. Ces deux humeurs sont d'une transparence parfaite.

Les pouvoirs réfringents des divers milieux que traversent les rayons de lumière, pour former sur la rétine les images des objets extérieurs, sont si bien combinés qu'ils ne produisent point les inconvénients de l'aberration de sphéricité et de réfrangibilité que l'on rencontre dans les instruments d'optique. Les rayons convergent tous au même foyer, et les objets ne sont point colorés par la dispersion.

Mais, si la cornée est trop *convexe*, le foyer où

se peint l'image est *en deçà* de la rétine, trop près du cristallin, et la vision est confuse : c'est le défaut des *myopes*. Ils sont obligés de *rapprocher* l'objet pour que le foyer recule jusqu'à la rétine, où s'opère la sensation nette de la vue.

Au contraire, si le cristallin et la cornée sont trop *aplatis*, ce qui arrive à la plupart des vieillards, à cause du dessèchement des humeurs, le foyer est *derrière* la rétine et la vision est encore confuse. Pour la rendre distincte, il faut *éloigner* l'objet, afin que le foyer se rapproche assez de la cornée pour tomber sur la rétine. C'est le défaut des *presbytes*.

Il y a eu de tout temps des vues courtes et longues, et l'on a dû s'appliquer de bonne heure à fabriquer des verres *concaves* pour les *myopes*, *convexes* pour les *presbytes*. A l'aide de ces lentilles, dont la courbure doit varier suivant celle de l'œil, les rayons se croisent convenablement dans l'organe sans qu'il soit nécessaire d'en approcher ou d'en éloigner les objets.

Ces *lunettes* ou *besicles* n'étaient pas inconnues aux Romains, s'il est vrai que Néron regardait les combats des gladiateurs à travers une émeraude concave.

Alexandre de Spina, moine de Pise, fabriquait, dit-on, des lunettes dès 1299. Une inscription placée dans la cathédrale de Florence en attribue l'invention à Salvino degli Armati, habitant de cette ville, mort en 1317. Les lunettes étaient usitées en France en 1363, d'après le livre de Guy de Chauliac, intitulé la *Grande Chirurgie*.

Vers l'an 1590, les enfants d'un lunetier de Middelbourg, en Zélande, nommé Zacharie Jansen, s'amusaient dans la boutique de leur père. L'un d'eux, ayant placé par hasard entre ses doigts deux verres de lunettes, fut surpris d'apercevoir au travers le coq du clocher beaucoup plus gros qu'à l'œil nu. Il fit part de son observation à ses frères et à son père. Celui-ci, frappé de cette singularité, attacha deux verres à deux fils de laiton, de manière à pouvoir les rapprocher et les éloigner à volonté, et multiplia ses observations et ses expériences, qui firent du bruit. Il eut l'idée de renfermer ces verres dans un tuyau, puis dans plusieurs, rentrant les uns dans les autres, ce qui rendit l'instrument portatif et commode. En variant les combinaisons des verres, il obtint d'heureux résultats.

La *lunette de Hollande* n'était encore qu'un objet de luxe et de simple curiosité; on en parlait partout, lorsque le bruit en parvint à Galilée, astronome du grand-duc de Toscane. Aussitôt ce grand homme comprit toute l'importance d'un pareil instrument pour les observations astronomiques, et l'on prétend qu'avant d'avoir pu s'en procurer, et sur la simple description qui lui en fut faite, il parvint à en construire plusieurs qui grandissaient successivement 4, 7 et 32 fois les dimensions linéaires des astres.

Ce fut avec ces lunettes qu'il découvrit le premier des taches dans le soleil, qui lui firent connaître son mouvement de rotation sur l'axe; des cavités et des éminences sur la surface de la lune; les quatre satellites de Jupiter, qu'il appela *astres de Médicis*. Il vit Vénus sous la forme d'un croissant; deux astres autour de Saturne, reconnus depuis pour un anneau qui entoure la planète sans la toucher. La voie lactée lui parut renfermer un nombre infini d'étoiles que leur prodigieux éloignement rend imperceptibles. En un mot, il découvrit de nouveaux cieux, et s'empressa de donner au monde savant des *nouvelles des régions étoilées*, dans lesquelles il venait de faire des incursions et des découvertes inouïes.

A ces nouvelles tous les astronomes s'émurent. Chacun voulut reconnaître ces prodiges et avoir la gloire d'en découvrir.

L'astronome de Pise montra ces merveilles aux sénateurs de Venise, sur la tour de Saint-Marc, dans une des plus mémorables leçons d'astronomie qui jamais aient été faites. Ainsi l'invention des lunettes fixa une ère nouvelle pour l'astronomie. Dès lors le système de Ptolémée fut ruiné, celui de Copernic démontré. Copernic! dont le génie avait prédit ce que montra le télescope!

12.

DEUXIÈME LEÇON.

DU MICROMÈTRE.

Le *micromètre*, comme l'indique son nom, est un instrument qui sert à mesurer de très-petites dimensions linéaires, telles que les diamètres apparents des planètes. On peut juger de son importance en apprenant que c'est par son secours que l'on est parvenu à déterminer le *volume* et la *distance* des corps célestes.

Huyghens est le premier qui en ait conçu l'idée. Pour apprécier les diamètres apparents du soleil, de la lune, etc., il imagina de placer au foyer de la lunette un *diaphragme* plus étroit que l'objectif, c'est-à-dire un anneau parallèle à l'objectif, qui en couvrait les bords et ne laissait à découvert que le centre. Il mesurait le diamètre de la partie vide du diaphragme par le temps que l'astre employait à le traverser. Il introduisait, par une ouverture latérale pratiquée dans le tube, une petite lame qui couvrait exactement le diamètre de l'astre, et déterminait ensuite le rapport de cette lame au diamètre du diaphragme, ce qui lui donnait le diamètre de l'astre.

Supposons, pour donner une idée de ces calculs, que l'astre emploie $4'$ de temps à traverser le diaphragme ; cela prouve que ce diaphragme sous-tend dans le ciel un arc de 1°. (P. 31.) Maintenant, si l'on mesure la largeur de la lame (qui est égale au diamètre de l'astre) et la dimension du diaphragme, on pourra établir cette proportion : *La dimension linéaire du diaphragme : celle de la lame ou de l'astre* :: 1° : *x;* d'où l'on déduit par le calcul la grandeur de l'arc ou de l'angle sous lequel *apparaît* le diamètre de l'astre, comme on avait déduit par le temps celle du diaphragme.

Trois ans après la publication de ce moyen, le marquis Malvasia, de Bologne, plaça au foyer de la lunette un réseau de fils qui, se croisant à angles droits, divisaient le champ de la lunette en petits carrés. Par ce moyen on évitait la *diffraction* de la lumière qui avait lieu sur les bords des plaques métalliques de Huyghens ; mais, comme les fils étaient fixes, on ne pouvait saisir exactement le diamètre de l'axe que par hasard. Il fallait avoir recours à des approximations, à des estimes trompeuses et incertaines.

Auzout, né à Rouen, conçut l'heureuse idée d'attacher à un châssis deux fils parallèles, l'un fixe, l'autre mobile au moyen d'une vis qui permet de rapprocher les fils jusqu'à la coïncidence et de les écarter autant qu'on veut. L'instrument fut alors aussi simple que supérieur aux précédents. On conçoit, en effet, combien il devient facile de saisir exactement le diamètre de l'astre par la mobilité du

fil curseur, conservant son parallélisme avec l'autre.
Aussi Auzout et Picard, qui perfectionna beaucoup cet instrument, en sont-ils considérés comme
les véritables inventeurs.

« Les fils doivent être extrêmement déliés. On a
employé successivement des cheveux, des fils de
soie et d'araignée; on s'est définitivement arrêté
aux fils de platine. On les obtient d'une finesse
extrême par un procédé fort ingénieux: d'abord, on
les amincit à la filière autant que possible; ensuite,
on les place comme axes dans des cylindres d'argent que l'on verse fondu tout autour, comme la
cire autour de la mèche d'une bougie; puis on
amincit ces cylindres à la filière. Par ce moyen le
fil de platine est contraint de s'allonger et de se
délier en même proportion que le métal qui le
presse. Quand cette opération est terminée, on
plonge le tout dans l'acide nitrique, qui dissout l'argent sans agir sur le platine.

« La vis est la pièce essentielle; elle doit être de
la plus grande perfection; car ce sont ses pas qui
font connaître la distance des fils, et par conséquent
la grandeur apparente du diamètre qu'ils interceptent, ou l'angle sous lequel il apparaît. Le nombre
de tours et de fractions de tour de la vis est indiqué par une aiguille qui tourne avec elle, et
marque les divisions d'un cercle exactement gradué.
Si l'aiguille parcourt les 360° du cadran, la vis a fait
un tour, le fil curseur s'est avancé d'un pas de vis

ou a reculé de la même quantité. Pour 180° il n'y a qu'un demi-tour ; un quart pour 90°, etc. Ainsi la plus petite quantité de mouvement est appréciée, parce qu'elle est traduite exactement par le mouvement de l'aiguille. » (Arago.)

« Pour mesurer le diamètre *apparent* d'un astre, dit Biot (*), on fait d'abord coïncider les fils ; ensuite on éloigne le fil curseur jusqu'à ce que le diamètre soit exactement renfermé entre les deux. On a soin de compter le nombre de tours et de fractions de tour que la vis a dû faire pour rendre les fils tangents au disque.

« Pour se servir de l'instrument, il faut le régler, et voici comment on s'y prend. On place à une distance connue un objet dont on connaît la grandeur, puis on mesure l'angle sous lequel il apparaît à cette distance ; quand cet angle est connu, on observe l'objet avec le micromètre. On amène les fils au contact, puis on les écarte en comptant sur le cadran le nombre de tours et fractions de tour nécessaires pour qu'il soit exactement contenu entre les fils. On sait alors à *quel angle ce nombre de tours correspond*, et l'on en déduit aisément à *quel autre angle* correspond *tel autre nombre de tours*.

(*) Le lecteur nous saura gré de recourir à ces illustres maîtres, dont il est impossible d'égaler l'élégance et la clarté, pour lui exposer des théories si délicates.

« Alors il est facile de calculer avec cet instrument à *quelle distance* se trouve un objet quelconque dont les dimensions sont connues, lorsqu'il sous-tend des angles de 1′, 2′, 3′, etc. »

Fig. 31.   Soit AB un objet qu'on sait être *d'un mètre* de longueur. Si l'on veut savoir à quelle distance il est vu sous un angle de 1′, ACB, il faut construire le triangle CBA, rectangle en B, dans lequel C $=$ 1′, AB $=$ 1^m, et dont il faut déterminer le côté BC.

On a la proportion :

$$R : \text{tang. } C :: CB : AB,$$

ou
$$R : \text{tang. } 1′ :: CB : 1^m ;$$

d'où $CB = \dfrac{R}{\text{tang } 1′}$,   ou $\log CB = 10 - 6{,}46373 = 3{,}53627$.

Cherchant ce logarithme dans la table, on trouve qu'il correspond au nombre 3438, qui est la valeur de CB. Ainsi le corps AB, vu sous un angle de 1′, est éloigné de 3438 mètres, 3438 fois sa longueur.

Qu'on nous passe cette unique infraction à la loi que nous nous sommes imposée de ne point employer de calculs. Quand il s'agira de mesurer la distance de la lune et du soleil à la terre, nous donnerons un moyen extrêmement simple, qui dispensera d'avoir recours au calcul trigonométrique et logarithmique, et que chacun saisira aisément (2ᵉ partie, 6ᵉ leçon.)

« En 1777, Rochon donna au micromètre un nouveau degré de perfection, tiré de la propriété qu'ont

certains corps, et surtout le spath d'Islande ou car-
bonate de chaux, de produire une double réfraction.

« Lorsqu'un rayon de lumière traverse un corps
doué de la double réfraction, il se divise, se bifur-
que et produit deux rayons différents. Ainsi, en plaçant un prisme de spath ou de cristal de roche sur
une feuille de papier sur laquelle serait un point
noir, on verrait une double image de ce point. Un
des rayons dévie suivant les lois ordinaires de la
réfraction, et se nomme *rayon ordinaire;* l'autre
s'écarte de ces lois, et se nomme *rayon extraordinaire.*

« Rochon trouva dans cette double image un
moyen de mesurer les angles plus grands que ceux
que l'on peut obtenir par le seul écart des deux
objectifs de l'*héliomètre* de Bouguer. Bouguer plaçait à côté l'un de l'autre deux objectifs qui correspondaient à un seul oculaire. L'un d'eux, étant
mobile, pouvait s'écarter de l'autre ; on obtenait
ainsi deux images. Quand elles étaient en contact,
la distance de l'objectif mobile à l'objectif fixe donnait la mesure de leur distance angulaire. Mais, outre
qu'il est très-difficile d'obtenir deux verres de même
foyer, on ne peut ainsi mesurer des angles bien
grands. Rochon employa, au lieu de deux objectifs,
un prisme de cristal de roche rectangulaire, formé
de deux prismes triangulaires dont les axes de cristallisation se trouvent dans des directions perpen-

diculaires. C'est la pièce principale. Ce prisme placé au foyer de la lunette donne une double image. Il peut glisser le long du tube parallèlement à lui-même. Quand il est au foyer, les deux images sont confondues en une seule ; mais, à mesure qu'il s'en éloigne, elles se distinguent, arrivent au contact, puis s'écartent. Ce prisme glisse le long d'une règle divisée en parties égales ; le zéro est au foyer. Les divisions de cette règle correspondent aux distances relatives aux divers angles visuels que l'on a calculés (*comme nous l'avons fait plus haut pour un angle de* 1'). A côté de chaque division de l'échelle sont écrits les nombres qui expriment ces distances, avec les angles correspondants. Ainsi on lit : 1', 3438 ; 2', 1729 ; 3', 1146 ; etc.

« Supposons maintenant qu'en pleine mer on aperçoive au sommet d'un mât un matelot que l'on peut supposer avoir 5 pieds de haut, et que, pour que les deux images soient en contact, il faille amener le prisme à la division marquée 1' ; pour savoir à quelle distance est le matelot, et par conséquent le navire, il n'y a qu'à établir la proportion suivante : l'unité qui a servi à former les tables, vue sous un angle de 1', est éloignée de 3438 fois ses dimensions linéaires ; donc le matelot vu sous le même angle est aussi éloigné de 3438 fois ses dimensions, de $3438 \times 5^{\text{pi}} = 17190$ pieds, 1 lieue 1/2 environ. Il n'y a qu'à multiplier la grandeur connue de l'objet par le nombre correspondant à l'angle visuel. »

Inversement, connaissant la distance, on trouverait la grandeur de l'objet aperçu en divisant cette
distance par le nombre de l'échelle correspondant
au point où s'arrête le prisme quand les deux images sont en contact.

« Le micromètre de Rochon n'était pas propre à
la mesure des diamètres du soleil et de la lune, parce
que les images sont très-écartées et très-éloignées
du prisme, et que la dispersion de la lumière, insensible près du prisme, devenant très-sensible au loin,
rend alors les images confuses.

« Arago a fait disparaître ce grave inconvénient,
et quelques autres, en plaçant le prisme extérieure-
ment, entre l'œil et l'oculaire, au lieu de le faire
glisser intérieurement. Pour mettre les deux images
en contact, Arago les grossit au moyen des deux
loupes de l'oculaire. C'est avec cet instrument, appelé *micromètre oculaire*, que le célèbre astronome
est parvenu à mesurer exactement, le premier, les
diamètres des planètes. » (Biot.)

Tel est cet ingénieux instrument, sans lequel les
lunettes astronomiques seraient plus curieuses qu'u-
tiles.

Du pendule.

On appelle *pendule* une tige solide librement sus-
pendue par une de ses extrémités, et portant à l'autre un corps solide, de forme lenticulaire, pour

vaincre facilement la résistance de l'air. Galilée est l'inventeur de cet instrument qui, malgré sa simplicité, devait faire éprouver une révolution à l'astronomie par son application aux horloges, gloire réservée à Huyghens. La précieuse propriété de cet instrument est d'offrir le *mouvement le plus régulier* que l'on connaisse pour mesurer le *temps*.

Galilée avait remarqué que, lorsqu'un corps tombe d'une hauteur quelconque dans le voisinage de la terre, son mouvement s'accélère dans la progression suivante : 1, 3, 5, 7, etc., c'est-à-dire que, parcourant 15 pieds dans la première seconde de sa chute, il en parcourt 3 fois 15 dans la deuxième seconde, 5 fois 15 dans la troisième, et ainsi de suite.

Ces observations et ces expériences ayant attiré l'attention des savants de ce côté, on reconnut qu'un corps grave suspendu à l'extrémité d'un fil rigide tend toujours à occuper le point le plus bas, le plus rapproché de la surface de la terre, en sorte que le fil en repos représente la verticale.

Si on imprime au corps ainsi suspendu et en équilibre un mouvement latéral qui l'éloigne de la verticale, dès qu'il est abandonné à lui-même il retombe, en s'écartant de la verticale autant d'un côté que de l'autre. Alors commence une suite d'oscillations dont les amplitudes toujours décroissantes finissent par devenir nulles, quand la résistance de l'air et la force attractive de la terre ont éteint le mouvement.

On démontre en mécanique que la durée des oscillations est sensiblement *isochrone*, ou d'égale durée, quand elles sont très-petites. C'est ce qu'on appelle l'*isochronisme*.

Il y a un moyen bien simple de reconnaître l'existence de cette précieuse propriété : il suffit de mettre un pendule en mouvement et de compter le nombre des oscillations dans un temps donné, 1′ par exemple, à divers intervalles : on trouvera des nombres égaux.

Les efforts des anciens pour se procurer des espaces de temps égaux produisirent les horloges à roues, mises en mouvement par un poids qui faisait tourner les aiguilles, dont les extrémités indiquaient les heures marquées sur un cadran. Si ce poids, principe générateur du mouvement de toutes les pièces de la machine, eût été abandonné à lui-même, la chute en eût été accélérée, et l'horloge n'aurait pas indiqué des espaces de temps égaux. Pour en rendre la descente uniforme, on l'interrompit à des intervalles très-rapprochés, au moyen d'une roue dentée dont les pas sont aussi égaux que possible. Cette roue s'engrène avec les palettes d'un axe vertical qui porte un balancier circulaire et horizontal. Tandis que le poids fait tourner la roue, celle-ci, par une de ses dents, pousse avec effort une palette qui s'échappe enfin, et le poids descend sans secousse, parce qu'il est arrêté aussitôt par la dent suivante, qui rencontre une autre palette. Ainsi le poids se trouve alternativement libre et retenu, d'où résulte l'uniformité et la régularité de l'horloge.

Huyghens perfectionna singulièrement ces machines en substituant le *pendule* au balancier. Aujourd'hui il fait mouvoir une pièce horizontale, recourbée par les deux bouts, qui s'engrène à chaque oscillation avec une dent de la roue. Celle-ci entraîne le poids, tourne à chaque échappement, est arrêtée à chaque engrenage ; et, comme les oscillations du pendule occasionnent tous ces mouvements, on comprend quelle régularité y apporte leur égalité parfaite.

Les horloges de ce genre se nomment *pendules*, de la pièce principale que les compose.

Tels sont les principaux instruments qui ont contribué aux rapides progrès de l'astronomie. Il fallait des hommes de génie pour en tirer parti ; la nature s'en montra prodigue.

Le seizième et le dix-septième siècle seront à jamais célèbres dans les fastes de l'esprit humain par la quantité extraordinaire de grands hommes qu'ils ont produits dans tous les genres, et principalement en astronomie.

Tycho-Brahé et Képler illustrèrent l'Allemagne ; Newton, Flamsteed, Halley, l'Angleterre ; en France, René Descartes, Picard, Olaüs Roemer, Dominique Cassini ; en Hollande, Huyghens ; en Italie, Galilée, Bianchini, concouraient par leurs découvertes aux succès éclatants de la science des astres et de toutes les connaissances humaines.

Le ciel lui-même semblait se dévoiler beaucoup plus aux regards des observateurs, ce qui fit découvrir à Cassini la *lumière zodiacale*, qu'on n'avait point encore aperçue. Cette lumière, blanche comme celle de la voie lactée, accompagne toujours le soleil, et lui forme comme une auréole qui se manifeste très-ostensiblement dans les éclipses de cet astre ; elle est si rare que l'on voit les étoiles au travers. Cassini l'appela *zodiacale* parce qu'elle est nécessairement dans le zodiaque, puisqu'elle entoure le soleil dans le sens de son équateur.

Suivons maintenant ces illustres observateurs, et classons avec ordre leurs principales découvertes, afin de pouvoir nous former, à l'aide de ces éléments, une idée juste du véritable système du monde.

TROISIÈME LEÇON.

DÉCOUVERTES.

A peine fut-on en possession du pendule que l'on songea avant tout à se procurer une *unité de temps invariable*, afin de donner aux observations la rigueur et la précision mathématiques. On y parvint en s'assurant que chaque révolution diurne d'une étoile quelconque correspond invariablement à 86400 oscillations d'un *pendule à secondes*.

Pour cela on fixe une lunette perpendiculairement à un axe horizontal soutenu par deux piliers solides, de manière qu'elle soit placée dans le plan du méridien et ne puisse se mouvoir que dans le sens vertical. Cet appareil, construit avec tous les soins imaginables, s'appelle *instrument des passages*, parce qu'il est destiné à saisir l'instant précis des passages d'un astre au méridien. Comme la position de l'étoile pourrait varier dans le champ de la lunette d'un bord à l'autre, on fixe cette position en plaçant au foyer deux fils, d'une finesse extrême, qui se coupent à angle droit au centre de l'objectif, et l'on saisit l'instant où l'étoile coïncide avec le point d'intersection des fils, dont le vertical représente un arc du méridien, et l'horizontal un arc de l'orbite stellaire.

On choisit alors une étoile circompolaire constamment visible, vers laquelle on dirige la lunette, et l'on note l'heure qu'il est lorsqu'elle est coupée par le fil vertical au moment de sa plus grande hauteur. On compte le temps qui s'écoule jusqu'à ce qu'elle se trouve sur le fil vertical au moment de son plus grand abaissement. On compte de même celui qui s'écoule depuis son passage inférieur au méridien jusqu'à son retour au passage supérieur. Si ces deux espaces de temps sont égaux, c'est la preuve que le fil vertical est exactement dans le plan du méridien, puisqu'il divise en deux parties égales le parallèle décrit par l'étoile. S'ils ne le sont pas, on ramène la lunette vers le côté le plus grand, au moyen de la vis de rappel, jusqu'à ce que, après quelques jours peut-être de tâtonnements, on arrive à une division exacte. Alors on peut s'assurer que l'étoile revient invariablement chaque jour se présenter sur le fil vertical *à la même seconde*, et que chacune de ses révolutions correspond à 86400 oscillations du pendule.

Tel est le *jour sidéral* que l'on prend pour unité de temps. Nous verrons plus tard que c'est précisément le temps que la terre emploie à opérer une révolution sur son axe.

Pour qu'un pendule batte exactement 86400 oscillations dans un jour sidéral, il faut qu'il ait une certaine longueur qui varie avec la latitude, et que l'expérience fait trouver ainsi que le calcul ; cette longueur est de 3 pieds 8 lignes 2/5, ou 0^m,993 à Paris. A côté du pendule les astronomes ont une horloge qui doit être parfaitement réglée. L'imperfection attachée aux ouvrages les plus soignés des hommes exige que l'on surveille attentivement la marche des aiguilles, et qu'on ne laisse pas passer un seul jour sans s'assurer qu'elles vont bien, afin que les plus petites erreurs ne puissent s'accroître. Les heures se comptent depuis 0 jusqu'à 24 consécutivement sur la pendule astronomique, qui doit marquer 0^h 0$'$ 0$''$ toutes les fois que l'étoile qu'on a choisie pour origine du jour, et sur laquelle elle est réglée, passe au méridien supérieur. C'est au moyen d'une infinité de précautions que l'on est parvenu à mesurer le temps à *un centième de seconde près*.

On est loin de mesurer l'espace avec une pareille exactitude ; voilà pourquoi les astronomes substituent le temps à l'espace toutes les fois qu'ils peuvent le faire, comme nous l'avons dit (p. 27).

Rotation du soleil, des planètes et des satellites sur leurs axes.

Galilée fut un des premiers qui découvrit des taches dans le *soleil*. L'observation de ces taches prouve que cet astre tourne sur son axe d'occident en orient en 27ᴶ 1/2, car on les voit disparaître et reparaître régulièrement en ce sens dans cet espace de temps. Le mouvement de rotation du soleil semble prouver que cet astre est parfaitement sphérique, parce qu'il ne cesse jamais de présenter l'apparence d'un cercle parfait.

Dominique Cassini observa quelques taches sur la surface de *Vénus*, et se convainquit par leur moyen que cette brillante planète tourne sur elle-même, d'occident en orient, en 23ʰ 21′ 21″. Schroeter confirma ce résultat par l'observation du temps que la *troncature* d'une corne du croissant de Vénus en quadrature emploie pour représenter la même apparence. Cette troncature est très-probablement produite par l'ombre de quelque haute montagne qui se projette alors sur cette partie du disque et nous empêche de la voir.

Mercure a des phases comme Vénus. On ne découvre point de taches sur sa surface, qui paraît lisse et polie comme un miroir, à cause de sa grande proximité du soleil, dans les rayons duquel il est toujours noyé ; mais, comme une des pointes de son croissant paraît aussi tronquée, on a pu constater sa rotation en 24ʰ 5′ dans le sens direct, comme Vénus et le soleil.

Mars a une couleur rutilante qu'Herschel attribue à une teinte ocreuse du sol, semblable à celle que nos terrains de grès rouge devraient offrir aux habitants de Mars. Il a des taches très-distinctes et

13.

permanentes, qui ont appris qu'il tourne sur lui-même en 24^h 37′ 22″, de l'ouest à l'est.

Les taches de *Jupiter* sont en forme de bandes, dont deux bien tranchées, l'une au nord, l'autre au sud de l'équateur de la planète. Elles montrent que Jupiter tourne en 9^h 55′ 26″ autour d'un axe perpendiculaire à la direction des taches, toujours de l'ouest à l'est.

Herschel a reconnu sur *Saturne* des taches sombres et accidentelles d'une grande étendue; elles lui ont appris que cette planète opère une révolution sur elle-même en 10^h 29′ 17″, dans le sens direct.

L'anneau de Saturne offre un phénomène unique dans le ciel. Galilée l'aperçut le premier sans pouvoir le comprendre; il crut que la planète était triple. Ce fut une énigme pendant 40 ans. Enfin Huyghens reconnut que la planète est entourée, dans le sens de son équateur, d'un anneau large, plat et mince, qui ne la touche pas, et nous présente quelquefois comme *deux anses* quand il s'offre à nous obliquement. Nous le perdons presque de vue quand il nous montre son tranchant. Nous le verrions sous sa véritable forme circulaire s'il se présentait en face, ce qu'il ne fait jamais. Avec de fortes lunettes, on aperçoit au milieu une et même deux lignes noires, qui prouvent que l'anneau, que l'on croyait simple, est formé de deux ou trois anneaux concentriques distincts, situés dans un même plan.

Ces lignes noires sont les espaces vides qui les séparent. Herschel s'est assuré qu'il tourne dans son propre plan, comme une roue sur son essieu, ainsi que Laplace l'avait prédit. L'observation de quelques points un peu plus brillants que les autres confirma encore une fois les calculs du grand géomètre. La durée de la rotation de l'anneau, un peu plus lente que celle de la planète, est de 10^h 1/2, d'occident en orient.

Cette uniformité de direction dans les mouvements rotatoires, qui ne se dément jamais, sauf pour les satellites d'Uranus, est un fait très-remarquable; il prouve qu'une cause unique a dû donner l'impulsion primitive à tous ces corps. Nous verrons les efforts qui ont été tentés pour découvrir cette cause originelle (2e partie, 9e leçon).

La *lune*, outre son mouvement de translation autour de la terre en 27^j 7^h 43' 11'', a aussi un mouvement de rotation sur son axe, exactement de la même durée. Ces deux mouvements de notre satellite commencent et finissent ensemble. Ses taches, parfaitement connues, prouvent qu'il présente toujours à la terre les mêmes points de sa surface, comme nous en avons déjà vu une autre preuve (p. 115). Or il ne peut circuler ainsi autour de la terre sans opérer une révolution sur son axe de même durée que sa révolution mensuelle.

En effet, si en L' la lune présente à la terre la Fig. 32 même face (*i*) qu'en L, elle a fait un demi-tour sur elle-même dans le trajet LAL′. Elle en fera un second en parcourant L′BL, afin de pouvoir nous offrir constamment les mêmes points. Ainsi elle opère réellement une révolution sur son axe, précisément dans le même temps qu'elle emploie à en accomplir une autour de sa planète. La boule d'un bilboquet qu'on fait tourner autour du manche donne une idée exacte de ce double mouvement, qui est particulier à tous les satellites.

Nous en reconnaîtrons plus tard la raison (p. 215).

En 1610, Galilée et Simon Marius découvrirent en même temps, l'un à Florence, l'autre en Allemagne, les *quatre satellites* de Jupiter. Cassini sut distinguer leur ombre projetée sur la planète d'avec les taches réelles.

Il fut reconnu plus tard que Saturne, outre son anneau, est escorté par *huit* satellites, successivement découverts.

Huyghens remarqua le 4ᵉ en 1655. Dominique Cassini vit le 3ᵉ et le 5ᵉ en 1671, et le 1ᵉʳ et le 2ᵉ en 1684. Herschel en découvrit *deux* autres, et reconnut que le 7ᵉ ne tourne qu'une fois sur son axe pendant qu'il accomplit une révolution. Le 8ᵉ, c'est-à-dire le plus éloigné de la planète, a été signalé depuis.

Nouvelles planètes.

En 1781, William Herschel, en passant une revue générale du ciel dans le but de reconnaître des *étoiles doubles*, fit la découverte d'une nouvelle planète qui d'abord porta son nom, et que l'on appelle *Uranus*. Elle a six satellites, qu'il reconnut de 1787 à 1794. La marche de cette planète est *directe*, comme celle de toutes les autres.

Il existait encore un grand nombre de planètes qui avaient échappé jusqu'alors aux investigations des astronomes, moins par leur éloignement que par leur extrême petitesse, qui ne permet de les apercevoir qu'avec les plus puissants télescopes, d'où leur vient la dénomination de *planètes télescopiques*.

Bode, directeur de l'observatoire de Berlin, cherchant, comme tant d'autres l'avaient fait avant lui, à reconnaître la loi qui détermine les distances relatives des planètes au soleil, imagina de les soumettre à la série des nombres suivants :

$$0, 3, 6, 12, 24, 48, 96, 192,$$

dont chaque terme augmenté de 4 unités lui donna les rapports :

$$4, \quad 7, \quad 10, \quad 16, 28, 52, 100, 196,$$
$$☿, \quad ♀, \quad ⊕, \quad ♂, \quad ♃, \quad ♄, \quad ♅,$$

qui s'accordent assez bien avec la réalité ; car si
4 représente la distance de Mercure au soleil, 7 est
bien à peu près celle de Vénus, 10 celle de la
Terre, etc. La lacune que présente le nombre 28
parut surprenante et fit présumer qu'il pouvait,
qu'il devait même exister entre Jupiter et Mars
une planète qui correspondait à ce nombre. Cette
présomption hardie fut justifiée par la découverte que Piazzi fit de Cérès, le 1er janvier 1801.
Cette planète occupait en effet la place assignée à
la planète fictive dans la série empirique de Bode,
série qui aurait pu s'élever au rang de loi, malgré
son inexactitude mathématique, si la découverte de
Neptune avait encore une fois confirmé son étendue,
comme l'avait fait Uranus. « Mais, dit M. H. Faye,
si la formule ne donne que de faibles différences
(inférieures à 0,50) entre les distances réelles et
hypothétiques des autres planètes, elle donne pour
Neptune l'énorme différence de 8,76, qui la relègue
pour toujours parmi les conjectures fortuitement
heureuses. »

Olbers, pour reconnaître plus facilement la petite planète de Piazzi, presque imperceptible, avait
étudié attentivement toutes les étoiles qu'elle devait
rencontrer sur sa route. Ce travail lui fit distinguer, le 28 mars 1802, dans l'aile gauche de la
Vierge, une petite étoile qu'il reconnut bientôt pour
une planète nouvelle, qu'il appela *Pallas*. Alors, se
rappelant la formule de Bode, il pensa que *Cérès* et

Pallas, situées entre Mars et Jupiter, pourraient bien n'être autre chose que des débris d'une grosse planète brisée par le choc d'une comète ou par quelque violente explosion. Soupçonnant qu'il devait y en avoir d'autres, il résolut de les découvrir. A cet effet, il calcula les orbites de Cérès et de Pallas, mesura leurs inclinaisons sur l'écliptique, et détermina les points du ciel où leurs nœuds étaient situés. Il les trouva dans les constellations de la Vierge et de la Baleine. Alors il dirigea son télescope vers un de ces points, convaincu, avec raison, que les autres fragments, s'il en existait, devaient passer à chaque révolution par le point où la rupture s'était opérée (2ᵉ partie, 9ᵉ leçon). Son espoir ne fut pas trompé ; le 29 mai 1807 il découvrit *Vesta*. Harding avait déjà reconnu *Junon* en 1804. Depuis, les astronomes n'ont pas cessé d'explorer cette région du ciel et d'y découvrir de nouvelles planètes, j'ai presque dit, de nouveaux fragments de la grosse planète qui devait remplir·la lacune de la formule de Bode.

Aujourd'hui, le nombre des planètes télescopiques s'élève à 37 ; en voici la liste :

ÉPOQUES des DÉCOUVERTES.	NOMS des PLANÈTES.	NOMS des ASTRONOMES.	LIEUX de leur RÉSIDENCE.
1801, 1er janvier..	Cérès	Piazzi	Palerme.
1802, 28 mars	Pallas	Olbers I	Brême.
1804, 1er sept	Junon	Harding	Lilienthal.
1807, 29 mars	Vesta	Olbers II	
1845, 8 déc	Astrée	Hencke I	Driesen.
1847, 1er juillet	Hébé	Hencke II	
1847, 13 août	Iris	Hind I	Londres.
1847, 18 oct	Flore	Hind II	
1848, 26 avril	Métis	Graham	Markrée (Irlande).
1849, 14 avril	Hygie	Gasparis I	Naples.
1850, 11 mai	Parthénope	Gasparis II	
1850, 13 sept	Victoria	Hind III	
1850, 2 nov	Egérie	Gasparis III	
1851, 19 mai	Irène	Hind IV	
1851, 29 juillet	Eunomia	Gasparis IV	
1852, 17 mars	Psyché	Gasparis V	
1852, 17 avril	Thétis	Luther I	Dusseldorf.
1852, 24 juin	Melpomène	Hind V	
1852, 22 août	Fortuna	Hind VI	
1852, 20 sept	Massalia	Chacornac I	Marseille.
1852, 15 nov	Lutetia	Goldschmidt I	Paris.
1852, 16 nov	Calliope	Hind VII	
1852, 15 déc	Thalie	Hind VIII	
1853, 6 avril	Thémis	Gasparis VI	
1853, 6 avril	Phocéa	Chacornac II	Paris.
1853, 5 mai	Proserpine	Luther II	
1853, 8 nov	Euterpe	Hind IX	
1854, 1er mars	Bellone	Luther III	
1854, 1er mars	Amphitrite	Marth	
1854, 22 juillet	Uranie	Hind X	
1854, 1er sept	Euphrosine	Ferguson	
1854, 26 oct	Pomone	Goldschmidt II	
1854, 28 oct	Polymnie	Chacornac III	
1855, 7 avril	Circé	Chacornac IV	
1855, 19 avril	Leucothéa	Luther IV	
1855, 5 oct	Atalante	Goldschmidt III	
1855, 5 octobre	Fidès	Luther V	
1856	Daphné	Goldsmidt	

Pour donner une idée de la manière dont on fait ces découvertes, nous nous bornerons à dire que l'on forme une carte des plus petites étoiles que renferme la région explorée, et que si, parmi ces faibles lueurs, que l'on observe avec les plus forts télescopes, on en aperçoit quelqu'une qui change de place par rapport aux autres, on est certain que c'est une planète. Il faut ensuite la suivre attentivement pour déterminer la position de son orbite par rapport à l'écliptique et pouvoir ainsi la retrouver facilement.

Il existe aussi dans notre monde des corps d'une petitesse extrême qui se manifestent quelquefois par leur chute sur la terre, plus souvent par des sillons de lumière qu'ils tracent en pénétrant dans notre atmosphère, où ils s'enflamment par le frottement. Ces phénomènes sont connus sous le nom d'*étoiles filantes*. Dans les nuits du 11 au 15 novembre surtout, on en aperçoit tous les ans un très-grand nombre dont le retour périodique a été signalé par le célèbre astronome américain Olmsted ; ce qui semblerait annoncer qu'il y a une zone céleste où des myriades de petits astéroïdes accomplissent leurs révolutions, et que la terre passe, ces nuits-là, dans leur voisinage.

Ces astéroïdes ne sont autre chose que des *aérolithes* qui tombent parfois sur la terre, comme nous le disions à l'instant. Les anciens auteurs en citent de nombreux exemples. La pierre noire de la Kaaba, si vénérée par les Arabes, et qu'adorait Héliogabale, n'est probablement qu'une de ces pierres, tombée du ciel à une époque très-reculée.

Dans les temps modernes la chute de ces corps mystérieux a été assez fréquemment observée. Le 15 avril 1821, il en tomba un dans le département de l'Ardèche ; il pesait 184 livres. Leur chute est ordinairement annoncée par des *bolides* ou globes de feu qui détonnent avec un grand bruit. Le 3 juin 1822, parut au sud-est de la ville d'Angers une vive lumière suivie d'une très-forte détonation et d'une pluie de pierres. L'une d'elles, qui a été recueillie, pesait 30 onces. On peut voir au Muséum d'histoire naturelle de Paris l'aérolithe, du poids de 250 livres, tombé le 7 novembre 1492 à Ensishem, dans la haute Alsace, qui décida l'empereur Maximilien à entreprendre une croisade contre les Turcs. Les personnes qui seraient curieuses de semblables détails peuvent se satisfaire en lisant le tableau dans lequel Rulhand, de Munich, a récapitulé les chutes des aérolithes authentiquement constatées depuis le douzième siècle jusqu'à l'année 1811, en notant toutes les circonstances qui les ont accompagnées.

« Ces pierres, dit Biot, ont des caractères constants qui décèlent une commune origine. L'analyse trouve dans toutes de la silice, de la magnésie, du soufre, du nickel et du fer à l'état métallique. Cette dernière circonstance prouve qu'elles sont étrangères à la terre, où l'on ne trouve jamais le fer à cet état. »

Laplace suppose que ces corps pourraient provenir des volcans de la lune, puisqu'il suffirait d'une force de projection quadruple de celle d'un boulet lancé avec douze livres de poudre pour que le projectile sortît de la sphère d'attraction de cet astre et fût soumis à celle de la terre. Or les volcans terrestres ont une force supérieure, et il est probable qu'il en est de même de ceux de la lune. N'est-il pas possible aussi que les aérolithes soient, pour ainsi dire, la poussière d'une planète brisée dont les planètes télescopiques seraient les fragments?

Quoi qu'il en soit, ces corps existent; les astronomes les observent très-attentivement, et finiront sans doute par en reconnaître la véritable origine, si elle ne se trouve déjà renfermée dans une autre hypothèse de Laplace sur l'origine des planètes. (2e partie, 9e leçon).

Enfin, le 31 août 1846, M. Le Verrier a découvert, sur les limites extrêmes de notre monde, à près de 1250 millions de lieues du soleil, une nouvelle planète, appelée Neptune. La gloire du célèbre astronome, qui rejaillit sur la France entière, est d'autant plus éclatante que cette découverte ne doit rien au hasard; elle est le résultat d'admirables calculs qui ont définitivement sanctionné la puissance merveilleuse de l'analyse et la certitude de la connaissance parfaite des lois qui régissent le monde solaire. La science est si avancée que les astronomes déterminent rigoureusement la route que chaque planète doit suivre, et dont elle ne peut s'écarter, d'après la connaissance qu'ils ont des influences attractives qu'elles exercent les unes sur les autres. *Uranus* seul se montrait rebelle aux coercions des astronomes, dont il confondait les calculs; il y avait encore un scandale dans le ciel, selon la belle expression de Royer-Collard.

M. Le Verrier résolut de le faire cesser. Il ne

pouvait provenir que de l'action perturbatrice de quelque planète inconnue dont on n'avait pas tenu compte. Il l'introduisit dans ses formules, avec la distance, le volume, la densité convenables, et trouva que, d'après ses hypothèses, Uranus devait suivre la route qu'il parcourt réellement, et non celle qu'on lui prescrivait. Alors il ne craignit pas d'annoncer l'existence d'une nouvelle planète et le point qu'elle occupait dans l'espace.

A cette nouvelle, M. Galle, astronome de Berlin, se hâta de diriger sa lunette sur le point indiqué. La planète s'y trouvait, aussi fidèle aux prévisions du génie qu'aux lois de la nature !

Les planètes actuellement connues, au nombre de 45, se divisent en *inférieures, supérieures* et *télescopiques*.

On appelle *inférieures Mercure* et *Vénus*, situées entre la terre et le soleil, qui est le centre de notre système planétaire, et par suite le point le plus bas ; *supérieures*, les grandes planètes situées au delà de la terre par rapport au soleil : *Mars, Jupiter, Saturne, Uranus, Neptune ; télescopiques*, les petites planètes qu'on ne peut apercevoir qu'à l'aide du télescope. Ces dernières se nomment aussi *extra-zodiacales*, parce que les orbites de plusieurs d'entre elles sortent des bornes du zodiaque. Celle qui s'en écarte le plus est *Pallas*, dont l'orbite forme avec l'écliptique un angle de 34° 37', ce qui exigerait que le zodiaque fût élargi.

Orbes elliptiques des planètes.

L'astronomie ne se borne pas à constater l'existence des astres, elle se propose surtout d'en déterminer le lieu, la forme, la distance au soleil ou à la terre, la vitesse, l'orbite, le volume, la masse, la densité, la constitution physique, en un mot, tout ce qui les concerne.

Un des premiers soins que l'on prit fut de mesurer les *diamètres apparents* au moyen du micromètre. On a trouvé ainsi que le diamètre apparent du soleil, qui, à l'œil nu, paraît toujours de la même grandeur, est de 32′ 36″, au 1ᵉʳ janvier, et de 31′ 31″ au 1ᵉʳ juillet, ce qui prouve qu'il est plus près de nous en hiver qu'en été.

On a trouvé de même que l'angle sous lequel apparaît le diamètre de la lune *au plein* varie de 29′ 21″ à 33′ 31″,07.

Ces variations de grandeur pour un même objet prouvent évidemment qu'il n'est pas toujours à la même distance de la terre, mais que plus le diamètre est grand, plus la distance est petite, et réciproquement.

En mesurant chaque jour le diamètre apparent du soleil, on reconnaît qu'il va toujours en augmentant depuis le 1ᵉʳ juillet jusqu'au 1ᵉʳ janvier, et en diminuant du 1ᵉʳ janvier au 1ᵉʳ juillet. L'*écliptique* n'est donc pas un cercle, puisque le rayon qui va du centre de la terre au centre du soleil, qu'on appelle *rayon vecteur*, n'est pas toujours de même grandeur. En mesurant chaque jour, pendant un an, les rayons vecteurs, et en joignant leurs extrémités, il en résulte une courbe qu'on nomme *ellipse*, qu'il est bon de savoir décrire, puisque ce sont des courbes de cette nature que parcourent toutes les planètes, tous les satellites et toutes les comètes périodiques.

Fig. 33. Prenez un fil de longueur quelconque, *ss'*, fixez-en les extrémités à deux points F, F', moins distants l'un de l'autre que la longueur du fil ; tendez-le avec un style, que vous ferez circuler de manière que les deux parties soient toujours tendues. La courbe qui en résulte est une *ellipse*. Les points F, F' en sont les *foyers; ss'*, le *grand axe; s"s'"*, le *petit axe; c*, le *centre*. La distance des deux foyers se nomme l'*excentricité*. Elle est nulle dans le *cercle*, qui n'est qu'une espèce d'ellipse dont les foyers se confondent avec le centre.

Plus l'excentricité est grande, plus l'ellipse est allongée, et réciproquement.

Les ellipses décrites par les planètes ont très-peu d'excentricité et se rapprochent beaucoup du cercle ; celles des comètes en ont beaucoup, au contraire, et sont extrêmement allongées ; elles le sont tellement quelquefois que les astres qui les décrivent restent plusieurs siècles à reparaître et peuvent même ne jamais revenir. Mais n'anticipons pas.

Le soleil paraît donc décrire une *ellipse*, très-peu excentrique, autour de la terre, qui occupe un des foyers.

La lune elle-même parcourt réellement une orbite elliptique autour de la terre, qui en occupe un foyer, puisque son diamètre ne paraît pas toujours de la même grandeur.

L'orbite de la lune est plus allongée que celle du soleil ; car la différence de ses diamètres apparents s'élève à 4′ 10″,07, tandis que pour le soleil elle n'est que de 1′ 5″.

Le point de l'écliptique où le soleil est le plus rapproché de la terre se nomme *périgée ;* celui où il en est le plus éloigné, *apogée* (*). Il en est de même pour les deux points analogues de l'orbite lunaire. Le soleil est à son périgée le 1ᵉʳ janvier, à son apogée le 1ᵉʳ juillet ; ainsi il est plus près de nous en hiver qu'en été. La différence est d'environ un demi-million de lieues.

On désigne ces deux points sous le nom commun d'*apsides*. La ligne qui les joint est la *ligne des apsides*. Cette ligne est mobile ; ses deux extrémités parcourent l'écliptique en 21000 ans dans le sens direct. Le mouvement de la ligne des apsides, attribué à l'action de Vénus et de Jupiter sur la terre,

____

(*) Le *périgée* et l'*apogée* deviennent le *périhélie* et l'*aphélie* quand il s'agit de la plus petite et de la plus grande distance d'un astre au soleil.

14

est la cause qui fait varier la durée des saisons et qui occasionne périodiquement de grands cataclysmes sur le globe.

L'observation a constaté que toutes les planètes et tous les satellites dont on a pu mesurer les diamètres apparents se meuvent dans des orbites elliptiques. Du reste, l'ellipticité des orbites planétaires avait été *démontrée* par Képler, le grand législateur de l'astronomie.

C'est une des trois grandes lois connues sous le nom de cet illustre astronome. Les voici : 1° les orbes des planètes sont des ellipses dont le soleil occupe un des foyers; 2° leur rayon vecteur décrit autour de ce point des aires proportionnelles aux temps; 3° les carrés des temps des révolutions sont proportionnels aux cubes des moyennes distances.

Ces règles, qui n'ont jamais été démenties par aucune observation, sont regardées comme infaillibles.

Révolution des planètes autour du soleil et des satellites autour de leurs planètes.

Copernic et Képler avaient annoncé et démontre que le soleil est le centre du mouvement de translation de la terre et de toutes les planètes. Voyons comment on peut se convaincre de cette vérité fondamentale.

Galilée commença par constater que Mercure et

Vénus sont assujettis à cette loi. Les Égyptiens eux-mêmes l'avaient reconnue à l'égard de ces deux planètes, quoiqu'ils fussent privés des puissants moyens d'observation que possédait l'astronome de Pise. Elle ne pouvait donc lui échapper.

La première fois qu'il dirigea sa lunette sur Vénus, il l'aperçut avec surprise sous la forme d'un croissant, et s'expliqua bientôt ce phénomène, que Copernic avait prédit. Il arrivait à Vénus ce qui arrive à la lune en quadrature : on ne peut, de la terre, apercevoir qu'une partie de son hémisphère éclairé.

En observant chaque jour la planète, il vit qu'à mesure qu'elle se rapprochait de la terre (ce qu'il reconnaissait à l'accroissement sensible de son diamètre apparent) le croissant diminuait par degrés, jusqu'à ce qu'il fût réduit à un simple filet de lumière et disparût enfin tout à fait. S'il cessa alors de voir la planète, c'était donc, comme il arrive à la lune en conjonction, parce qu'elle était entre le soleil et la terre, en *conjonction inférieure*, et qu'elle tournait vers celle-ci son hémisphère non éclairé. Mais quand, au bout de quelque temps, elle redevint visible, il l'aperçut encore sous la forme d'un croissant fort étroit, dont les cornes étaient tournées en sens inverse du précédent. Ce croissant augmentait à mesure que Vénus s'éloignait, de sorte que, *trois mois et demi* environ après la disparition, il la vit *pleine*.

Où était alors Vénus, si ce n'est au delà du soleil

14.

par rapport à la terre, ou en *conjonction supérieure* (*)? Il la voyait pleine parce qu'elle tourne alors vers la terre tout son hémisphère éclairé, comme fait la lune en opposition. Ce qui le convainquit encore de la réalité de cette position, c'est que le diamètre apparent de Vénus était alors plus petit et son éclat moins vif.

L'ayant ainsi observée pendant plusieurs révolutions, il conclut avec certitude qu'elle tourne autour du soleil, et non autour de la terre; car dans ce dernier cas on verrait quelquefois la terre entre Vénus et le soleil, comme on la voit entre la lune et cet astre.

Galilée, et, depuis, tous les astronomes se sont convaincus, par les mêmes raisons, que *Mercure*, plus difficile à observer parce qu'il est presque toujours noyé dans les rayons du soleil, opère aussi ses révolutions autour de cet astre. Depuis la découverte du télescope, on l'a vu passer *vingt* fois sur le disque du soleil comme une petite tache noire, et notamment en 1832. Vénus, Mercure et la lune sont les seuls corps célestes qui offrent et puissent offrir ce phénomène. Nous parlerons des passages de Vénus, plus rares que les

(*) Vénus et Mercure ne peuvent jamais être en *opposition*; car ces deux planètes, vues de la terre, correspondent toujours au même point du ciel que le soleil, soit quand elles se trouvent entre cet astre et la terre, soit quand le soleil se trouve entre elles et nous, dans un même plan vertical.

deux autres, et de la plus haute importance (p. 253).

Les observations faites sur *Mars* prouvent aussi qu'il circule autour du même centre. Son disque parait tantôt circulaire, tantôt elliptique, jamais échancré. Ce fait démontre qu'il ne passe point entre le soleil et la terre, car alors il aurait nécessairement quelquefois la forme d'un croissant. Ainsi son orbite embrasse la terre et le soleil.

Dans l'opposition et la conjonction il présente l'aspect d'un cercle de lumière parfait, parce que, étant alors dans un même plan vertical avec le soleil et la terre, il tourne directement vers elle tout son hémisphère éclairé. Il paraît ovale dans les quadratures, parce que nous le voyons obliquement, et qu'une partie de l'hémisphère éclairé nous échappe, comme celui de la lune au deuxième et au troisième octant.

A la conjonction, son diamètre apparent est *cinq* fois plus petit qu'à l'opposition ; il est par conséquent alors cinq fois plus éloigné de nous. On s'est assuré de la même manière que toutes les autres planètes supérieures circulent autour du soleil, qui occupe, par conséquent, un *foyer commun* à toutes les orbites des planètes. Tous ces mouvements de translation s'opèrent d'occident en orient.

Les satellites sont évidemment transportés euxmêmes dans le même sens autour de leurs planètes respectives. Nous voyons la lune opérer sa révolution mensuelle autour de la terre ; avec les plus faibles lunettes on peut se convaincre de ses propres yeux que les satellites de Jupiter en font autant. Le premier satellite, qui opère sa révolution en 42 heures, marche si rapidement que peu d'instants suffisent pour remarquer son mouvement et sa direction. C'est un charmant spectacle que la contemplation de ce monde en miniature; on peut en jouir à l'aide d'une faible lunette. Avec une forte, on reconnaît que les satellites d'Uranus circulent également autour de lui, mais en sens inverse; c'est l'unique exception.

Opacité, forme des planètes et des satellites.

Les planètes et les satellites sont des corps opaques, qui ne brillent, comme la terre, que lorsqu'ils sont frappés par les rayons du soleil, et seulement aux points de la surface que ces rayons atteignent. Ce qui le prouve, ce sont les phases, qui ne permettent pas de supposer que les corps qui en éprouvent soient en partie lumineux, en partie opaques, et surtout que les mêmes parties deviennent alternativement incandescentes et obscures; ce qui le confirme, ce sont les ombres que les planètes projettent dans l'espace, ainsi que leurs satellites, et qui occasionnent les éclipses.

Il est probable que toutes les planètes sont plus ou moins aplaties à leurs pôles et renflées à l'équateur, selon le degré de vitesse de leur mouvement de rotation et celui de leur fluidité originelle, qui en sont les véritables causes (2ᵉ partie, 10ᵉ leçon, 2ᵉ §).

Si le disque d'une planète était parfaitement circulaire sous tous les aspects, il est clair qu'elle serait sphérique ; mais si, sous certains points de vue, elle paraît (indépendamment des phases) plus allongée dans un sens que dans l'autre ; si le diamètre polaire est plus petit que le diamètre équatorial, sa forme est évidemment sphéroïdique. Or, l'aplatissement est insensible dans le soleil, Mercure et Vénus, il est vrai ; mais il est appréciable pour la terre, Jupiter, Saturne, Uranus. Quant aux satellites, il est plus que probable que, s'ils présentent toujours le même hémisphère à leurs planètes, comme la lune, c'est parce que cet hémisphère est plus allongé que l'autre, en vertu de la différence de la force attractive de la planète sur les deux hémisphères (p. 268); différence qui, à l'époque de la fluidité des satellites (2ᵉ partie, 9ᵉ leçon), dut faire affluer une grande quantité de molécules dans l'hémisphère le plus rapproché de la planète, et le fixer dans cette position.

QUATRIÈME LEÇON.

ROTATION DE LA TERRE SUR SON AXE.

Nous allons maintenant étudier la terre, et chercher si elle est réellement immobile, comme les apparences semblent si puissamment l'indiquer, ou si elle se meut comme les autres planètes, malgré le témoignage des sens.

Occupons-nous d'abord du mouvement de rotation.

Puisque les planètes, les satellites, le soleil lui-même, en un mot, tous les corps célestes qui ne sont pas assez hors de la puissance ampliative des lunettes pour qu'on ne puisse discerner quelque marque sur leur surface, tournent sur leur axe d'occident en orient, c'est au moins une forte présomption pour penser que la terre est soumise à cette loi comme les autres. Un effet si général, si uniforme sous le rapport de la direction, tient sans doute à une cause unique, universelle, à laquelle on ne concevrait pas que la terre *seule* eût échappé.

Cependant, il répugne à toutes les personnes qui n'ont pas suffisamment réfléchi à l'ordre d'idées qui nous occupent, d'admettre ce mouvement de la terre, dont elles croient sentir, dont elles sentent l'immobilité.

Mais de combien de choses incompréhensibles

d'abord ne reconnaît-on pas la certitude, quand on les a attentivement observées ? Les anciens croyaient la terre plate, parce qu'ils ne comprenaient pas comment les habitants d'un hémisphère inférieur, qu'ils appelaient *antipodes* (opposés par les pieds), auraient pu se maintenir dans une position renversée, et ne pas tomber dans l'abîme des cieux. Les hommes du plus grand génie repoussaient comme absurde l'idée de la rondeur de la terre; saint Augustin lui-même s'écriait : « Où sont-ils ceux qui croient aux antipodes ! » Et cependant, lors même que ce fait serait inexplicable, n'auraient-ils pas été forcés de l'admettre, si, comme nous, ils avaient fait le tour du monde ?.

Ceux qui nient aujourd'hui la rotation auraient nié jadis les antipodes.

Nous *voyons* cependant ce mouvement du globe, puisqu'il change incessamment de place par rapport au soleil et aux étoiles; mais nous sommes portés à croire que ce sont au contraire ces astres qui circulent autour de lui, parce que nous ne *sentons* pas le mouvement. Et comment le sentirions-nous ? La terre, immense par rapport à nous, se meut uniformément et sans secousse dans la vide, qui ne lui oppose aucune résistance. Ne savons-nous pas que le mouvement d'un navire qui fend avec rapidité une mer calme est d'autant plus insensible que le navire est plus grand et le vent plus régulier ? L'aéronaute sent-il, dans une atmosphère immobile, le mouvement du ballon? Il ne sait s'il monte ou s'il descend que par les indications du baromètre.

D'ailleurs, si la terre tourne sur elle-même, comme les autres planètes, le mécanisme du monde est de la plus grande simplicité. Alors le retour alternatif du jour et de la nuit n'exige plus que le soleil et toutes les étoiles tournent autour d'elle en 24 heures.

Lorsque nous nous serons formé une idée du prodigieux éloignement des étoiles, même les plus voisines, comme Sirius (p. 257); de celui des nébuleuses de la voie lactée, neuf cents fois plus distantes des premières que celles-ci le sont de nous (2ᵉ partie, 9ᵉ leçon); lorsque, plongeant par la pensée dans les profondeurs infinies des cieux, semés sans fin d'innombrables étoiles, nous serons obligés, pour nier la rotation de la terre, d'admettre que ces étoiles, reculées à de si énormes distances, doivent parcourir en 24 heures, autour de ce grain de sable, des courbes six fois plus grandes que leurs rayons incommensurables; alors, confondus par l'effrayante vitesse qu'il faudrait leur supposer, par cette dépense incompréhensible et *inutile* de mouvement, nous reculerons devant l'absurdité de cette négation.

En effet, quoique rien ne soit impossible au Créateur, n'est-il pas plus conforme à sa sagesse de produire les mêmes effets par les moyens les plus simples? En étudiant son ouvrage, ne découvre-t-on pas, jusque dans les moindres détails, que la simplicité est la principale loi qu'il s'est, pour ainsi dire, imposée?

A ces considérations si puissantes joignons des preuves.

Si la terre est immobile, un corps grave, abandonné à son propre poids au sommet d'une tour très-élevée, devra tomber *verticalement*, et, par suite, au pied même de la tour ; car c'est une loi de la chute des graves qu'ils se dirigent vers le centre de la terre par le plus court chemin, qui est la *verticale*, indiquée en tout lieu par la direction du fil à plomb. Il n'en est rien cependant ; il s'écarte de la verticale, *vers l'est*, d'une quantité d'autant plus grande qu'il est parti de plus haut. Pourquoi? Qu'on essaye d'expliquer ce fait incontestable sans admettre la rotation de la terre, c'est impossible ; en l'admettant, rien de plus simple et de plus naturel.

Si la terre tourne (et ce ne peut être que d'occident en orient, puisque le ciel semble tourner d'orient en occident), elle entraîne avec elle, dans la même direction, tous les corps placés à sa surface, même son atmosphère. Les plus élevés sont animés d'un mouvement de translation plus rapide que ceux qui le sont moins, puisque dans le même temps (24 heures) ils doivent décrire de plus grands cercles. Ainsi le sommet de la tour tourne plus rapidement que le pied, comme la circonférence d'une roue, plus vite que les points rapprochés du centre. Le grave, abandonné à lui-même, sans aucune impulsion étrangère, étant animé de la même vitesse que le sommet de la tour, sera donc transporté *vers l'est* plus que le *pied* dans le temps de sa chute. Eh bien! c'est précisément ce que l'expérience a confirmé mille fois.

L'expérience nouvelle du *pendule filaire*, de M. L. Foucault, rend, pour ainsi dire, la rotation de la terre sensible par les lignes de plus en plus occidentales que trace l'aiguille placée à l'extrémité du pendule fixé à la voûte du Panthéon.

Si la terre tourne, le mouvement de rotation doit être plus rapide sous l'équateur et aller en diminuant jusqu'aux pôles, comme il arrive aux points d'une roue de la circonférence au centre. Si donc les corps simplement posés sur la surface de la terre n'y étaient retenus par la force d'attraction qui les attire vers le centre, comme l'aimant attire le fer, et qu'on nomme *force centripète*, ils seraient dispersés dans l'espace par l'impulsion du mouvement rotatoire équatorial, qu'on nomme *force centrifuge*, avec une vitesse de 7 lieues par minute (p. 261). La force centrifuge, étant opposée à la force centripète, devrait donc en diminuer les effets; car elle agit en sens directement contraire, au moins sous l'équateur. Ainsi le même corps pèserait moins à l'équateur, où la force centrifuge est la plus grande, qu'aux pôles, où elle est nulle, et dans les lieux intermé-

diaires, où elle décroît graduellement par son obliquité croissante. Eh bien! c'est précisément ce qui
a lieu. On s'en assure de plusieurs manières.

1° On a transporté de l'équateur vers le pôle un
pendule à secondes, et l'on a reconnu que les vibra-
tions s'accélèrent à mesure que l'on s'approche du
pôle, en sorte qu'on est obligé d'allonger le pendule pour ralentir le mouvement, et le maintenir à
une oscillation par seconde, à mesure que la latitude
augmente ; ce qui prouve évidemment que la chute
des corps s'accélère, en d'autres termes qu'ils *pè-
sent* davantage, parce que la force centrifuge diminuant laisse prédominer de plus en plus l'action de
la pesanteur moins contre-balancée. Cette force subsiste donc, et par suite le mouvement rotatoire qui
la produit.

2° Il y a plus : on est parvenu à déterminer la
différence de poids d'un corps pesé à l'équateur et
au pôle. On a trouvé que, s'il pèse 195 kilogrammes
au pôle, il n'en pèse que 194 à l'équateur. La différence est donc 1/194.

Ce n'est pas avec des balances qu'on a pu reconnaître cette différence, parce que les poids et le
corps variant également à chaque latitude se fe-
raient constamment équilibre. C'est au moyen d'un
ressort métallique en spirale, fixé par son extrémité
supérieure à un support métallique coudé à angle droit, et attaché invariablement à une petite
table. A l'extrémité inférieure du ressort on sus-

pend le corps soumis à l'expérience, et d'un poids tel qu'il tende le ressort de manière à toucher la table à la station la plus rapprochée du pôle. A mesure qu'on avance vers l'équateur, on est obligé de surcharger le corps de poids additionnels pour qu'il touche la table, ce qui prouve qu'il pèse de moins en moins. Les poids qu'on ajoute donnent la mesure des diminutions successives, et leur somme, celle de la diminution totale.

L'aplatissement de la terre vers les pôles, qui ne peut être expliqué que par la rotation, mais qui l'est si bien par elle, est encore une preuve invincible de cette vérité. Les savants s'accordent à penser que la terre a été primitivement dans un état de fluidité attribuée à l'action du feu (2ᵉ partie, 10ᵉ leçon). Buffon, dans *les Sept Époques de la nature*, en donne des preuves multipliées, irrécusables. Si la terre tourne sur son axe, elle a dû nécessairement, à cette époque, se renfler vers son équateur et s'aplatir vers ses pôles. Le mouvement étant plus rapide sous l'équateur, les parties fluides y affluèrent par leur mobilité, aux dépens des pôles. Si elle ne tourne pas, elle aurait nécessairement alors affecté la forme d'une sphère parfaite, d'après les lois de l'équilibre des fluides, et l'aurait conservée en se refroidissant. Or elle est aplatie (p. 241); donc elle tourne.

Nous verrons plus tard que le phénomène des *vents alizés* est une preuve de plus de la rotation de la terre (2ᵉ partie, 10ᵉ leçon).

TRANSLATION DE LA TERRE AUTOUR DU SOLEIL.

Nous avons vu que toutes les planètes, placées à des distances diverses du soleil, tournent autour de lui, et la terre, qui occupe aussi un rang sur cette échelle, la terre, intercalée entre Vénus et Mars, plus petite que quelques-unes, plus grande que quelques autres ; qui ne présente par conséquent rien d'exceptionnel, puisqu'elle a un volume moyen, une position moyenne, et qu'elle est d'ailleurs si semblable aux autres en tous points ; la terre *seule* ne graviterait pas autour de cet astre ! Mais ce serait la plus grande anomalie que l'on puisse imaginer !

Supposons un instant que toutes les planètes, depuis Mercure jusqu'à Neptune, soient échelonnées en ligne droite, et liées entre elles par un axe rigide, inflexible ; elles formeraient alors divers points d'un rayon dont les deux extrémités seraient le centre du soleil et Neptune. Mettons ce rayon en mouvement autour du soleil. Est-il possible de concevoir qu'un seul de ses points (la terre) reste immobile pendant que tous les autres se meuvent ? Eh bien ! cet axe, ce rayon hypothétique est en quelque sorte réalisé par la force attractive que le soleil exerce sur toutes les planètes , combinée avec la force d'impulsion qui les a lancées sur la tangente de leurs orbites (p. 268 et suivantes). La terre y est soumise comme les autres, plus même que beaucoup d'autres, en raison de sa masse et de sa distance (p. 268), et elle n'en éprouverait pas les mêmes effets!

On sent combien cette opinion est invraisemblable et même absurde. Une autre analogie bien frappante, c'est que tous les satellites circulent autour de leurs planètes respectives; l'anneau de Saturne lui-même, autour de la sienne. Ainsi les plus petits corps obéissent à l'influence attractive des plus grands; ce qui doit être, puisque le plus grand attire le plus petit plus fortement qu'il n'en est attiré, et agit sur lui avec l'excédant de sa force. Il faut admettre tout le contraire si la terre est immobile, et si le soleil, qui a un volume un *million* de fois supérieur au sien, parcourt l'écliptique autour de la terre située au foyer de cette ellipse.

A tant de difficultés, d'invraisemblances, d'absurdités, comparons la simplicité du mécanisme céleste dans l'hypothèse contraire.

Alors notre planète rentre dans la loi générale; des phénomènes auparavant incompréhensibles s'expliquent facilement, et, loin de démentir la théorie, les faits nouveaux la confirment sans cesse.

D'ailleurs, la terre est soumise, comme les autres planètes, aux lois de Képler, dont l'infaillibilité a été mille fois attestée par l'expérience.

Quel plus nombreux concours de fortes inductions?

Cependant, essayons de donner des preuves du mouvement de translation.

La première sera une *preuve mathématique*, tirée du phénomène physique connu sous le nom d'*aberration de la lumière*. Mais, pour que les lecteurs puissent facilement saisir ce phénomène, il faut d'abord démontrer le *mouvement progressif* de la lumière.

Vitesse de la lumière.

Depuis longtemps les physiciens désiraient savoir si la lumière du soleil et des étoiles se transmet à nous instantanément ou successivement, c'est-à-dire si elle nous arrive dans un instant indivisible, avec une vitesse infinie, ou dans un intervalle de temps appréciable et proportionné à la distance qu'elle doit parcourir.

L'immortel Galilée, que l'on rencontre toujours à la tête des investigateurs dans le champ des découvertes, se proposa de résoudre le problème par l'expérience suivante.

Il choisit deux aides munis chacun d'une lanterne que l'on pouvait couvrir et découvrir en un clin d'œil, au moyen d'un écran. Il les exerça à dévoiler chacun leur lumière dès qu'ils voyaient celle de l'autre. Ensuite il les plaça sur deux points élevés, distants *d'une lieue et demie*; puis, se mettant lui-même en observation, il examina s'il apercevait quelque intervalle appréciable entre l'instant où la lumière de l'un était vue et celle de l'autre dévoilée. Mais il eut beau répéter l'expérience et multiplier les précautions, ces deux instants lui parurent toujours identiques.

Ils l'eussent été quand même il aurait placé les lanternes à *dix lieues* d'intervalle, comme le firent après lui des académiciens d'Italie : la terre entière n'est pas assez grande pour fournir deux points assez distants pour cet objet.

On avait presque renoncé à la solution de ce problème, ou du moins on ne s'en occupait plus, lorsque le Danois Olaüs Roemer, que Picard avait amené en France, quand il revint de l'île d'Hwen, résolut la question en observant les éclipses du premier satellite de Jupiter.

Fig. 34.   Soient S le soleil, T la terre, qui marche dans le sens TT'T", de O en E ou d'occident en orient ; I Jupiter ; MN le cercle décrit par le premier satellite, dans le sens MEFN, d'occident en orient.

« Dans la première moitié de l'orbite terrestre TT', on pourra observer les instants précis où le satellite sort du cône d'ombre de sa planète, et, dans la seconde moitié, ceux où il y entre. On obtiendra donc aisément, dans le premier cas, l'intervalle qui s'écoule entre deux *émersions ;* dans le deuxième, l'intervalle entre deux *immersions* consécutives. Or, on trouve toujours que ce temps est invariablement égal à 42ʰ 28′ 35″. On peut donc calculer combien il doit y avoir d'émersions pendant le temps, facile à connaître, que mettra la terre, dont la vitesse est connue, pour se transporter de T en T',

par exemple ; et s'il y en a 100, on saura quel doit
être le moment précis de la 100ᵉ émersion. Or, on
trouve qu'au point T′ elle arrive un peu *plus tard*
que le calcul ne l'indique, et ce retard, qui n'avait
pas lieu en T, ou qui du moins n'était pas si considérable, ne peut provenir que du temps qu'a mis
la lumière à parcourir TT′.

« Dans la seconde moitié, si du point T″ on observe une immersion et que l'on calcule l'époque
précise à laquelle doit avoir lieu la 100ᵉ, par exemple, on trouvera, par l'observation faite au point T‴
où l'on sait que la terre doit alors se trouver, que
l'immersion arrive *plus tôt* que ne l'indique le calcul.
Cette avance est évidemment la différence entre les
temps qu'a mis la lumière à parcourir les deux distances T″e, T‴e, ou le temps employé à parcourir
T″T‴. Divisant cette distance (*) par le nombre de
secondes que la lumière a mises pour la parcourir,
on aura l'espace qu'elle parcourt en 1″, ou sa vitesse,
qui est de 77000 lieues à la seconde, la lieue étant
de 4000 mètres.

« L'oiseau le plus rapide mettrait plus de trois semaines à faire le tour de la terre sans prendre aucun repos. La lumière franchit le même espace en
beaucoup moins de temps qu'il n'en faut à l'oiseau

(*) Si cette distance est le diamètre de l'orbite terrestre, qui a
76 millions de lieues, le temps que la lumière emploie à le parcourir est 16′, ou, plus exactement, 987″ 1/2 environ. Or, si l'on
divise 76 millions par 987, on trouve 77000.

15.

pour exécuter un simple battement d'ailes. » (Arago.)

Bradley, un des plus grands astronomes de l'Angleterre, fut aidé dans sa belle découverte de l'*aberration de la lumière* par celle de Roemer.

Abordons cette importante question.

Fig. 35.   Soit **PQ** un prisme creux percé à sa surface supérieure et inférieure de deux trous A et B, situés sur une ligne verticale. Si du point V, supérieur à A, on laisse tomber un corps d'un diamètre plus petit que celui des ouvertures, il pénétrera dans le prisme en A et en sortira en B, parce qu'il se dirigera suivant la verticale. Mais si le prisme vient à se mouvoir de droite à gauche, par exemple, quand le corps est en A, celui-ci, continuant son mouvement vertical, n'arrivera plus en B, mais en C, par exemple; il paraîtra donc avoir *dévié* suivant AC. Pour qu'il pût passer par B, comme quand le prisme était immobile, il faudrait incliner le prisme de manière à amener le point B en C.

Substituons au prisme un tube *vertical* et *immobile*, représenté par son axe AB. Il est clair que le corps le traversera suivant cet axe, et qu'un œil placé en B jugerait qu'il a suivi AB. Mais si nous supposons le tube en mouvement de droite à gauche, il ne pourra plus rester *vertical*, si l'on veut que le corps suive encore l'axe. Il faudra nécessairement lui donner une inclinaison AC, proportionnée au rapport des vitesses du tube et du corps qui tombe. Alors, si le tube ainsi incliné est transporté

Fig. 36.

parallèlement à lui-même, de manière que le point *e*
arrive en E en même temps que le corps, celui-ci
se trouvera dans l'axe. De même, si, pendant qu'il
descend de E en F, le point *f* est transporté en F par
le mouvement latéral, le grave sera encore dans
l'axe. En un mot, ces deux mouvements se com-
bineront de telle sorte que les points G, H, B, et,
par suite, tous les points intermédiaires de la verticale, coïncideront avec les points correspondants de
l'axe incliné, au moment même où le mobile arrivera aux divers points de cette verticale ; et quand
le point C sera arrivé en B, le tube sera dans la position BD. Alors, un observateur qui aurait eu constamment l'œil en C, se mouvant conjointement avec
le tube, se serait cru immobile, et jugerait que le
corps aurait suivi l'oblique AC ou sa parallèle DB,
et non la verticale AB. Il jugerait ainsi, puisqu'il
aurait vu le corps passer successivement par tous
les points de l'axe AC.

La direction de ce corps aurait donc éprouvé,
pour lui, une déviation égale à l'angle DBA.

Au mobile, substituons le rayon qui arrive d'une   Fig. 37.
étoile à la terre.

Si la terre est en repos, l'œil E, frappé par le rayon
SE, verra toujours l'étoile à sa place, en S ; mais si
la terre se meut et se transporte de E en C pendant que la lumière arrive suivant SE, alors le rayon
et l'œil se choqueront réciproquement, proportionnellement à leurs vitesses respectives, qui sont com-

parables, et dans le rapport de 77000 à 7,7 ou de 10000 à 1 (p. 263), et de ce choc des vitesses résultera une direction composée, déterminée par la diagonale EF du parallélogramme formé par les deux lignes SE, EC, qui représentent les deux vitesses (p. 269).

Le rayon SE prendra donc la direction EF, et l'étoile paraîtra en F, et non en S. C'est ce changement de direction qu'on appelle *aberration de la lumière; SEF est *l'angle d'aberration*.

Ce qui fit supposer à Bradley que nous ne voyons pas les étoiles à leurs véritables places, c'est, comme il le dit lui-même, qu'il avait observé des changements dans la déclinaison apparente des étoiles, qu'il ne pouvait expliquer par aucun des phénomènes et des mouvements alors connus. Il pensa donc qu'ils résultaient du mouvement progressif de la lumière, combiné avec celui de translation de la terre. Des expériences nombreuses le convainquirent de cette vérité. Il découvrit que les étoiles décrivent, dans l'espace d'un an, de petites ellipses que le mouvement de translation de la terre peut seul expliquer.

En effet, si la terre se meut autour du soleil en parcourant son orbite, elliptique d'après la première loi de Képler, elle doit chasser devant elle les rayons lumineux, qui, changeant ainsi sans cesse de direction, d'après la loi du parallélogramme des forces, nous font apercevoir chaque étoile dans une suite de positions circulaires correspondant à celles de la terre ; en sorte que, nous croyant immobiles, les étoiles nous paraissent osciller autour de leur vrai lieu, et que la série des oscillations est exactement d'une année.

La figure 38 peut donner une idée de la manière Fig. 38. dont cette petite ellipse est décrite. Soit i le vrai lieu d'une étoile ; $TT'T''T'''$ l'orbite de la terre. En T, le rayon direct i T déviera suivant TS, et l'étoile paraîtra en S. En T'', l'angle d'aberration sera i T''S'', et on la verra en S''. En T' elle paraîtra en S' ; en T''', en S'''. Ainsi à chaque position de la terre sur son orbite correspond une position différente de l'étoile autour de son vrai lieu.

On s'assure de ce fait en observant chaque mois la déclinaison et l'ascension droite d'une étoile.

Si la terre n'était pas transportée autour du soleil, on apercevrait toujours l'étoile *fixe* à la même place, et c'est ce qui n'arrive jamais. Le mouvement *apparent* de l'étoile, et la durée de sa révolution, qui est d'une année, sont donc une preuve incontestable du mouvement réel de translation de la terre.

Ainsi la terre décrit une ellipse, l'écliptique, dont le soleil occupe un foyer.

Stations et rétrogradations des planètes.

Une autre preuve du mouvement de translation de la terre, plus propre à frapper les esprits, mais non pas plus concluante, est le phénomène connu sous le nom de *stations et rétrogradations des planètes*, qui fit le désespoir des anciens astronomes, et qui s'explique si naturellement par la translation de la terre.

Voici en quoi il consiste.

Si la terre, tout en tournant sur son axe, occupait une place fixe dans le ciel, les positions successives des autres planètes sur leurs orbites correspondraient, sur la voûte céleste, à une série de points dirigés *dans le même sens* pendant toute la durée de leurs révolutions ; mais il n'en est pas ainsi. En parcourant des arcs assez petits de leurs orbites, les planètes paraissent avoir une marche tantôt directe, tantôt rétrograde ; quelquefois on dirait qu'elles sont stationnaires, sans que rien puisse justifier ces rebroussements et ces stations, si la terre est fixe ; si elle se meut, rien de plus naturel.

Fig. 39.   Soit S le soleil ; t, t', t'', etc., l'orbite de la terre ; J, J', J'', etc., celle de Jupiter ; VV' la voûte céleste.

Prenons sur l'écliptique des arcs égaux tt', $t't''$, etc., et sur l'orbite de Jupiter les arcs correspondants décrits dans le même temps, mais plus petits à cause de la marche plus lente de cette planète.

Si la terre est en t et Jupiter en J, celui-ci se projettera en a sur la sphère céleste. Quand la terre sera en t', Jupiter sera en J' et correspondra au point b. En t'', on verra Jupiter en c. Jusqu'ici sa marche a paru *directe ;* mais pendant que la terre ira de t'' en t''', et Jupiter de J'' en J''', nous juge-rons qu'il a *rétrogradé* sur la sphère céleste de c en d; de t''' en t^{iv}, il paraîtra rétrograder encore de d en e; de t^{iv} en t^{v}, son mouvement sera redevenu *direct*, ainsi que de t^{v} en t^{vi}, sans qu'il ait néanmoins cessé un seul instant de s'avancer graduellement sur son orbite, comme la terre sur la sienne.

Ces irrégularités apparentes ne sont donc que les conséquences naturelles, nécessaires, des divers points de vue produits par les positions relatives de deux astres qui circulent dans le même sens avec des vitesses différentes.

En passant de J'' en J''', le mouvement rétrograde ne se manifeste pas brusquement, mais insensible-ment, en sorte que, dans la transition, la planète paraît quelque temps *stationnaire*. Il en est de même dans le passage du mouvement rétrograde au mou-vement direct, de J^{v} en J^{vi}.

C'est surtout vers l'*opposition*, quand la terre s'interpose entre la planète et le soleil, que le mou-vement paraît *rétrograde*, comme il semble *direct* vers la conjonction, *nul* dans les quadratures.

Ce phénomène, qui se reproduit pour toutes les planètes, démontre jusqu'à l'évidence la translation de la terre.

Ainsi, notre globe n'est pas le centre de notre monde; il gravite, comme les autres astres du sys-tème, autour du soleil fixe au foyer d'une ellipse très-peu excentrique, l'écliptique, dont nous déterminerons bientôt la grandeur (p. 255). C'est ce foyer, commun à toutes les ellipses décrites par les planètes et les comètes, qui est le véritable centre du monde.

CINQUIÈME LEÇON.

FORMÉ ET DIMENSIONS DE LA TERRE.

La connaissance exacte de la forme et de la grandeur réelles de la terre était indispensable pour trouver *l'unité de mesure* propre à la solution des problèmes astronomiques les plus importants, tels que la distance et les dimensions des corps célestes ; aussi a-t-on fait les plus grands efforts pour y arriver.

Les anciens, qui se livraient, comme les enfants aux premières impressions des sens, parce qu'ils n'avaient pas acquis assez d'expérience pour se méfier et se garantir de leurs nombreuses illusions, crurent longtemps que la terre était un disque immense, terminé de tous côtés par un abîme d'eau, tel qu'Homère l'a représenté sur le bouclier d'Achille.

Pour nous, nous avons déjà reconnu qu'elle a une forme arrondie en tous sens. La manière dont la lumière du soleil se propage sur sa surface ; les hauteurs variables d'une même étoile observée à diverses latitudes ; l'expérience de la disparition et de l'apparition successive des parties d'un navire dans quelque direction que ce soit ; le cours des fleuves et des rivières, la pénétration réciproque des continents et des mers, des isthmes et des détroits ; la forme circulaire des horizons et de l'ombre que la terre projette sur le disque de la lune dans les éclipses de ce satellite, nous ont convaincus de cette vérité, confirmée par l'expérience directe, irrécusable, des voyages autour du monde.

La terre est ronde ; mais quelle est *précisément* la forme de sa rondeur ? Voilà la question célèbre que se posa l'Académie des Sciences de Paris, à l'occasion d'une observation de Richer faite à Cayenne en 1672, sur la longueur du *pendule à secondes*, qu'il avait été obligé de *raccourcir* d'environ *une ligne et un quart* pour lui faire battre exactement les secondes, comme il faisait à Paris.

Huyghens en trouva aussitôt la raison dans l'excès de la force centrifuge sur la force centripète sous l'équateur, qui, s'opposant à la chute du pendule, exigeait qu'il fût plus court pour tomber aussi vite à Cayenne qu'à Paris. Huyghens supposait que la force *centripète* est toujours dirigée vers le centre de la terre, qui, dans ce cas, serait *sphérique*. Newton lui substituait une *force résultant* de toutes les attractions particulières que les molécules du globe terrestre exercent les unes sur les autres, ce qui supposait que la terre était *un sphéroïde elliptique aplati vers les pôles*.

La question se trouvant ainsi engagée, tout le monde y prit part, et l'on résolut de la décider par des mesures directes que le gouvernement lui-même encouragea.

Ces mesures étaient celles des degrés du méridien.

Voici comment on raisonna.

Si la terre est parfaitement sphérique, tous les degrés d'un méridien seront égaux, et les verticales se couperont toutes au centre. Dans le cas contraire, la sphéricité sera plus ou moins altérée.

Pour s'assurer de l'un ou de l'autre fait, il n'y a qu'à tracer une *méridienne* et à mesurer sur cette ligne des arcs de 1° à des latitudes très-différentes. Si tous ces arcs ont la même longueur, la méridienne sera une circonférence de cercle ; autrement, elle n'en sera pas une.

Or, comment déterminer sur la méridienne un arc de 1° ?

A une des extrémités de l'arc, que l'on est maître de prendre où l'on veut, on mesure la hauteur du pôle (p. 65). Ensuite on s'avance sur la méridienne jusqu'à ce qu'on arrive à un point où la hauteur du pôle ait 1° de *plus* ou de *moins* que la précédente. On mesure la distance qui sépare les deux stations, et l'on a la longueur d'un degré terrestre. Si l'on trouvait qu'il fallût toujours parcourir le même nombre de toises sur la méridienne pour que le pôle s'élevât ou s'abaissât d'un degré, alors évidemment la terre serait sphérique.

On a employé divers moyens pour mesurer la

longueur d'un degré terrestre. Un médecin, nommé Ferrand, eut la patience de compter le nombre des tours de roue de sa voiture, depuis Paris jusqu'à Amiens, et trouva un chiffre assez rapproché du véritable. Dikson, en Amérique, mesura un degré la toise à la main. Mais on conçoit que ces procédés sont très-imparfaits, sujets à mille erreurs et souvent impraticables.

La seule opération à laquelle on puisse se confier consiste dans la *méthode géodésique* ou la *triangulation*, employée par Picard, le premier astronome qui ait trouvé une mesure *à très-peu près* exacte d'un degré de méridien terrestre.

Picard, comparant les longueurs de divers degrés mesurés avant lui, vit qu'elles différaient tellement entre elles que tout était à recommencer. Il eut l'heureuse idée d'appliquer les lunettes à la mesure des angles et d'employer une horloge à pendule de Huyghens.

Pour mesurer le degré d'Amiens, il prit pour termes Sourdon, près d'Amiens, et Malvoisine, au sud de Paris, sur le chemin en ligne droite et sans inégalités de Villejuif à Juvisy.

Soit AB la ligne à mesurer. On commence par prendre, sur un terrain bien uni, une base AB′, que l'on détermine très-exactement et qui passe par une des extrémités, A. On choisit ensuite un point C, d'où l'on puisse apercevoir à la fois A et B′, ce qui donne le triangle AB′C, dans lequel on connaît AB′.

Fig. 40.

On mesure les angles AB'C, ACB', et, quoique le troisième angle résulte de la détermination de ces deux et égale 180° moins leur somme, on le mesure néanmoins directement, pour s'assurer si l'on a commis quelque légère erreur dans les opérations précédentes.

Quand on connaît un côté et les angles d'un triangle, deux lignes de calcul suffisent pour déterminer les deux autres côtés AC, B'C. Il ne s'agit plus alors que de déterminer AO, partie de AB comprise dans le triangle AB'C. Pour cela, il n'y a qu'à mesurer l'angle B'AO ; alors, dans le triangle B'AO, on connaîtra deux angles et le côté adjacent AB', et l'on aura bientôt trouvé AO.

Choisissant ensuite un second point C', d'où l'on puisse voir B' et C, on forme le triangle B'CC', dans lequel on connaît B'C par les opérations précédentes. On mesure directement les angles C'B'C, B'CC', et en voilà assez pour résoudre le triangle tout entier par le calcul. On détermine OO' comme on a déterminé AO ; puis, par les mêmes procédés, on arrive jusqu'en B, et l'on connaît AB.

Toutes les mesures se prennent avec les soins les plus minutieux. Un mot de M. H. Faye, dans ses excellentes *Leçons de Cosmographie*, suffira pour en donner une idée. « La partie manuelle de la mesure de la base doit être réduite à sa plus simple expression, si l'on veut éviter toutes les chances d'erreur qu'entraîne l'emploi de nos organes. Ainsi on se gardera de placer à la main, bout à bout, les règles dont on se sert : le moindre choc pourrait les faire dévier ; on les pose sur des chevalets en bois, de manière que les extrémités ne se touchent pas, et on évalue ensuite, par des verniers ou à l'aide de microscopes armés de vis micrométriques, le petit intervalle qu'on laisse à dessein entre elles. »

On mesure les lignes dans les deux sens ; s'il y a une différence, on en prend la moitié pour que les erreurs se compensent, parce qu'il n'est pas probable qu'on se soit trompé dans le même sens.

De même qu'on prend une base de départ, on en prend une de vérification IB, à l'autre extrémité, qui sert à mesurer par le calcul la dernière partie O″B, déjà mesurée directement. Les deux mesures se contrôlent, et leur identité ou leur différence assigne le degré de confiance que l'on peut accorder à l'opération entière.

Le degré de Picard fut trouvé, toute correction faite, de 57060 toises. Ce degré, mesuré depuis avec de nouvelles précautions par Lacaille, et ensuite par Delambre, fut définitivement trouvé de 57074 toises. Picard s'en était donc beaucoup approché ; aussi sa mesure avait pu servir à Newton pour démontrer que la lune est retenue dans son orbite par le seul pouvoir de l'attraction terrestre ; conséquence que des mesures de degrés antérieures n'avaient pu confirmer à l'illustre géomètre.

Cependant, la mesure d'un seul degré, quelque exacte qu'elle fût, ne suffisait pas pour résoudre la question de la forme de la terre, forme sur laquelle les astronomes étaient loin d'être d'accord. Le vif intérêt qu'on y attachait engagea le gouvernement à envoyer une troupe de mathématiciens mesurer un degré au Pérou, dans le voisinage de l'équateur, tandis qu'une autre irait faire une semblable opération en Laponie, sous le cercle polaire.

Godin, Bouguer, La Condamine partirent pour le Pérou en 1735.

L'année suivante, Maupertuis, Clairaut, Camus, Le Monnier se rendirent en Laponie. Le degré du Pérou fut trouvé de 56763 toises ; celui de la Laponie, de 57438. L'Académie, voyant que la longueur des degrés terrestres augmente de l'équateur aux pôles, en conclut précipitamment que la terre est un sphéroïde *allongé*, tandis qu'il s'en suit au contraire qu'elle est un sphéroïde *aplati* vers les pôles.

En effet, soit la courbe elliptique ABED. Suppo- Fig. 41.
sons que l'arc AB, pris sur la partie la plus con-
vexe, égale 1°, et menons par les deux extrémités les deux verticales AC, BC ; il est évident qu'elles se rencontreront *plus tôt* que deux verticales DC′, EC′, menées de manière à former aussi un angle de 1° sur la partie la moins convexe de la courbe. On conçoit même que plus la partie ADE sera aplatie, plus le sommet de l'angle sera éloigné de l'arc in-

tercepté entre les côtés. Cela est si vrai que, si la courbure devenait une ligne droite, les deux verticales ne se rencontreraient jamais. Or, plus les arcs interceptés par les côtés d'un angle sont éloignés du sommet, plus leur dimension linéaire est grande, quoiqu'ils représentent toujours le même nombre de degrés. Donc, là où il faut parcourir moins d'espace pour obtenir un arc de 1°, la courbure est plus prononcée que là où il faut en parcourir davantage ; et puisque c'est aux pôles que cette dernière circonstance a lieu, c'est aux pôles que la terre est aplatie.

Le degré d'aplatissement est de $\frac{1}{299}$; c'est-à-dire que, si le diamètre polaire est représenté par 298, le diamètre équatorial doit l'être par 299. On a mesuré plusieurs degrés à diverses latitudes ; voici les résultats les plus exacts que l'on ait obtenus :

Au Pérou à......	0° de latitude	56763 toises ;
En Pensylvanie...	39°	56888,
En Italie........	42°	56979,
En France.......	46°	57018,
En Suède........	66°	57192.

La seule inspection de cette table prouve que les degrés décroissent des pôles à l'équateur.

Des mesures plus récentes, prises avec des précautions inconnues jusqu'alors par Méchain et Delambre, qui déterminèrent l'arc du méridien compris entre Dunkerque et Barcelone, prolongé depuis par Biot et Arago, d'un côté, jusqu'à l'île de Formentera, une des Baléares; de l'autre, jusqu'au parallèle de Greenwich, ont permis de conclure que la *longueur du quart du méridien terrestre* est égale à 5130740 toises ou 30784440 pieds. C'est la *dix - millionième* partie de cette longueur, $3^p,078444$, qui forme *le mètre*, unité fondamentale du nouveau système des poids et mesures.

Le contour de la terre contient 40 millions de mètres, ou 10000 lieues de 4000 mètres, que nous appelons lieues de poste et dont nous ferons usage.

Il est aussi instructif que curieux de voir comment Ératosthène parvint à un résultat très-rapproché du précédent par un moyen d'une merveilleuse simplicité.

Il savait que la ville de Sienne, située à peu près sous le même méridien qu'Alexandrie, était sous le tropique du Nord; car il était constant que, le jour du solstice, le fond d'un puits y était entièrement éclairé à midi. Ces simples données lui parurent suffisantes pour résoudre le problème.

Il prit une demi-sphère creuse, au fond de laquelle Fig. 42. il fixa un style vertical AC, dont l'extrémité supérieure C était au centre de la sphère. Le jour du solstice, à midi, il observa, à Alexandrie, le point d'ombre de l'extrémité du style, et mesura l'arc de cercle AB, compris entre ce point et le pied du style, sur la surface intérieure et graduée de l'hémisphère.

16.

Or, l'angle SCZ, formé par le prolongement du style et le rayon solaire qui passe par le point C, égale l'angle ACB ; par conséquent l'arc SZ, compris entre le soleil et le zénith d'Alexandrie, est égal à l'arc AB, qu'il avait trouvé de 7° 12′. Ainsi le zénith d'Alexandrie et celui de Sienne étaient éloignés de 7° 12′ ou de la *cinquantième* partie du contour du ciel ; d'où il conclut que l'arc du méridien terrestre qui sépare ces deux villes était aussi la cinquantième partie du contour de la terre.

Ayant donc mesuré cette distance en *stades* de 625 pieds, il la trouva de 5000 stades. Répétant ce nombre cinquante fois, il obtint 250000 stades pour le contour du globe terrestre. Or 250000 stades réduits en lieues, à raison de 24 stades chacune, donnent 10416 lieues et 16 stades ; résultat inexact, mais étonnant, quand on pense à l'extrême simplicité de la méthode employée.

Quand on connaît la circonférence d'un cercle il est facile de trouver le diamètre, et par suite le rayon, par le rapport si connu de la circonférence au diamètre 22 : 7, ou mieux 355 : 113, et mieux encore, 3,14159 : 1, rapport que les géomètres nomment π (pi). Le diamètre résulte de la division du contour de la terre par le nombre π.

Comme la différence des diamètres qui aboutissent aux pôles et à l'équateur n'est que de $\frac{1}{299}$, on peut, dans les usages ordinaires, les considérer comme égaux, et supposer alors la terre sphérique. Ce n'est que dans les opérations délicates de l'astronomie, où les plus légères différences produisent des erreurs sensibles, qu'on ne saurait la négliger. Je dois donc prévenir que les astronomes emploient le rayon équatorial 1594ᴵᴵ,349 sans négliger la fraction, mais qu'on peut le remplacer sans difficulté dans les usages ordinaires par 1594, et même par le rayon polaire 1590, plus commode pour les calculs.

Pour calculer la surface de la terre, il suffit de multiplier la circonférence, 10000 li., par le diamètre, 3188,698, ce qui donne 31886980 lieues carrées.

Le volume se déduit de la surface multipliée par le tiers du rayon. Il est de 16946239860 lieues cubes.

En comparant le rayon polaire et le rayon équatorial, on trouve que la différence est de 4ᴵᴵ,349. Il suit de là que les pôles sont plus rapprochés du centre de la terre que la surface de l'équateur de cette quantité. Ainsi l'équateur forme un renflement de 4ᴵᴵ1/2 environ autour de la terre.

« Pour se former une idée exacte (j'ajoute : *et nécessaire*) de ce renflement et de la forme qui en résulte, qu'on imagine, dit Arago, une sphère intérieure parfaite, dont le rayon est celui du pôle, et qu'ensuite on la revête, dans le sens de son équateur, d'un ménisque de 4ᴵᴵ 1/2 d'épaisseur, c'est-à-dire d'une enveloppe dont la surface inférieure

sphérique concave s'applique exactement sur la surface convexe de cette sphère, et dont la surface supérieure, convexe et élevée sous l'équateur de 4^{u} 1/2
au-dessus de l'inférieure, s'abaisse insensiblement
vers le nord et le sud jusqu'aux pôles, où l'épaisseur du ménisque est nulle. Il est clair que ce ménisque peut être considéré comme une chaîne non
interrompue de montagnes, solides sur les continents, liquides sur les mers, dont la crête s'élève à
4^{u} 1/2, et dont les versants, l'un septentrional, l'autre méridional, s'étendent en pente douce et insensible jusqu'aux pôles. »

Nous verrons plus tard que ce ménisque est la
véritable cause de la *nutation de la terre*, et, par
suite, de la précession des équinoxes (p. 303-304).

SIXIÈME LEÇON.

DISTANCE DE LA TERRE A LA LUNE, AU SOLEIL, ETC.

Maintenant que nous connaissons le rayon terrestre, voyons comment les astronomes se servent de cette unité pour mesurer les distances qui nous séparent des corps célestes.

Supposons deux astronomes placés en O, O', sous un même méridien, pour observer le centre de la lune à son passage à ce méridien et déterminer sa hauteur, à cet instant, sur leurs horizons respectifs OH, O'H'. Il se formera un triangle LOO' avec les rayons visuels et la corde. L'arc du méridien qui sépare les deux observateurs est connu ; il est égal à la différence de leurs latitudes, s'ils sont dans le même hémisphère, ou à leur somme, s'ils se trouvent dans des hémisphères différents. On peut réduire les degrés de cet arc en lieues ou en mètres. Mais, quand on connaît un arc, on connaît la grandeur de sa corde ; ainsi le côté OO', base du triangle, est connu. Les angles LOH, LO'H', hauteurs de la lune sur les deux horizons, sont faciles à mesurer (p. 64). En leur ajoutant les angles HOO', H'O'O, qui égalent chacun la moitié de l'arc OKO', on obtiendra la valeur des angles LOO', LO'O. Alors, dans le triangle LOO',

Fig. 43.

on connaîtra un côté et deux angles, même trois ; c'est plus qu'il n'en faut pour que deux lignes de calcul trigonométrique donnent la valeur de LO′ en lieues ou en mètres.

Qu'on imagine maintenant le triangle LCO′, dans lequel on connaît LO′, que l'on vient de mesurer, O′C, qui est le rayon de la terre, et l'angle compris entre ces deux côtés, LO′C, composé d'un angle droit, CO′H′, qui vaut toujours 90°, et de l'angle déjà mesuré LO′H′, et l'on verra qu'il est facile de déterminer, par un calcul semblable au précédent, le côté LC du nouveau triangle, c'est-à-dire la distance du centre de la lune au centre de la terre.

C'est par des procédés semblables qu'on a trouvé 95735 lieues de poste environ.

On a pu remarquer que l'angle CLO′, sous lequel on verrait le rayon de la terre du centre de la lune, et qu'on appelle *parallaxe* ou *angle parallactique* de la lune, n'est point entré dans les calculs précédents. Nous devons dire qu'il est indispensable qu'il y figure quand il s'agit de corps célestes plus éloignés de la terre que son satellite, qui en est le plus voisin de tous. Voici pourquoi.

Les trois angles d'un triangle sont, pour ainsi dire, solidaires les uns des autres. Leur somme étant toujours égale à 180°, ni plus, ni moins, aucun d'eux ne peut éprouver la plus légère augmentation ou diminution sans que ce gain ou cette perte ne soit réparti inversement entre les deux autres.

Cela posé, comme l'angle parallactique de la lune est assez considérable, puisqu'il est de 57′, terme moyen, si, en prenant les hauteurs de l'astre, on se trompe de quelques secondes en plus ou en moins, ainsi qu'il arrive ordinairement, sur les deux angles à la base du triangle, le troisième, L, n'en sera pas fort altéré, et le résultat non plus.

Mais s'il s'agit d'un astre dont la *parallaxe* n'est que de quelques secondes, de 8, par exemple, comme celle du soleil, ou de moins encore, comme pour les planètes, on comprend qu'alors une diminution ou une augmentation de quelques secondes, que lui occasionneraient nécessairement les erreurs commises dans les mesures des hauteurs, altèrerait fortement celle de l'angle parallactique, et conséquemment la distance.

Si, par exemple, ces erreurs réduisaient, je suppose (en exagérant pour me rendre plus intelligible), la parallaxe du soleil à 4″, ou l'élevaient à 16″, tandis qu'elle n'est que de 8″, le rayon de la terre, vu du soleil, paraissant deux fois plus petit dans le premier cas, deux fois plus grand dans le second, on jugerait que cet astre est *deux fois plus* ou *deux fois moins* éloigné de la terre qu'il ne l'est réellement.

Pour éviter ces erreurs, il est donc nécessaire de mesurer directement cet angle avec la plus grande exactitude possible.

Je regrette de ne pouvoir, sans recourir à des démonstrations géométriques que m'interdisent le titre et le but de cet ouvrage, indiquer comment on mesure cet angle en général ; mais j'espère dédommager le lecteur en lui expliquant l'usage qu'on en fait.

L'angle parallactique de la lune varie de 61′24″ à 52′37″.

Si l'on veut savoir ce qui résulte de la connaissance de cet angle pour la détermination de la distance de la lune à la terre, il faut remarquer que, toute circonférence de cercle se divisant en 360°, chaque degré en 60′, chaque minute en 60″, il s'ensuit que la circonférence renferme 1296000 secondes. Or la circonférence dont le rayon est 1 a pour diamètre 2 ; et nous avons vu que le diamètre, multiplié par le nombre π, donne la circonférence (p. 244). Ainsi $2 \times 3,14159 = 6,28318$, expression de la circonférence dont le rayon est 1. Si on divise ce nombre par celui des secondes que renferme une circonférence quelconque, on obtiendra donc la longueur linéaire d'*une seconde*.

Voici le calcul :

$$\frac{6,28318}{1296000} = \frac{628318}{129600000000} = \frac{1}{206265}.$$

Toute seconde est donc la 206265ᵉ partie *de la longueur* de la circonférence dont elle est fait partie.

Mais un objet quelconque, vu sous un angle de 1″, peut remplacer ce petit arc. Que faut-il, en effet, pour qu'un objet dont les dimensions sont connues, que nous voyons sous un angle considérable, nous apparaisse sous un angle de 1″ seulement? Il faut évidemment l'éloigner assez pour qu'il fasse partie d'une circonférence ayant son centre dans notre œil, dont la longueur de l'objet ne soit plus, comme l'arc de 1″, que la 1296000ᵉ partie; il faut que les dimensions de l'objet se réduisent à la 206265ᵉ partie de leur longueur; qu'il soit, par conséquent, à une distance égale à 206265 fois ses dimensions; car les dimensions apparentes d'un objet, ou l'angle sous lequel il est vu, augmentent ou diminuent en raison inverse de la distance.

Si le même objet était vu sous des angles de 2″, 3″, etc., il serait donc à des distances 2, 3, etc., fois moindres que sous un angle de 1″. Au lieu d'être éloigné de 206265 fois sa longueur, il ne le serait que de $\frac{206265}{2}$, $\frac{206265}{3}$, etc.

La règle simple et facile que nous avons déjà annoncée (p. 184), pour déterminer la *distance* d'un objet très-éloigné dont on connaît les dimensions, est donc de diviser le nombre 206265 par le *nombre de secondes de l'angle visuel sous lequel on l'aperçoit*, et de multiplier le quotient par la dimension connue de l'objet.

Cet *angle visuel* est la *parallaxe*; *l'objet dont la dimension est connue*, c'est le *rayon terrestre*, quand il s'agit des astres qui font partie de notre monde.

Appliquons cette règle au problème qui nous

occupe, à la recherche de la distance de la lune à la terre.

L'angle sous lequel on apercevrait de la lune le rayon de la terre, à moyenne distance, est de 57' ou de 3420″.

Nous aurons donc $\frac{206265}{3420} \times 1594,349 = 95735$ lieues pour la distance de la terre à la lune.

En divisant cette distance par le rayon terrestre, on trouve 60,31 ; ce qui nous apprend, en d'autres termes, que la lune est à 60 rayons terrestres de nous, et que son orbite a pour diamètre 120 de ces rayons, en la supposant circulaire.

Il est beaucoup plus difficile de mesurer la parallaxe du soleil, parce qu'elle est beaucoup plus petite que celle de la lune, à cause du grand éloignement de cet astre. On est cependant parvenu à l'obtenir assez exactement en observant les passages de Vénus sur le disque solaire. Ce procédé est le plus parfait que l'on connaisse pour mesurer cette parallaxe ; malheureusement, on ne peut l'employer que de siècle en siècle.

Voici en quoi il consiste.

Vénus, en décrivant son orbite, passe à chacune de ses révolutions entre le soleil et la terre (p. 211), et, dans cette position, il lui arrive, mais très-rarement, de se trouver, comme la lune, en ligne droite avec le soleil et la terre, en sorte qu'on aperçoit alors son disque glisser comme une petite tache ronde et noire sur la surface du soleil; ce qui prouve, disons-le en passant, que cette planète est opaque.

Jérémie Horrocius est le premier mortel qui ait joui de ce spectacle en 1649.

C'est dans ces passages remarquables que Vénus est le plus rapprochée de la terre. Les intervalles qui séparent ces passages sont alternativement de 113 ans 1/2 et de 8 ans; ils ont toujours lieu en décembre ou en juin, et quand la planète est à ses nœuds.

Le 8 décembre 1874 il y aura un passage qui durera trois heures et demie. Un second aura lieu *huit* ans après, le 6 décembre 1882.

Les deux derniers passages observés ont eu lieu le 5 juin 1761 et le 3 juin 1769.

Plus ces passages sont rares, plus on prend de précautions pour en tirer le grand avantage qu'ils offrent, de pouvoir mesurer la parallaxe du soleil, c'est-à-dire, nous le répétons, l'angle sous lequel le *rayon* ou le diamètre de la terre serait vu du soleil.

« Soit S le soleil; V, *v*, Vénus; AB le diamètre Fig. 44. de la terre, intervalle qui sépare les deux observateurs. Imaginons que celui qui est en A note l'*instant précis* où il voit le centre de la planète coïncider avec celui du soleil. L'observateur qui est en B ne verra pas la même chose au même instant; car alors il aperçoit Vénus dans la direction BN, encore éloignée même des bords du disque solaire. Il faudra donc un certain temps afin que le même phénomène s'offre à ses yeux, et ce sera le temps nécessaire pour que Vénus arrive en v et décrive l'arc Vv. Ces deux instants étant bien précisés, on saura combien il aura fallu d'heures, de minutes et de secondes à Vénus pour décrire l'arc Vv de son orbite. Or, comme les tables de Vénus sont très-exactes, elles feront connaître le nombre de secondes de cet arc, correspondant au temps employé à le décrire.

« Mais cet arc est précisément la mesure de l'angle ASB, sous lequel AB, diamètre de la terre, apparaîtrait du soleil ; c'est donc la *parallaxe du soleil.* » (Arago.)

Ce fut par l'observation du passage de Vénus qui eut lieu le 3 juin 1769 que les astronomes de l'Europe, secondés par leurs gouvernements, fixèrent cette parallaxe à 8″,6.

Le premier voyage du capitaine Cook à Otahiti fut fait principalement dans ce but.

Appliquons maintenant la formule précédente à cette parallaxe, nous obtiendrons :

$$\frac{206265}{8″,6} \times 1594,349 = 38237272 \text{ lieues environ} ;$$

38 millions de lieues de poste. Il est inutile de tenir compte des autres unités, dont on n'est pas sûr, parce que, de l'aveu des astronomes, il y a une incertitude de $\pm$ 0″,04 sur la valeur de la parallaxe, qui est de 8″,6 + 0″,04, ou de 8″,6 — 0″,04, c'est-

à-dire 8″,64 ou 8″,56. La distance est donc :

$\frac{206265}{8″,64} \times 1594,349$, ou $\frac{206265}{8″,56} \times 1594,349$;   d'où résultent les nombres 38062314 et 38418036, qui diffèrent du précédent : le premier, de 174,000 ; le deuxième, de 180,000 lieues en plus ou en moins. L'incertitude pour la distance de la lune n'est que de 16 lieues.

Parallaxe des étoiles.

L'angle parallactique diminue à mesure qu'il a son sommet dans des corps plus éloignés. Celui du soleil est déjà si petit que les astronomes en ont ignoré pendant longtemps la valeur. La grandeur apparente du rayon ou du diamètre terrestre est encore appréciable pour les planètes de notre système, mais elle cesse de l'être pour les étoiles, parce que leur éloignement est tel, que les dimensions de la terre ne sont absolument rien en comparaison.

Il fallut donc chercher une autre base pour former le triangle qui a pour sommet l'angle parallactique.

On crut en avoir trouvé une suffisante dans le *grand axe de l'orbite terrestre*, qui a environ deux fois 38 ou 76 millions de lieues, comme nous venons de le voir, et qui est la plus grande ligne droite que l'on puisse se procurer ; mais on ne tarda pas à s'apercevoir que cette ligne elle-même *n'est qu'un point, réellement un point*, par rapport à la distance où se trouvent les étoiles les plus brillantes, les plus rapprochées de la terre.

Nous allons nous en convaincre.

Fig. 45.

Le 1er janvier, quand la terre est au périgée A, point de l'écliptique le plus rapproché du soleil, et par conséquent une des extrémités du grand axe, on dirige, à l'aide d'une lunette, un rayon visuel vers une étoile de première grandeur, et, par suite, des plus rapprochées de la terre, E, située dans le plan vertical que déterminent l'axe AB et le pôle de l'écliptique. Alors, en imaginant la perpendiculaire EC, abaissée de l'étoile sur le prolongement de l'axe, on a le triangle AEC, dont on mesure l'angle A avec toutes les précautions imaginables. Six mois après, le 1er juillet, quand la terre est à son apogée, B, à l'autre extrémité du grand axe et dans le plan vertical précédent, on dirige de nouveau la lunette vers E, ce qui produit le triangle EBC, dont on mesure l'angle B avec le même soin. Il est évident, par la simple inspection de la figure, que, si la longueur de la base AB était tant soit peu sensible par rapport à la distance de l'étoile, l'angle B devrait être plus grand que l'angle A ; mais, quelques soins que l'on ait pris jusqu'ici, on a toujours trouvé que ces deux angles sont égaux. A la station B, il n'est pas nécessaire d'élever la lunette pour apercevoir l'étoile. En conservant la position qu'elle avait six mois avant, elle montre l'étoile en E' ; en sorte que *l'angle parallactique* AEB, qui devrait se former, est nul, complétement nul, parce que les deux rayons visuels AE, BE′, ou BE, sont parallèles, quoique menés à un même point des deux extrémités d'une ligne de plus de 76 millions de lieues. C'est donc absolument comme s'ils partaient tous deux de la même extrémité, comme si les deux extrémités de la ligne AB étaient confondues, comme si la grandeur de l'orbite terrestre était *un point*.

Il n'est pas en effet autre chose, par rapport à la distance, jusqu'ici incommensurable, des étoiles, même les plus rapprochées de nous.

Cette *parallaxe* s'appelle *annuelle*, pour la distinguer des précédentes.

Si le rayon de l'orbite terrestre, vu de l'étoile, était seulement de 1″, il serait éloigné de l'étoile, nous le savons, de 206265 fois sa longueur, 38 millions de lieues, ce qui donnerait une distance de plus de 7 millions de millions, ou 7 trillions de lieues. Mais les astronomes n'ont trouvé aucune étoile dont la parallaxe ne fût inférieure à 1″; et comme ils peuvent répondre de cette quantité dans les observations, on peut regarder la distance précédente comme la limite *en deçà de* laquelle aucune étoile, même *Sirius*, ne peut se trouver.

« Pour nous faire une idée d'une pareille distance, comparons-la au temps qu'il faut à la lumière pour la parcourir avec sa vitesse prodigieuse de 77000 lieues par seconde, et nous trouverons qu'il lui faut *au moins trois ans*. C'est donc en *plus de trois ans* que la lumière nous arrive des étoiles les plus voisines. Il y a *plus de trois ans* que le rayon qui pénètre *actuellement* dans nos yeux, et qui nous la rend visible, en est parti; en sorte que nous la verrions encore lors même que la toute-puissance divine l'aurait anéantie depuis ce temps; car pendant *trois ans* nous arriverait chaque jour la lumière émanée de l'astre à l'instant de son anéantissement.

« Et si l'on applique ces réflexions aux étoiles qu'Herschel est parvenu à découvrir, avec une série de télescopes et de grossissements merveilleux (2ᵉ part., 9ᵉ leç.), à des distances jusqu'à 900 fois plus grandes que celle qui nous sépare de *Sirius*, l'esprit reste confondu devant cette conséquence forcée, inévitable, que la lumière de ces étoiles, malgré sa vitesse de 77000 lieues par seconde, ne peut nous parvenir en moins de 2700 ans. Encore ne sont-ce pas là les dernières limites de l'espace et du temps. Il est hors de doute qu'avec des instruments plus puissants on arriverait à des résultats numériques prodigieux, même par rapport à ces dernières limites.

« La détermination de la distance des étoiles ne peut être obtenue directement par la méthode des parallaxes. On espère y arriver un jour par l'observation des étoiles doubles. » (Voir l'*Annuaire du Bureau des Longitudes* de 1842, notice d'Arago.)

Dimensions des corps célestes.

Le rayon terrestre est encore l'unité dont on se sert pour mesurer les *dimensions* des corps célestes.

La parallaxe de la lune est de 57′ ou 3420″ quand cet astre est à sa distance moyenne de la terre. Mesurant alors avec le micromètre le diamètre apparent de la lune, on le trouve de 31′; son rayon est donc de 15′ 30″ ou 930″.

Si l'on établit une proportion entre les rayons *apparents* et les rayons *réels*, on aura : le rayon apparent de la terre, vu de la lune, 3420″, est au rayon réel, 1594 lieues, comme le rayon apparent de lune, vu de la terre, 930″, est au rayon réel de la lune, qui égale 433,45 lieues. Le diamètre est le double, 867 lieues.

En multipliant ce diamètre par π, 3,14159, on aura pour la circonférence de la lune 2724 lieues environ.

La circonférence multipliée par le diamètre donnera pour surface 2361708 lieues carrées. La surface multipliée par le tiers du rayon donne pour volume 340085952 lieues cubes.

Si l'on compare ce dernier résultat avec le volume de la terre (p. 245), on trouve, en divisant l'un par l'autre, qu'ils sont entre eux dans le rapport de 49 à 1, c'est-à-dire que la terre est 49 fois plus volumineuse que la lune.

Ce résultat est confirmé par la géométrie, qui apprend que les volumes de deux sphères sont entre eux comme les cubes de leurs diamètres ; ce qui donne la proportion

$$V : v :: 3180^3 : 867^3 :: 3,66^3 : 1 :: 49 : 1.$$

Cherchons maintenant les dimensions du soleil.

Nous avons vu que la parallaxe du soleil est de 8″,6 ; ce qui signifie que c'est sous cet angle qu'apparaîtrait le rayon de la terre vu du centre du soleil.

D'un autre côté, le diamètre apparent du soleil est de 32′ 3″,6 et son rayon de 16′ 1″,8. Nous pouvons donc encore établir une proportion entre les rayons apparents et les rayons réels de la terre et du soleil, et nous aurons :

$$8″,6 : 1594,349 :: 16′ 1″,8 : x,$$

qui sera le rayon réel du soleil.

Pour simplifier les calculs, représentons le rayon terrestre par 1, nous aurons,

$$8″,6 : 1 :: 16′1″,8 : x = \frac{16′ 1″,8}{8″,6} \times 1 = 112 \times 1 ;$$

ou, en remplaçant 1 par sa valeur,

$$112 \times 1594,349 = 178567 \text{ lieues.}$$

On voit que le rayon du soleil est 112 fois plus grand que celui de la terre.

Le diamètre du soleil a donc 357134 lieues ; la circonférence, 1122400 lieues; la surface, 400847200000 lieues carrées.

Le volume ressortira de la proportion, $V : v :: 112^3 : 1^3$; d'où $V = 112^3 \times v$ ou 1 [v est le volume de la terre que nous avons trouvé (p. 245)]. En exécutant la multiplication on trouve 1404928.

Ainsi le soleil, qu'Anaxagore jugeait aussi grand que le Péloponèse, est en réalité au moins un million de fois plus volumineux que la terre.

Pour nous faire quelque idée d'un pareil volume, supposons que le centre de la terre coïncide avec celui du soleil; l'orbe solaire absorbera la lune, qui est à 95000 lieues de la terre, et dépassera encore de plus de 80000 lieues le point occupé par notre satellite. La masse entière de toutes les planètes et de tous les satellites est de beaucoup inférieure à celle du soleil.

Vitesse des mouvements de rotation et de translation de la terre.

Nous pouvons apprécier maintenant la vitesse des principaux mouvements de la terre.

Puisque le contour de la terre sous l'équateur est de 10000 lieues, un point équatorial quelconque parcourt cet espace en 24 heures, ce qui fait 416 2/3 lieues par heure, et 7 lieues environ par minute.

A chaque minute on occupe donc, sous l'équateur, en vertu de la rotation, un point de l'espace plus oriental de 7 lieues. Si un homme pouvait se soutenir dans l'air à une place fixe, sans participer au mouvement rotatoire, il verrait les objets situés à la surface fuir sous ses pieds avec une vitesse de 7 lieues par minute, 34 fois plus grande que celle des locomotives, dont le maximum n'est guère que de 50 kilomètres par heure.

Si cet homme descendait verticalement une heure après, il se trouverait à 416 lieues environ à l'ouest de son point d'ascension.

C'est ce qui arriverait aux aréonautes si l'atmosphère ne participait pas au mouvement du globe; mais elle entraîne avec elle tout ce qu'elle renferme, comme l'air ambiant emporte la mouche qui voltige autour d'un coche. Voilà comment les oiseaux, malgré leurs excursions, retrouvent facilement leurs nids.

Si ce mouvement de la terre était tout à coup suspendu, tous les corps qui ne sont que posés sur la surface se précipiteraient vers l'est avec cette vitesse qui les anime.

Le mouvement de translation est 60 fois plus considérable, car il fait parcourir à la terre 7 lieues environ par seconde, comme il est facile de s'en convaincre.

Le diamètre de l'orbite terrestre étant de 76 millions de lieues, la circonférence est de 238860000 lieues environ. Nous avons vu comment on la calcule. En divisant ce nombre par celui des secondes que renferme une année, on obtient à peu près $7''{,}7$ par seconde; mouvement **2040** fois plus rapide que celui des locomotives, et que pourtant nous ne sentons pas et ne pouvons sentir, parce qu'il s'opère uniformément et sans secousse dans le vide.

La vitesse de la lumière est de 77000 lieues par seconde; celle du mouvement de translation de la terre est de $7''{,}7$ dans le même temps : ces deux vitesses sont donc comparables, comme nous l'avons annoncé (p. 229-230). Cherchons la plus simple expression du rapport de ces deux vitesses; nous trouverons : $\dfrac{7{,}7}{77000} = \dfrac{77}{770000} = \dfrac{1}{10000}$. Elles sont donc entre elles comme 1 est à 10000.

SEPTIÈME LEÇON.

PESANTEUR UNIVERSELLE.

Tout corps est composé de *molécules,* particules extrêmement ténues, dont la somme forme la *masse* du corps, bien différente du *volume* ou de l'espace que le solide occupe en longueur, largeur et épaisseur. Comprimez une éponge, vous en diminuez le volume; la masse reste la même. A volume égal, le corps qui a plus de *masse* est plus *dense;* celui qui en a moins est plus *rare.*

Tout corps est nécessairement en mouvement ou en repos. La cause inconnue du mouvement se nomme *force motrice.* On ne peut apprécier la *vitesse* d'un mouvement qu'en comparant l'*espace parcouru* avec le *temps* employé à le parcourir. Tout corps est indifférent au mouvement et au repos. Cette indifférence est ce qu'on appelle l'*inertie de la matière.* Un corps en repos (l'expérience l'atteste) y persisterait éternellement si aucune force extérieure ne le faisait sortir de cet état; et, une fois en mouvement, il continuerait sans cesse à se mouvoir si rien n'agissait sur lui de manière à éteindre graduellement ou tout d'un coup la force qui l'anime.

La direction que suivrait un corps mis en mouvement par une seule impulsion serait celle de la ligne droite sur laquelle il aurait été lancé, car il n'y aurait pas de raison pour qu'il déviât; et il la suivrait avec une vitesse constamment égale et uniforme, si aucune autre force ne venait la diminuer ou l'augmenter.

Les phénomènes capillaires, l'action réciproque de deux gouttes d'eau ou de mercure très-rapprochées, celle de l'aimant sur le fer, l'adhérence extrême de deux surfaces planes et polies, la chute vers la terre de tous les corps sublunaires abandonnés à eux-mêmes, les mouvements des corps célestes, tout prouve qu'il existe dans la nature une *force* qui agit *constamment* sur les corps les plus volumineux comme sur les plus imperceptibles atomes.

Cette force, qui est un des secrets de la nature, s'appelle *attraction*, *pesanteur*, *gravité*, suivant qu'on la considère dans les molécules, dans les corps terrestres ou dans les astres.

L'attraction consiste dans cette propriété, dont semblent douées toutes les molécules, de *s'attirer* réciproquement, propriété sans laquelle tous les corps seraient réduits en poussière. L'attraction moléculaire s'exerce en tous sens, et va en diminuant du centre à la surface d'une sphère déterminée par la longueur du rayon au delà duquel cette force expire, ce qui constitue la *sphère d'attraction*.

Puisque chaque molécule est douée d'une certaine force attractive, c'est une conséquence nécessaire que, lorsque plusieurs molécules sont agglomérées, la somme de leurs forces attractives compose une force unique, une *résultante ;* et comme la somme des molécules d'un corps en constitue la *masse*, il en résulte cette première loi :

La force attractive s'exerce en raison directe des masses. Ce qui signifie que, si la masse d'un corps devient deux ou trois fois plus grande ou plus petite, il attirera les corps environnants avec deux ou trois fois plus ou moins d'énergie, et leur fera parcourir dans le même temps un espace deux ou trois fois plus grand ou plus petit qu'auparavant.

La *pesanteur* est la résultante de toutes les forces attractives des molécules qui composent la masse de la terre. Comme cette masse est, pour ainsi dire, infinie par rapport à celle des corps placés à sa surface, ceux-ci sont attirés avec une force infiniment supérieure à celle qu'ils exercent eux-mêmes sur elle. Voilà pourquoi elle les attire tous visiblement et ne paraît point être attirée par eux.

Dans le voisinage de la terre, la pesanteur fait parcourir à un corps quelconque 15 pieds dans la première seconde de sa chute, 3 fois 15 dans la deuxième, 5 fois 15 dans la troisième, et ainsi de suite, suivant la progression par différence 1.3.5.7, etc., démontrée par les belles expériences de Galilée sur la chute des graves. Le mouvement d'un corps qui *tombe*, c'est-à-dire qui se dirige vers le centre de la terre, où il arriverait (s'il ne rencontrait pas d'obstacles à la surface) en vertu de la pesanteur, n'est donc pas *uniforme*, mais *accéléré*.

Tous les corps, quels que soient leur volume, leur masse, leur densité, sont soumis à la même loi dans leur chute. L'expérience montre que, dans le vide, le plus léger duvet arrive à la surface en même temps que le métal le plus dense parti de la même hauteur. S'il n'en est pas ainsi dans l'air, il faut l'attribuer à la résistance de ce fluide, plus grande pour certains corps, que nous appelons *légers*, que pour d'autres. Ce qui prouve qu'il n'y a pas d'autre cause de cette différence de temps observée dans la chute en plein air de divers corps partis de la même hauteur, c'est qu'une feuille d'or peut voltiger dans l'air, tandis que, réduite en boule, elle tombe rapidement. Un morceau de papier circulaire placé sur un disque métallique arrive en même temps que lui à la surface, pourvu qu'il ne déborde pas et qu'il y soit exactement appliqué, parce que le disque le soustrait inférieurement à l'action de l'air, qui seule peut en ralentir la chute.

La pesanteur agissant également et sans cesse sur chaque molécule d'une masse, il suit qu'une seule molécule descend aussi vite que plusieurs réunies, car la force qui les sollicite est unique et invariable. La loi de la chute des graves a lieu dans toutes les directions. L'expérience constate qu'un boulet de canon lancé horizontalement tombe de 15 pieds dans la première seconde, quelle que soit la force qui l'anime.

Mais ce n'est qu'à la surface de la terre ou dans son voisinage que les corps sont soumis dans leur chute à la progression précédente. S'ils en sont sensiblement éloignés, ils tombent de moins de 15 pieds dans la première seconde. La différence est déjà appréciable au sommet des montagnes; elle va certainement en croissant dans les régions supérieures. Newton a trouvé la loi des variations de ces différences, et démontré que l'*intensité de la pesanteur diminue en raison inverse du carré des distances;* ce qui veut dire qu'à une distance 2, 3, 4 fois plus grande, la terre attire avec 4, 9, 16 fois moins de force qu'à la surface, et que, par conséquent, les corps attirés parcoururent dans la première seconde un espace 4, 9, 16 fois, etc., plus petit que 15 pieds. En résumé : *les corps s'attirent en raison directe des masses et en raison inverse du carré des distances.*

Ces lois vont nous servir à expliquer la nature du mouvement de translation.

Explication du mouvement de translation.

Nous voici en présence du plus grand phénomène de l'univers, et en mesure de trouver dans les lois de la *pesanteur universelle* la réponse à ces belles questions que tant de siècles se sont en vain transmises : Comment roulent les cieux? Comment la lune circule-t-elle autour de la terre, les planètes autour du soleil ?

Quel bras peut vous suspendre, innombrables étoiles?

Tous les mouvements elliptiques des astres découlent d'un principe connu sous le nom de *parallélogramme des forces,* le plus fécond de la mécanique, qu'il faut préalablement exposer.

Soit A un corps en repos. Supposons qu'il reçoive une impulsion capable de le transporter en B en 1″. Il est évident qu'à la fin de la seconde il sera en B. Si on lui avait imprimé une impulsion capable de le transporter en C en 1″, c'est à ce point qu'il se trouverait à la fin de la seconde. Concevons maintenant qu'on lui communique *à la fois* les deux impulsions précédentes. En vertu de la première, il devrait parcourir AB ; en vertu de la deuxième, AC, et se trouver au même instant, à la fin de la seconde, aux deux points B et C. Comme il est impossible qu'un corps suive à la fois deux directions et occupe au même instant deux positions différentes, le mobile infléchit sa route ; il parcourt la diagonale AD du parallélogramme, et arrive en D à la fin de la seconde, en vertu d'une force unique qui *résulte* de la combinaison des deux autres. De cette manière toutes les conditions sont satisfaites. C'est comme si, pour parvenir en D, le mobile avait d'a-

Fig. 46.

bord parcouru AB en vertu de la première impulsion, et ensuite BD, égal à AC, en vertu de la deuxième. Seulement, en suivant AD, les deux impulsions ont été instantanées au lieu d'être successives.

Fig. 47.   Supposons encore que le mobile arrivé en D reçoive deux nouvelles impulsions semblables aux précédentes, qui le poussent simultanément, l'une suivant DF, l'autre suivant DE; on comprend qu'il arrivera en G à la fin de la deuxième seconde; et si l'on continue la supposition, il se trouvera en K, en N, etc., à la fin des secondes successives suivantes. Il parcourra donc la ligne polygonale ADGKN.

Fig. 48.   Mais imaginons que toutes ces impulsions, au lieu d'être instantanées, soient constantes; que les intervalles de temps qui les séparent soient, non plus d'une seconde, mais infiniment petits : il est évident qu'alors les diagonales parcourues deviendront aussi infiniment petites, les angles qu'elles forment seront nuls, et le mobile parcourra une ligne courbe.

Telle est précisément la nature de tout mouvement circulaire. C'est ainsi, pour nous servir d'un exemple familier, que, lorsqu'on fait tourner une pierre avec une fronde, elle est soumise à deux forces simultanées différentes : l'impulsion de la main, qui tend à l'éloigner; la résistance de la corde, qui la ramène. Repoussée d'un côté, ramenée de l'autre, et ne pouvant, ainsi sollicitée, obéir uniquement à aucune des forces, elle cède à leur *résultante* et circule. Que l'une des deux forces cesse d'agir, aussitôt la pierre tombe ou s'éloigne en ligne droite.

Il en est de même de la lune, de la terre, de toutes les planètes.

Tous ces corps sont soumis à deux *forces angulaires*, ainsi nommées parce que leurs directions forment *un angle droit*, dont l'une, la force de *projection*, qui est inconnue, les a primitivement lancés sur la tangente de leurs orbites, qu'ils parcourraient si elle agissait seule, et dont l'autre, qui ne peut être que l'*attraction planétaire* pour les satellites, *solaire* pour les planètes, les contient dans leurs orbites.

Soumise à la seule force de projection, la lune, Fig. 48. A, par exemple, suivrait la ligne droite A*b*, prolongement du dernier élément de sa trajectoire curviligne, et s'éloignerait indéfiniment de la terre T. Mais, incessamment attirée dans la direction AT par la pesanteur, elle infléchit sa route et circule autour de la terre, dont elle s'éloigne ou se rapproche selon la prédominance alternative des deux forces. Ainsi, quand la lune est à son *périgée*, son mouvement de translation augmente pour contre-balancer la force attractive de la terre ; réciproquement, sa vitesse tangentielle diminue à l'*apogée*. Il en est de même de la terre et de toutes les planètes au *périhélie* et à l'*aphélie*.

Mais est-ce bien véritablement *la pesanteur*, la force attractive de la terre qui contient la lune dans son orbite ?

Il y a un moyen certain de s'en assurer : c'est de voir si la *quantité dont la lune tombe vers la terre en 1″* est *réellement celle* dont la terre ferait tomber un corps quelconque placé à la même distance de sa surface que la lune.

Calculons donc ces deux quantités, et comparons-les.

La lune est éloignée de la terre de 60 rayons terrestre (p. 252) ; par conséquent, puisque la *pesanteur diminue en raison inverse du carré de la distance*, cette pesanteur sera 3600 fois plus faible à la région de la lune qu'à la surface de la terre ; et comme à la distance de 1 rayon terrestre cette force fait parcourir 4^m,9 à un corps en 1″, à la distance de 60 rayons, elle ne lui fera parcourir, dans le même temps, que la 3600me partie de 4^m,9, c'est-à-dire 0^m,001364.

Il reste à savoir si c'est bien précisément la quantité dont la lune tombe elle-même vers la terre dans une seconde.

Fig. 49. Soit ACE l'orbite de la lune, supposée circulaire pour simplifier, AB la partie de la tangente que lui ferait parcourir en 1″ la force de projection, si elle agissait seule. Dans ce cas, au lieu de se trouver en C à la fin de la seconde, la lune se trouverait en B. Mais, puisqu'elle se trouve en C, elle a donc suivi la diagonale ou l'arc AC ; elle est tombée vers la terre de BC ou de AD, qu'il s'agit de mesurer.

L'orbite de la lune a pour diamètre 120 rayons terrestres ; sa circonférence en renferme donc 379. Ainsi elle parcourt en 24 heures 13,78 rayons ou 220536 lieues, ce qui fait $0^{\text{ll}},2553$ par seconde. (*On trouve cette vitesse en divisant l'orbite par le temps employé à la parcourir.*) $0^{\text{ll}},2553$ est donc la valeur de l'arc AC ou de sa corde, qui se confond presque avec lui à cause de sa petitesse, puisqu'il n'est que la millionième partie du cercle. Cette corde est moyenne proportionnelle entre AE et AD ; car c'est la propriété de chaque côté de l'angle droit d'un triangle rectangle d'être moyen proportionnel entre l'hypoténuse (*) entière et le segment correspondant. On a donc cette proportion :

$$\text{EA} : \text{CA} :: \text{CA} : \text{DA}, \quad \text{ou} \quad 120r : 0^{\text{ll}},2553 :: 0^{\text{ll}},2553 : \text{DA}$$
$$= \frac{0^{\text{ll}},2553^2}{120 \times 1590} = 0^{\text{ll}},000000341.$$

En multipliant ce résultat par 4000 mètres, on trouve : $0^{\text{m}},001364$ pour la quantité dont la lune tombe vers la terre en $1''$.

L'identité de ce résultat avec le précédent ne permet pas de douter que c'est bien la pesanteur de la terre qui retient la lune dans son orbite.

On trouverait de la même manière de combien le soleil fait tomber la terre vers lui en $1''$. La même

(*) L'hypoténuse est le côté opposé à l'angle droit d'un triangle rectangle.

figure peut servir, en remplaçant la terre par le soleil et la lune par la terre. Pour calculer la chute BC ou DA de la terre, on arrive par les mêmes raisonnements à la même proportion : EA : CA :: CA : DA.

Il ne s'agit que de remplacer ces lignes par leurs nouvelles valeurs numériques et de faire la règle de trois. Or EA est le diamètre de l'orbite terrestre, supposée circulaire, qui est égal à 76 millions de lieues ; la corde AC peut être confondue avec son arc, qui est l'espace que la terre parcourt en $1''$, espace que nous avons déjà vu être de $7'',7$ ou $7'',6$ plus exactement ; en sorte que la proportion devient 76 millions de lieues : 7,6 lieues :: 7,6 : BC $= \dfrac{(7,6)^2}{76000000} = 0'',00000076$.

En multipliant ce résultat par 4000 mètres, on obtient $0^m,003040$ ou bien $3^{mm},040$.

C'est donc de 3 millimètres environ que le soleil fait tomber vers lui en $1''$ la terre ou tout autre corps à la distance de 38 millions de lieues ou de 24068 rayons terrestres.

L'attraction que la terre exerce sur son satellite, et le soleil sur toutes les planètes, ne présente que des cas particuliers de la gravitation, qui s'étend bien au delà des limites de notre monde, comme le prouve la découverte des étoiles doubles qui montrent des soleils tournant les uns autour des autres dans les régions les plus reculées de l'immensité ; en sorte que c'est avec raison qu'on l'appelle *pesanteur universelle*.

Masse et densite du soleil, de la terre et des planètes.

S'il est un problème merveilleux et capable de frapper d'étonnement et d'admiration les personnes étrangères à l'ordre d'idées qui nous occupe, c'est sans doute celui qui a pour but de déterminer la masse des corps célestes. Peser le *soleil* et *la terre* paraît être une entreprise si impossible à exécuter qu'à peine peut-on y croire, malgré la confiance qu'inspirent les résultats merveilleux que la science a déjà obtenus. Voyons comment on y parvient.

Nous venons de trouver que le soleil fait tomber de $3^{mm},040$ en $1''$ un corps quelconque éloigné de sa surface de 24068 rayons terrestres. Mais si la distance, au lieu d'être de 24068 rayons terrestres, n'était que d'*un seul ;* comme la pesanteur varie en raison inverse du carré de la distance, ce ne serait plus de $3^{mm},040$ seulement que le soleil ferait tomber le corps en $1''$, mais de cette quantité multipliée par le carré de 24068, ce qui donnerait 1760976 mètres par seconde. Or, à cette dernière distance, la terre fait tomber un corps de $4^{m},9$ seulement. La masse du soleil est donc à celle de la terre dans le même rapport que les effets que ces masses produisent à des distances égales, dans le rapport de 1760976 à 4,9, ou dans celui de 355500 à 1, que les astronomes ont adopté.

C'est-à-dire, que si l'on pouvait placer le soleil dans le bassin d'une balance, il faudrait mettre 355500 *terres* dans l'autre bassin pour lui faire équilibre.

Newton a démontré que l'attraction d'un corps sphérique s'exerce comme si toute la masse était réunie au centre. Si la masse du soleil était réduite à une sphère de même rayon que celui de la terre, sa densité serait 355500 fois plus grande que celle de la terre, puisque sous le même volume il renfermerait ce nombre de fois plus de molécules ; et comme la pesanteur s'exerce en raison directe de la densité, il est clair que, si un corps pesait 1 kilogramme sur la surface de la terre, il en pèserait 355500 sur celle du soleil. Mais le rayon du soleil, loin d'être égal à celui de la terre, est 112 fois plus grand, comme nous l'avons vu (p. 260). La distance du centre du soleil à sa surface est donc 112 fois plus grande que celle du centre de la terre à la sienne propre. Or, la pesanteur (qui, d'après Newton, s'exerce du centre), et qui varie inversement comme le carré de la distance, est, en réalité, sur la surface du soleil, non pas 355500 fois plus grande que sur la surface de la terre, mais $\frac{355500}{112^2} = 28,34$ fois plus grande.

Par conséquent, un homme qui pèserait 100 kilogrammes, étant transporté sur le soleil, y pèserait

2834 kilogr. et ne pourrait se mouvoir ; il serait écrasé sous sa propre masse.

Par des calculs analogues on peut déterminer l'intensité de la pesanteur ou la répression de la force musculaire et de l'activité animale sur les diverses planètes, et l'on trouve qu'elle est à peu près le *triple* sur Jupiter, le *tiers* sur Mars, le *sixième* sur la lune que sur la terre (p. 316).

L'astronomie et la physique sont arrivées au même résultat, quoique par des voies différentes, dans la détermination de la *densité moyenne* de la terre. Bouguer s'était aperçu que, près du Chimboraço, le fil à plomb dévie de $7'',5$ de la verticale par l'attraction de la montagne.

Maskeline reconnut que le Shéhallien, en Écosse, fait dévier le fil à plomb de $5'',8$. En comparant l'attraction de la terre, dont le volume est connu, à l'attraction de la montagne, dont il avait mesuré le volume et la densité par un examen lithographique, Maskeline trouva cette densité de 2,8, et en conclut que celle de la terre est de 4,5 fois plus grande que celle de l'eau prise pour unité. Mais une si petite déviation du fil à plomb ne peut mesurer exactement une si grande masse.

Caendish obtint une grande précision en comparant les oscillations d'un pendule horizontal sous l'influence absolue d'une masse sphérique de plomb dont le rayon, la densité et la position étaient connus, avec les oscillations d'un pendule vertical soumis à la seule influence de la terre, dont le volume est également connu (p. 245). Il obtint par là le rapport des masses des sphères de plomb et de la terre, et par suite celle des densités. D'après ces expériences, faites avec la balance de torsion inventée par Coulomb, et des précautions extrêmes, il trouva que la densité moyenne de la terre est 5,48, celle de l'eau distillée étant 1.

Des marées.

On appelle *marées* le mouvement d'oscillation que la mer éprouve deux fois par jour, par lequel ses eaux montent et descendent alternativement, ce qui produit le *flux* et le *reflux*. Ce phénomène, si longtemps inexpliqué, est dû à l'inégalité attractive que le soleil et la lune exercent sur les différentes parties des mers, dont l'équilibre est ainsi troublé.

Lorsque la lune arrive à un méridien supérieur de l'océan Atlantique, par exemple, les eaux, mobiles et puissamment attirées, s'élèvent sous cet astre ; celles qui sont diamétralement opposées, étant moins attirées que le centre du globe, à cause de leur plus grand éloignement, restent en arrière par rapport au centre ; elles en sont donc plus distantes et s'élèvent par conséquent aussi en sens inverse des premières. Les eaux placées en quadrature, à 90° à l'est et à l'ouest, sollicitées par des forces obliques à la verticale, deviennent plus pesantes, s'abaissent et affluent vers ces deux promontoires liquides, dont la masse d'ailleurs ne peut s'accroître qu'à leurs dépens.

Quand la lune arrivera au méridien inférieur, à 180° du point où nous venons de la considérer, les mêmes effets seront produits par les mêmes causes agissant en sens inverse. Il se forme ainsi sur la surface des mers une espèce de ménisque qui suit le mouvement de la lune et tourne avec elle autour de la terre.

La plus grande hauteur des eaux sous un méridien n'a pas lieu au moment même, déterminé par le calcul, où la lune y passe, mais environ *trois* heures après. Ce retard est produit par diverses causes.

D'abord, la terre, en tournant sur son axe, emporte avec elle, vers l'orient de la lune, les molécules d'eau que celle-ci a déjà élevées, et qu'elle continue encore à élever après son passage au méridien, par une action de moins en moins directe, à la vérité, mais qui subsiste après ce passage, comme elle avait commencé avant, et qui contribue à maintenir leur élévation. Ensuite, le frottement des eaux sur le fond de la mer et sur les côtes, joint à l'adhérence des molécules, empêche leur écoulement d'être instantané. La plus grande *dépression* des eaux n'arrive, par les mêmes raisons, que trois heures après le passage de la lune au méridien.

Les marées retardent chaque jour d'environ 52′, excès du jour solaire sur le jour lunaire, comme nous l'avons déjà remarqué (p. 113).

La hauteur des marées varie aussi selon la distance de la lune à la terre et par quelques autres circonstances dont nous allons parler.

Les eaux montent en *moins* de *six* heures et descendent en *plus* de *six*. Elles restent stationnaires *un quart* d'heure entre chaque oscillation.

Le soleil exerce de même sur l'Océan une influence attractive, mais *deux fois et demie* moins forte que celle de la lune, comme 2 : 5, à cause de sa distance 400 fois plus grande. Par l'action du soleil, les eaux s'élèvent et s'abaissent donc deux fois en un jour, et l'on doit comprendre que les marées solaires contrarient ou favorisent les marées lunaires, selon la position de ces astres. Elles les favorisent dans les *conjonctions* et dans les *oppositions*, aux *nouvelles* et aux *pleines* lunes, parce que, dans le premier cas, les deux astres agissent sur le même hémisphère ; dans le second, sur des points diamétralement opposés. Aussi, à ces époques, qui arrivent deux fois par mois, les marées sont régulièrement plus fortes, surtout si la lune est à son *périgée*, et principalement encore si le soleil et la lune sont tous deux à *leur périgée* pendant les syzygies, ce qui a lieu avant l'équinoxe de printemps, mais non pas tous les ans.

Elles les contrarient dans les autres positions,

surtout dans les quadratures. Ce sont les marées qui, en refoulant les eaux des fleuves et des grandes rivières, y produisent le montant et le descendant qui se font sentir à d'assez grandes distances de l'embouchure.

Les effets de ces lois générales sont modifiées par diverses circonstances locales, telles que les bancs de sable, les caps, les détroits, les brisants, le gisement des côtes, la direction des vents, des courants, etc. De là vient que la marée, qui, sur la vaste étendue des mers, n'éprouve que *trois* heures de retard par rapport au passage de la lune au méridien, en éprouve 6 à Saint-Malo, 9 au Havre, 10 1/2 à Dieppe, 12 à l'embouchure de la Tamise, etc. C'est ce qu'on appelle l'*établissement du port*, que tous les marins doivent connaître pour calculer l'heure à laquelle il y a chaque jour pleine mer dans tel ou tel port.

On a dressé, pour cet objet important, des tables qui indiquent d'avance l'instant du retour de la marée dans un port quelconque, et qui précisent même la hauteur a laquelle les eaux doivent s'élever. La plus grande marée est à peu près le double de la moindre.

Les lacs et les mers intérieures n'éprouvent point de marées, parce que leur surface est trop petite pour que l'action de la lune puisse y être sensible. Si dans la Méditerranée et la Baltique on remarque à peine un petit mouvement d'oscillation, c'est que leurs ouvertures sont si étroites que les eaux de l'Océan ne peuvent y pénétrer, dans un temps si court, en assez grande abondance pour élever sensiblement le niveau de ces deux grandes mers intérieures. C'est peut-être aussi à cause de son immense étendue que l'océan Pacifique ne présente que de faibles marées, suivant le rapport de quelques marins.

L'attraction lunaire produit indubitablement une *marée atmosphérique*, mais des observations et des calculs minutieux ont prouvé que ses effets sont à peine sensibles sur l'échelle barométrique

HUITIÈME LEÇON.

SYSTÈME DE COPERNIC.

Examinons maintenant le véritable système du monde dans son ensemble et dans ses détails. Voyons comment le jeu réel des rouages de cette vaste et merveilleuse machine rend compte de toutes les apparences que nous avons observées dans la première partie.

Quelques philosophes anciens, Philolaüs, Pythagore, Aristarque de Samos (*), avaient soutenu que la terre et les autres planètes se meuvent autour du soleil immobile au centre du monde; mais leur opinion, quoique vraie, n'était pas alors étayée sur un assez grand nombre d'observations et de preuves pour prévaloir sur l'opinion contraire, à laquelle les illusions des sens donnaient tant de force. Aussi le système que régularisa plus tard Ptolémée fut-il généralement adopté, malgré les inextricables difficultés qu'il offrait dans l'explication des phénomènes.

Ce fut Copernic, né à Thorn, ville de Pologne, chanoine de l'église de Warmie, qui, le premier

______

(*) Voyez son *Traité sur le système du monde*, édité à Paris en 1644 par Roberval, et son *Traité sur la grandeur du soleil et sa distance à la terre*, traduit en français par M. de Fortin en 1810.

des modernes, après trente années d'observations, renversa sans retour le système des apparences dans son immortel ouvrage des *Révolutions des orbes célestes,* publié le jour même de sa mort, en 1543. Ce livre répandit de si vives lumières que dès lors les astronomes furent ébranlés et se convainquirent de plus en plus, par leurs propres observations, de la vérité du nouveau système, que mit hors de doute la découverte du télescope, en forçant les incrédules dans leurs derniers retranchements.

Ce merveilleux instrument détruisit les plus fortes objections faites à Copernic par les astronomes les plus renommés de l'Italie, qu'il était allé visiter pour propager ses idées.

On lui objectait, avec raison, que, si Vénus tournait autour du soleil, comme il le prétendait, elle devrait présenter des phases comme la lune. Le célèbre astronome répondait que cela devait être en effet, et que, si on ne le voyait pas, il ne fallait l'attribuer qu'à la faiblesse de notre vue. On ajoutait que les diamètres apparents des planètes devraient paraître de diverses grandeurs, puisque, selon lui, elles étaient tantôt plus éloignées, tantôt plus rapprochées de la terre; ce dont il convenait volontiers, sans pouvoir démontrer l'existence du fait. Mais il annonça que, si jamais, par des moyens qu'il ne concevait pas, les hommes parvenaient à étendre la puissance de leur vue jusqu'à ces régions éloignées, ils verraient que les choses sont en effet ainsi. Galilée rappela cette prophétique prévision aux sénateurs de Venise, lorsque, sur la tour de Saint-Marc, il leur montra les phases de Vénus.

Riccioli et Tycho-Brahé ont soulevé contre le mouvement de rotation de la terre un grand nombre d'objections qui se réduisent aux deux ou trois suivantes.

1° Si la terre tournait sur son axe avec une vitesse de sept lieues par minute sous l'équateur, un oiseau n'oserait jamais abandonner son nid, puisqu'au bout de quelques minutes il en serait si éloigné qu'il craindrait de ne plus le retrouver.

Il est facile de réfuter cet argument d'après ce que nous avons dit (p. 262).

Sans doute il en serait ainsi si la terre ne communiquait pas son mouvement à son atmosphère ; mais, en vertu de cette communication, les oiseaux participent au mouvement de la terre, lorsqu'ils s'en détachent comme quand ils y sont attachés, et se maintiennent par là, dans leurs excursions, aux environs du point d'où ils sont partis. C'est ainsi qu'une mouche n'abandonne pas le coche autour duquel elle voltige, entraînée qu'elle est par l'air ambiant qui a la même vitesse.

2° Tycho-Brahé demande comment il se fait qu'un boulet, abandonné du haut d'une tour, tombe exactement au pied, tandis que, si la terre tournait, il devrait se trouver en arrière vers l'occident, puisque la terre tourne vers l'orient.

Il y a ici bien des erreurs à démêler. D'abord, si la tour est peu élevée, le boulet paraît tomber au pied, parce que la déviation est insensible, n'ayant été que de 4 lignes pour une hauteur de 235 pieds, et de 8 lignes pour 241 pieds ; mais elle devient très-sensible pour une hauteur considérable et se fait toujours vers l'*est*.

La supposition qu'elle devrait se faire vers l'ouest implique la pensée que l'atmosphère ne participe pas au mouvement, ce qui est faux. Qui ne sait que tout véhicule communique son mouvement aux corps qu'il transporte, avec lesquels il est en contact? La passion aveugle. Tycho-Brahé ne pouvait ignorer que le mouvement d'une voiture se communique au voyageur, et qu'il est imprudent d'en descendre avant qu'elle soit arrêtée.

3° Comment la terre peut-elle se renverser de manière que dans douze heures nous ayons la tête en bas?

Mais puisqu'il est prouvé, répond Lalande, que nous avons des antipodes qui ont les pieds tournés vers les nôtres, nous serons placés dans douze heures comme ils le sont actuellement : l'un n'est pas plus difficile que l'autre.

Ce qu'on a peine à concevoir, c'est que nos antipodes puissent marcher *la tête en bas*, dans une *position renversée*, et ne pas se détacher de la terre.

Avoir *la tête en bas*, c'est l'avoir reposant sur la terre, comme les pieds. Celle de nos antipodes est

érigée vers le ciel, ainsi que la nôtre ; leur position
n'est donc pas renversée ; elle est naturelle, et la
pesanteur les attache au sol, comme tous les objets
placés à sa surface.

*Apparences expliquées par le double mouvement
de la terre.*

Puisque la terre, en tournant sur son axe d'occident en orient en 24 heures, est en même temps
transportée dans le même sens autour du soleil, son
double mouvement diurne et annuel doit expliquer
tous les phénomènes apparents que nous avons déjà
remarqués. Résumons-les d'abord.

Il semble premièrement que le soleil, la lune et
les étoiles circulent en 24 heures d'orient en occident autour de la terre immobile au centre du monde, mouvement d'où résultent le jour et la nuit.

Sous l'équateur il y a toujours égalité de jour et
de nuit ; à chaque pôle, un seul jour et une seule
nuit dans l'année, l'un et l'autre de six mois ; entre
les pôles et l'équateur, augmentation et diminution
périodiques des journées et des nuits ; deux fois par
an seulement, équinoxe sur toute la terre.

Quatre saisons, bien distinctes par divers degrés
de température, se succèdent régulièrement et semblent correspondre à certaines positions du soleil
sur l'écliptique.

Le soleil, variant chaque jour le lieu de son lever

et de son coucher, atteint, par un mouvement propre ou direct dont il paraît animé, deux limites qu'il ne dépasse jamais, les deux tropiques. Il semble qu'il décrive ces deux cercles le 21 juin et le 21 décembre, et l'équateur le 20 mars et le 23 septembre.

Dans notre hémisphère, le printemps et l'été durent environ, actuellement, 8 jours de plus que l'automne et l'hiver.

Le pôle sud est plus froid que le pôle nord.

Le soleil, dans la zone tempérée du nord, apparaît toujours vers le sud à midi ; le contraire arrive dans la zone tempérée du sud.

Tels sont les principaux phénomènes que l'on attribuait au mouvement du soleil autour de la terre immobile ; il s'agit de les expliquer dans l'hypothèse inverse. Pour cela il est nécessaire de former une figure matérielle bien simple, mais bien propre à faciliter, par le secours des sens, l'intelligence de ces idées, rendues, pour ainsi dire, palpables.

Prenons une table ovale pour représenter l'écliptique ; orientons-la de manière que le grand axe soit dans la direction de la méridienne, que peut indiquer une boussole placée sur la table. Nous supposerons, pour simplifier, que le grand axe coïncide avec la ligne des solstices, et le petit, qui lui est perpendiculaire, avec celle des équinoxes, quoiqu'il n'en soit pas tout à fait ainsi, et que ces lignes forment actuellement entre elles un angle de 10° environ.

Traçons sur les bords, à la craie, les signes du zodiaque de cette manière : le ♋ au nord, le ♑ au sud, le ♈ au vrai point est, la ♎ au vrai point ouest, et les autres dans l'ordre qui leur convient, à des distances égales. Cela fait, plaçons au foyer septentrional, sur la ligne des équinoxes ou petit axe, et assez près du centre, la moitié d'une orange, qui figurera le soleil, coupé en deux parties égales par le plan de l'écliptique, et dont on pourra supposer l'autre moitié au-dessous.

Maintenant, prenons un globe terrestre supporté par son pied. *Plaçons-le* de manière que son axe, simulé par la tige de fer qui le traverse, forme un angle de 23° 1/2 avec l'axe de l'écliptique, c'est-à-dire avec une ligne perpendiculaire à ce plan, et dirigeons vers le nord la partie septentrionale de l'axe de la terre, en sorte que, lorsque le globe est à l'Écrevisse ou au Capricorne, cet axe et le grand diamètre de l'écliptique soient dans un même plan vertical.

Toutes ces dispositions préliminaires et indispensables étant prises, faisons circuler le globe autour de la table avec une *double précaution :* 1° que son axe reste *toujours parallèle à lui-même,* ce que nous obtiendrons en évitant qu'il dévie *jamais* ni à droite ni à gauche, ni en haut ni en bas, sur quelque point de l'orbite qu'on le transporte ; 2° que le cercle qui représente l'horizon s'appuie sur la table, de façon que le plan de l'écliptique, qu'elle figure, coupe la terre, comme le soleil, en deux parties égales.

Tout cela bien conçu, plaçons le globe à la *Balance* ou au *Bélier*, et faisons-le tourner sur lui-même d'occident en orient. N'est-il pas évident qu'il présentera successivement tous les points de sa surface au soleil dans une révolution? Chacun d'eux sera donc alternativement dans la lumière et dans l'obscurité durant une moitié de la révolution. Et si cette révolution s'opère en 24 heures, ce phénomène n'est-il pas aussi bien expliqué par la rotation de la terre que par la révolution du soleil? Ne doit-il pas néanmoins sembler, à cause de l'immobilité apparente de la terre, que c'est le soleil qui tourne d'orient en occident, ainsi que la sphère céleste tout entière? Quand on est rapidement entraîné par les wagons sur un chemin de fer, ne dirait-on pas que les arbres qui bordent la route fuient en sens inverse avec la même vitesse, et les objets éloignés plus lentement? C'est la même illusion : le wagon, c'est la terre; les arbres et les objets éloignés sont le soleil et les étoiles.

C'est par suite de ce mouvement que chaque horizon particulier varie par rapport aux corps célestes, de manière qu'ils paraissent poindre à l'horizon, s'élever au-dessus, s'abaisser au-dessous.

La terre, étant sans cesse en présence du soleil, doit toujours avoir un hémisphère dans la lumière, un autre dans l'obscurité. Le cercle qui les sépare s'appelle *cercle d'illumination*. Le soir, à la clarté d'une lampe, l'ombre et la lumière tranchent nettement; alors ce cercle est très-visible. On le distingue à peine dans le jour; mais on peut le déterminer au moyen d'un demi-cercle de laiton fixé sur le globe, de manière qu'il puisse toujours le couper en deux parties égales, et qu'il ait pour axe le *rayon normal* qui va du centre du soleil au centre de la terre en rasant la table. Les limites de ce cercle varient à mesure que la terre tourne sur elle-même et s'avance sur son orbite. Suivons-en la circonférence pendant une révolution entière, et nous en verrons naître le *lever* et le *coucher* du soleil, *midi*, *minuit*, et toutes les heures du jour.

Pour fixer les idées, mettons le globe à la *Balance*. Plaçons Paris sur le bord supérieur du cercle d'illumination. Arrêtons le globe dans cette position, et demandons-nous sous quel aspect doit alors paraître le soleil à Paris. Ce point est effleuré par les rayons de l'astre du jour, qui par conséquent paraît être à l'horizon : il se *lève*. Faisons un peu tourner le globe d'occident en orient, et arrêtons-le. Paris n'est plus sur la limite du cercle d'illumination, il est entré dans la lumière; il semble que le soleil se soit élevé sur son horizon et avancé vers l'ouest. Tournons encore. Le soleil paraît s'élever de plus

19.

en plus. Enfin le globe est placé de manière que Paris est le plus près possible du soleil. Cet astre y paraît donc au point le plus élevé de sa course diurne : il est *midi*. Le globe continuant à tourner, Paris s'éloigne du soleil, qui semble passer du côté de l'occident. Quand Paris atteint la limite inférieure de l'ombre, qui est sous la table, le soleil *se couche* pour lui. Bientôt ce point entre dans l'ombre ; on y perd le soleil de vue : c'est la nuit. Lorsqu'il en est le plus éloigné, il est *minuit*. Alors la continuité du mouvement le rapproche de la lumière, et les mêmes phénomènes se reproduisent.

C'est ainsi que la lumière du soleil semble se propager de l'est à l'ouest, tandis que ce sont les points de la surface terrestre qui viennent à sa rencontre de l'ouest à l'est.

Étudions maintenant les vicissitudes du cercle d'illumination par rapport au mouvement annuel.

Voyons d'abord comment il se fait que le soleil semble parcourir les signes du zodiaque dans l'ordre direct.

Laissons la terre à la *Balance ;* alors le soleil paraît être dans le signe opposé, le *Bélier*. Transportons-la au *Scorpion ;* il nous semble que le soleil est allé du Bélier au *Taureau*, comme il paraîtra aller du Taureau aux *Gémeaux* pendant qu'elle se transportera du Scorpion au *Sagittaire*, etc. C'est donc parce que la terre décrit les signes de l'ouest à l'est que le soleil paraît les traverser dans le même sens.

Remettons la terre à la Balance, en conservant toujours, ne l'oublions pas, le parallélisme et l'inclinaison de l'axe. Avec la plus légère attention nous comprendrons que le cercle d'illumination doit passer alors par les deux pôles. Il en est de même quand elle est au Bélier. Partout ailleurs, l'un des pôles est dans la lumière, l'autre dans l'obscurité, à des distances égales de ce cercle.

A peine la terre s'est-elle éloignée du Bélier que le *pôle boréal* entre dans l'ombre, le *pôle austral* dans la lumière. Ils y pénètrent de plus en plus jusqu'à l'Ecrevisse, mi-distance du Bélier à la Balance. Les deux pôles sont alors plongés autant que possible, l'un dans l'obscurité, l'autre dans la lumière. A mesure que la terre se rapproche de la Balance, les pôles se rapprochent des limites de l'ombre, qu'ils atteignent à ce signe. Ensuite, c'est le *pôle austral* qui entre dans les ténèbres, et le *pôle boréal* dans la lumière, où ils resteront chacun six mois, comme il leur est arrivé inversement dans le cas précédent.

Ainsi s'expliquent les six mois de jour et de nuit consécutifs qui règnent alternativement à chaque pôle; car la terre emploie *six* mois pour aller du Bélier à la Balance, et à peu près autant pour revenir de la Balance au Bélier. Nous disons à peu près, car, comme le soleil n'est pas placé exactement au centre de l'orbite, mais à son foyer septentrional, cette orbite n'est pas divisée en deux parties égales : la partie septentrionale est un peu plus petite que l'autre. De là vient que la terre emploie moins de temps à la parcourir, et que l'automne et l'hiver sont plus courts que le printemps et l'été de *huit jours* environ.

Une autre cause de cette inégalité entre les saisons, c'est le ralentissement du mouvement de translation de la planète, d'après la seconde loi de Képler (p. 210) : les aires décrites par le rayon vecteur (celui qui va du centre du soleil au centre de la terre) sont proportionnelles aux temps. Cette loi se lie avec celle de l'attraction ; plus la terre est rapprochée du soleil, plus elle est fortement attirée ; il faut donc que la force d'impulsion ou que la vitesse de translation augmente, pour contre-balancer la force attractive du soleil.

On peut remarquer que nous sommes plus près du soleil en hiver qu'en été, quelque étonnant que cela paraisse d'abord. La différence est d'environ un demi-million de lieues.

Comment se fait-il que nous ayons le printemps et l'été pendant que la terre va de la Balance au Bélier, l'automne et l'hiver quand elle va du Bélier à la Balance ?

Nous savons que, d'après les apparences, le soleil parcourt le ♈, le ♉, les ♊, le ♋, le ♌, la ♍ pendant le printemps et l'été, parce que la terre décrit réellement alors les six autres signes dans le même sens ; et l'on peut remarquer que pendant tout ce temps le *pôle boréal* est dans la lumière. Le soleil, dardant incessamment ses rayons sur ce point et sur ceux de son hémisphère, les réchauffe graduellement et y produit ces deux saisons par ses divers degrés d'obliquité et son action continue.

Le pôle austral, au contraire, est plongé dans les ténèbres durant le même temps ; il a donc, comme son hémisphère, les deux autres saisons.

Inégalité des jours et des nuits.

Le cercle d'illumination et l'équateur se coupent toujours en deux parties égales. Ainsi, en quelque point de son orbite que se trouve la terre, une moitié de son équateur est éclairée, l'autre obscure. Chaque point de la surface terrestre placée sous ce cercle a donc constamment 12 heures de jour et 12 de nuit alternativement, en vertu du mouvement de rotation.

Lorsque la terre entre dans la Balance ou dans le Bélier, le cercle d'illumination, passant par les deux pôles, divise non-seulement l'équateur, mais tous les parallèles en deux parties égales ; ainsi tous les points de la surface terrestre ont alors 12 heures de jour et 12 heures de nuit. Voilà la véritable cause des *équinoxes*.

Quand la planète est partout ailleurs qu'à ces deux points, le cercle de lumière coupe les parallèles en deux parties d'autant plus inégales que la terre est plus éloignée des points équinoxiaux ; alors il y a nécessairement inégalité entre la durée du jour et de la nuit.

Suivons la progression de ces inégalités.

Plaçons le globe sur le Taureau. La lumière a abandonné le pôle boréal, et l'inégalité entre les arcs diurnes et nocturnes des parallèles est déjà appréciable. On peut la constater à l'aide d'un compas à branches recourbées.

On verra : 1° que dans l'hémisphère boréal les arcs diurnes sont plus petits que les arcs nocturnes ; 2° que le contraire a lieu dans l'hémisphère austral ; 3° que la différence entre ces arcs est d'autant moindre que les parallèles sont plus voisins de l'équateur, dans les deux hémisphères ; 4° que cette différence augmente à mesure que la terre s'approche de l'*Écrevisse*, où le *maximum* est atteint, comme il le sera de nouveau au *Capricorne ;* seulement, à l'Écrevisse, la différence est en faveur des arcs *nocturnes* dans l'hémisphère boréal, et en faveur des arcs *diurnes* de ce même hémisphère au Capricorne.

Cela posé, quand la terre se transporte du capricorne à l'Écrevisse, les journées diminuent pour nous, puisque les divers points de l'hémisphère boréal restent chaque jour un peu moins dans la lumière. La plus courte a lieu quand la terre arrive à l'Écrevisse et que le soleil paraît au Capricorce, le

21 décembre. Elles augmentent depuis cet instant jusqu'à ce que la terre elle-même soit au Capricorne et que le soleil paraisse à l'Écrevisse, le 21 juin, la plus longue journée de l'année pour l'hémisphère boréal.

Température des quatre saisons.

L'inégalité des journées et des nuits est une des principales causes du changement de la température dans les diverses saisons.

Quand la terre est à l'Écrevisse, le *pôle boréal*, privé depuis trois mois de la lumière du soleil, a eu le temps de se refroidir beaucoup; il se refroidit encore plus pendant le mois suivant; ensuite l'intensité du froid diminue graduellement, parce que le pôle se rapproche de la lumière. Les divers points de cet hémisphère ont dû éprouver des vicissitudes analogues proportionnelles à leurs degrés d'immersion dans l'ombre, parce que les rayons du soleil ne faisaient que glisser sur cette partie de la surface terrestre, qu'ils effleuraient plus ou moins obliquement, et que la petite quantité de calorique qu'ils pouvaient leur communiquer pendant la journée se dissipait entièrement durant les longues nuits d'hiver.

Au Capricorne, au contraire, le pôle boréal, plongé depuis trois mois dans la lumière, a eu le temps de se réchauffer considérablement. La chaleur acquise augmente encore, par la même raison, pendant un

mois. Alors elle commence à diminuer peu à peu,
car le pôle se rapproche de l'ombre. Les autres
points de l'hémisphère boréal se sont aussi réchauffés
proportionnellement, parce que les rayons du soleil
les ont pénétrés plus ou moins verticalement, selon
leurs latitudes, et que la brièveté des nuits ne donnait pas au calorique accumulé pendant la journée
le temps de s'évaporer entièrement.

On conçoit aisément que ces divers effets doivent
se modifier dans les positions intermédiaires. Il est
reconnu que le pôle austral est beaucoup plus froid
que le pôle boréal. Les navigateurs rencontrent
les glaces flottantes bien plus près de l'équateur
dans l'hémisphère méridional que dans l'autre. Cela
provient sans doute de ce que le pôle austral est
privé de la lumière du soleil huit jours de plus que
le pôle boréal et de ce qu'il est environné d'une
masse d'eau beaucoup plus considérable.

Explication de quelques autres phénomènes.

Le soleil semble décrire l'équateur le 20 mars et
le 22 septembre, et les tropiques le 21 juin et le 21
décembre. Voyons à quoi tient cette apparence.

Le 20 mars, la terre entre dans la Balance, puisque nous voyons alors le soleil entrer dans le Bélier. Plaçons le globe à la Balance, et remarquons
de quelle manière l'équateur terrestre est situé par

rapport au soleil et à l'écliptique. Nous voyons que le point d'intersection de ces deux cercles est, de tous les points du globe, le plus rapproché du soleil, celui par lequel passe le rayon vecteur. A midi, le soleil paraît donc au zénith de chaque point de l'équateur terrestre, que la rotation amène successivement à l'intersection. Ainsi, l'équateur terrestre tourne sur le centre du soleil, auquel il présente son tranchant ; voilà pourquoi, nous croyant en repos, il nous semble que c'est le soleil qui décrit ce cercle. Il en est de même le 22 septembre.

Le 21 juin, la terre entre dans le Capricorne. Plaçons-la dans ce signe. Le tropique du nord est tangent à l'écliptique par son bord inférieur. En faisant tourner le globe, nous voyons chaque point du tropique passer à son tour au point de tangence. A midi, le soleil paraît donc successivement au zénith de chacun d'eux ; on dirait qu'il a décrit ce cercle, tandis que c'est le cercle lui-même qui a tourné sur le centre du soleil, auquel il a ainsi présenté tous ses points. De plus, comme, dans cette position, ce tropique est tout entier dans la lumière, tous ses points sont constamment éclairés ce jour-là pendant 24 heures.

Il en est de même pour le tropique du sud quand la terre entre dans l'Écrevisse.

Depuis le tropique du nord terrestre jusqu'au pôle correspondant, le soleil, à midi, apparaît toujours vers le sud, et les ombres sont dirigées vers le nord.

Ce phénomène s'explique encore quelle que soit la position de la terre sur son orbite.

Considérons le cas le moins favorable, celui où, la terre étant au *Capricorne*, il semble qu'on ne devrait apercevoir les ombres méridiennes projetées que vers le sud, puisque le soleil est alors entre le pôle nord et la terre, comme le montre la figure. Fixons verticalement une épingle sur la France, et amenons-la au bord inférieur du grand méridien de la machine, le plus près possible du soleil, afin qu'il soit midi au point qu'elle occupe ; nous verrons que son ombre doit nécessairement se projeter vers le pôle boréal terrestre, car l'épingle se trouve alors entre le soleil et ce pôle. Le soleil paraîtra donc au sud, puisqu'il est toujours opposé à la direction de l'ombre.

Ainsi s'expliquent simplement tous les phénomènes apparents dans le système de la réalité. Mais, pour comprendre tout cela sans peine, sans nuages, il ne suffit pas de lire, il faut voir, expérimenter, placer sous ses yeux et entre ses mains l'appareil qui matérialise, pour ainsi dire, ces idées, et qu'il est si facile de se procurer.

Preuves de l'inclinaison et du parallélisme constants de l'axe de la terre.

Si les phénomènes célestes que nous venons d'expliquer ne peuvent exister sans l'inclinaison et le parallélisme constants de l'axe de la terre, tels que nous les avons recommandés au commencement de ces expériences, il sera démontré que ces deux conditions (bases fondamentales du système de Copernic, ou plutôt de la nature) existent réellement.

Supposons un moment que l'axe de la terre soit *perpendiculaire* au plan de l'écliptique. Alors, quelle que soit la position du globe sur son orbite, on voit que le cercle d'illumination passe toujours par les pôles. Il en résulte que l'équateur et tous les parallèles sont constamment coupés par ce cercle en deux parties égales, et que l'équinoxe est perpétuel sur toute la terre; ce qui est on ne peut plus contraire à la réalité. De plus, l'équateur *seul*, remarquez-le bien, peut présenter son tranchant au soleil, qui ne paraîtrait ainsi décrire jamais d'autre cercle. Il ne paraîtrait plus aller d'un tropique à l'autre; il se lèverait et se coucherait chaque jour au même point de l'horizon; les tropiques et l'équateur seraient confondus avec le plan de l'écliptique; les vicissitudes des jours et des saisons disparaîtraient; la température de chaque climat deviendrait, non pas égale, mais uniforme et invariable pour chaque latitude, puisque la lumière et la chaleur leur seraient sans cesse uniformément réparties.

Supposons au contraire que l'axe soit parallèle au plan de l'écliptique. Quand la terre serait à l'Écrevisse, l'hémisphère austral *tout entier* serait dans la lumière et l'autre dans l'obscurité. Ce jour-là,

21 décembre, on ne verrait pas même le soleil dans l'hémisphère boréal tout entier. Cette seule remarque suffit pour prouver la fausseté de la supposition.

L'axe de la terre est donc incliné sur le plan de l'écliptique; mais de quelle quantité? Il faut qu'il le soit de 66° 1/2; autrement les phénomènes apparents ne seraient plus les mêmes.

Pour nous en convaincre, donnons-lui une inclinaison sensiblement plus petite ou plus grande; à l'instant tout est changé. Par exemple, sous le cercle polaire du nord, la journée est de 24 heures le 21 juin; elle sera plus *courte* si l'inclinaison de l'axe est moindre que 66° 1/2, plus longue si elle est plus grande; car dans les deux cas le tropique du nord ne sera plus tangent à l'écliptique, mais abaissé en partie ou élevé entièrement par rapport à lui.

Si on conserve l'inclinaison 66° 1/2 en détruisant le parallélisme de l'axe avec lui-même, il en résultera d'autres anomalies.

Par exemple, quand la terre est à la Balance, dirigeons l'axe, d'ailleurs convenablement incliné, vers le Bélier. Alors le cercle d'illumination ne passe plus par les deux pôles; les arcs des parallèles sont inégaux; il n'y a plus *équinoxe*.

Puisqu'on ne peut altérer ni le degré d'inclinaison de l'axe terrestre sur l'écliptique, ni son parallélisme constant avec lui-même, sans anéantir ou altérer plus ou moins les phénomènes, il est démontré que ces deux conditions doivent être nécessairement admises.

Précession des équinoxes.

Cependant on a reconnu que l'axe de la terre est animé d'un *léger mouvement oscillatoire* au moyen duquel on explique très-bien la *précession des équinoxes* (p. 46). Ce mouvement s'appelle *nutation*. Il dépend de la forme de la terre, et principalement du *ménisque équatorial* (p. 245), qui la revêt dans tout son contour. Si notre globe était parfaitement sphérique, les attractions que le soleil, la lune et les planètes exercent sur lui agiraient comme si ces forces particulières se réduisaient à une résultante qui aurait son point d'application au centre même de la sphère ; elles n'influeraient donc nullement sur la position de l'axe, que son inertie seule maintiendrait constamment parallèle à lui-même. Mais il a la forme d'un ellipsoïde aplati aux pôles, renflé à l'équateur par une protubérance qui forme comme une chaîne continue de montagnes de 4^{li} 1/2 de hauteur dans le sens de l'équateur. Cette protubérance est assez considérable pour être sensiblement attirée par le soleil, à cause de sa masse, et par la lune, à cause de sa proximité. Cette attraction partielle dérange l'effet de l'attraction générale de la terre de manière à imprimer à son axe un mouvement ondulatoire semblable à celui de l'axe d'une toupie tournant avec rapidité sous une certaine inclinaison. Comme l'axe de la toupie décrit dans l'air une surface conique autour de la verticale, de même l'axe de l'équateur terrestre en décrit une autour de l'axe de l'écliptique; en faisant toujours le même angle avec lui. Le mouvement du ménisque, partagé par la masse entière de la terre, qui lui est fort supérieure, en est très-ralenti et dure 26000 ans, ce qui fait que l'extrémité de l'axe de la terre emploie 26000 ans à tracer dans le ciel une petite circonférence. Mais on comprend que cet axe, qui est aussi celui de l'équateur, ne peut se mouvoir sans que son cercle se meuve. Eh bien! c'est ce mouvement de l'équateur qui déplace nécessairement ses points d'intersection avec l'écliptique, et fait circuler sur ce dernier cercle le point équinoxial du printemps (Υ) de 1° en 72 ans, qui est la véritable cause de ce phénomène. Le sens de ce mouvement est rétrograde.

« Il suit de là que le pôle de l'équateur se déplace successivement, et que l'*étoile polaire actuelle*, c'est-à-dire la plus voisine du pôle, ne l'a pas toujours été et ne le sera pas toujours. Le pôle en est actuellement éloigné de 1° 1/2 ; il continuera à s'en rapprocher pendant 250 ans, au bout desquels il n'en sera éloigné que de 30′. Ensuite il s'en éloignera insensiblement, et n'y reviendra qu'après 26000 ans. On peut suivre sur un globe ou sur une carte céleste les points du ciel qu'il doit parcourir, et reconnaître les étoiles auxquelles il correspondra successivement durant cette période, en y traçant un cercle *du pôle de l'écliptique* comme centre, et d'un rayon égal à la distance de ce pôle à l'étoile polaire actuelle. Toutes les étoiles qui se trouveront sur cette circonférence deviendront polaires à leur tour, à mesure qu'elles seront les plus voisines de l'extrémité de l'axe équatorial, autrement dit, de l'axe du monde, du pôle du monde. » (H. Faye.)

NEUVIÈME LEÇON.

COUP D'OEIL GÉNÉRAL SUR LE SYSTÈME SOLAIRE.

Au centre de notre monde est le soleil, autour duquel gravitent 45 planètes et 21 satellites, y compris l'anneau de Saturne, phénomène unique dans le ciel ; ce qui constitue un ensemble de 67 corps célestes liés entre eux par les lois de la pesanteur universelle. (P. 268.)

Tous ces corps sont placés à des distances diverses du soleil, dans l'ordre suivant : *Mercure*, *Vénus*, la *Terre* (ou *Cybèle*), la *Lune*, et *Mars*, après lesquels viennent les *planètes télescopiques*, au nombre de 37, au moment où j'écris ; puis *Jupiter* et ses quatre satellites ; *Saturne*, ses huit satellites et son anneau ; *Uranus* et ses six satellites ; enfin *Neptune* et son satellite aux extrémités du monde solaire.

Les astronomes ont reconnu des mouvements de rotation dans le *Soleil*, *Mercure*, *Vénus*, la *Terre*, *Mars*, *Jupiter* et *Saturne*, ainsi que dans la *Lune*, les *quatre satellites* de Jupiter, le *dernier* de Saturne, enfin dans son *anneau*. Il est indubitable que les planètes et les satellites dans lesquels ces mouvements n'ont pu être encore reconnus y sont également assujettis. Par conséquent, en réunissant les 90 mouvements de rotation et de translation des planètes avec les 42 mouvements semblables des satellites et celui de rotation du soleil, on trouve 133 mouvements tous dirigés dans le même sens et s'exécutant à peu près dans le même plan (*), dans des orbes elliptiques presque circulaires.

Il est infiniment probable qu'un accord si parfait n'est pas l'effet du hasard, mais d'une seule cause physique et générale qui imprima originairement une même impulsion aux planètes et aux satellites.

On pense bien que le désir de connaître, qui est le caractère distinctif de l'esprit humain, n'a pas manqué de faire tous ses efforts pour découvrir le principe de ce merveilleux concours.

Parmi les génies qui se sont livrés à cette sublime recherche, on distingue surtout Buffon et Laplace.

Buffon, malgré le grand nombre de savants qui l'ont précédé dans cette carrière, peut être considéré comme le premier qui ait entrepris de remonter à cette cause et d'expliquer physiquement l'origine des planètes et des satellites.

Il suppose qu'une comète, ayant heurté le soleil, en sillonna la surface de manière à en détacher des torrents de matière incandescente qui se divisa en diverses masses plus ou moins considérables, plus ou moins éloignées du soleil, autour duquel elles se

(*) Les satellites d'Uranus paraissent faire seuls exception à cette règle générale.

20.

mirent à circuler en tournant sur elles-mêmes dans la même direction et à peu près dans le même plan, en vertu de l'unique impulsion qu'elles avaient reçue. Leur fluidité permit aux molécules qui les composaient de se grouper, d'après les lois de l'attraction, autour d'un centre commun, et d'affecter la forme de sphères qui, par le mouvement de rotation, s'aplatirent vers les pôles ; se renflèrent sous l'équateur, selon leur degré de vitesse rotatoire ; se refroidirent peu à peu et formèrent les planètes et les satellites qui composent notre monde. Tel est en peu de mots le système de cosmogonie que Buffon s'efforça d'établir, aussi solidement qu'il le put, par un grand nombre d'aperçus ingénieux et de détails du plus grand intérêt. Mais ce système, si séduisant au premier coup d'œil par l'explication des faits principaux, ne peut se soutenir, parce qu'il pèche par la base, qu'il ne rend pas compte de tout, et principalement parce qu'il contredit une loi incontestable de la mécanique.

Une comète peut bien tomber sur le soleil ; cela doit être arrivé (Newton le croyait), et arrivera probablement encore ; mais il est reconnu aujourd'hui que la substance gazeuse qui compose ces astres, si redoutés et pourtant si inoffensifs, est beaucoup trop rare pour produire un effet semblable au précédent.

D'ailleurs (et c'est là l'écueil contre lequel est venu se briser le système) on démontre en mécanique que, lorsqu'un corps est mis en mouvement de manière à circuler autour d'un autre, il doit à chaque révolution repasser à son point de départ. Il faudrait donc que la Terre et les autres planètes effleurassent à chaque révolution la surface du soleil, pour que l'hypothèse pût se maintenir.

Néanmoins les *Sept Époques de la nature* seront toujours un monument admirable du génie de notre grand naturaliste, et la postérité n'effacera certainement pas l'inscription que Delille a gravée sur le frontispice :

> Gloire, honneur à Buffon, qui, pour guider nos sages,
> Éleva sept fanaux sur l'océan des âges!

Laplace, appliquant à son tour son génie à cette merveilleuse question, eut recours à une hypothèse très-vraisemblable, qui satisfait à toutes les conditions sans fausser aucune loi de la nature, aucune vérité scientifique.

Les puissants télescopes d'Herschel ont révélé qu'il existe dans toutes les régions du ciel une matière lumineuse, fluide, d'une rareté extrême, semblable à la lumière zodiacale et à celle qui entoure les nébuleuses et les comètes. Cette matière chaotique paraît être le germe élémentaire qui, condensé par le refroidissement, se transforme en étoiles après des milliers de siècles. Laplace, remontant par la pensée à l'époque où le soleil était encore à l'état rudimentaire d'étoile fixe, le représente entouré d'une immense atmosphère gazeuse, tellement diffuse qu'elle s'étendait au delà des limites les plus reculées de notre monde planétaire actuel. Comme tous les corps, cette masse était soumise aux lois du mouvement, de l'attraction et du refroidissement successif produit par la basse température qui règne dans l'espace éthéré, et que Fourrier considère comme égale à — 50° C.

A mesure que le refroidissement contractait cette atmosphère, le mouvement de rotation devait augmenter, et avec lui la force centrifuge, plus grande sous l'équateur que partout ailleurs. Un moment vint donc où, cette force, toujours croissante, n'étant plus contre-balancée par la pesanteur, la couche équatoriale extrême, qui échappait à la puissance attractive, put se détacher de la masse. Elle demeura stationnaire au point où elle se trouvait au moment de sa séparation, continuant à tourner sur elle-même dans le plan de l'équateur. Sa forme était celle d'un anneau d'une certaine largeur et d'une certaine épaisseur. Elle ne pouvait pas être sphérique, parce que les parties latérales de l'atmosphère du soleil n'étaient pas animées d'un mouvement rotatoire assez rapide pour se soustraire à la force centripète. Les mêmes causes reproduisirent les mêmes effets. De nouveaux anneaux se détachèrent successivement, comme le premier, à des distances de plus en plus rapprochées du centre. Que devinrent-ils ? Comme ils étaient composés d'une matière fluide extrêmement mobile, il était presque impossible qu'ils pussent continuer à se condenser sans se désunir. Le hasard seul pouvait réunir toutes les chances nécessaires pour opérer ce prodige. Il ne l'a fait qu'une fois, pour l'*anneau de Saturne*, qui semble n'avoir été conservé qu'afin de confirmer les hypothèses de notre grand géomètre. On conçoit aisément que toutes les parties de ces anneaux n'étaient pas soumises à des degrés égaux de température ; que, le refoidissement ne pouvant s'opérer d'une manière régulière, la densité, et, par suite, la force attractive, les vitesses, varièrent extrêmement, et produisirent des agitations, des convulsions qui rompirent les anneaux en plusieurs masses. Elles prirent enfin chacune la forme sphéroïdique, d'après les lois du mouvement et de l'attraction, et continuèrent à circuler à la même distance du soleil où elles se trouvaient.

Telle fut l'origine des planètes, longtemps aussi resplendissantes que le soleil lui-même.

Les satellites se formèrent des atmosphères gazeuses des planètes, comme celles-ci s'étaient formées de l'atmosphère du soleil.

Laplace explique pourquoi les satellites n'ont pas produit à leur tour d'astres secondaires ; pourquoi quelques planètes n'en ont point ; pourquoi ils n'ont point de mouvement rotatoire multiplié ; comment il se fait que toutes les orbites planétaires ne sont pas exactement dans le plan de l'équateur solaire ; en un mot, son hypothèse explique les moindres détails d'une manière si satisfaisante qu'on n'a encore élevé contre elle aucune objection.

Il n'existe, en effet, aucune énigme dans notre système planétaire dont elle ne puisse donner une explication satisfaisante. Après avoir si bien fait sentir la nécessité de la rupture des anneaux, ne dispense-t-elle pas, par exemple, de recourir au choc impuissant d'une comète, ou à quelque explosion volcanique, pour motiver celle de quelque grosse planète qui a dû produire cette multitude d'astéroïdes que l'on découvre chaque jour entre Mars et Jupiter, et ces mystérieux aérolithes, que la terre rencontre en si grande quantité sur un certain point de sa route, d'où elle les fait tomber si fréquemment sur sa surface ?

Voici un tableau en miniature du système du monde, composé par Herschel, pour donner une idée approximative des dimensions, des distances et des vitesses des divers corps qui le composent.

Imaginons une plaine bien unie, au milieu de laquelle on place un globe de *deux pieds* de diamètre pour représenter le *soleil; Mercure* sera figuré par un *grain de moutarde*, dont l'orbite sera un cercle de 164 pieds de diamètre; *Vénus*, par un *pois*, sur un cercle de 284 pieds ; la *Terre*, également par un *pois*, sur un cercle de 430 pieds ; *Mars*, par une *grosse tête d'épingle*, sur un cercle de 654 pieds ; toutes les *planètes télescopiques*, par des *grains de sable*, sur des cercles de 1000 à 1200 pieds ;

Jupiter, par une *orange moyenne*, sur un cercle de 2200 pieds ; *Saturne*, par une *petite orange*, sur un cercle de 4000 pieds ; *Uranus*, par une *grosse cerise*, sur un cercle de 8000 pieds ; nous ajoutons : *Neptune*, par une *petite cerise*, sur un cercle de 12900 pieds, plus d'une lieue de diamètre.

Quant aux vitesses, *Mercure* parcourrait une longueur égale à son diamètre en $41''$; *Vénus*, en $4'\ 4''$; la *Terre* en $7'$; *Mars*, en $14'\ 48''$; *Jupiter*, en $2^h\ 56'$; *Saturne*, en $3^h\ 13'$; *Uranus*, en $9^h\ 6'$; *Neptune*, en $18^h\ 12'$.

On voit par là que la masse du soleil est beaucoup plus grande que celle de toutes les planètes et de tous les satellites.

Le tableau suivant présente les principaux éléments du système solaire.

Éléments du système solaire.

NOMS	DISTANCE AU SOLEIL (en lieues de 4000ᵐ)	DURÉE de LA ROTATION	DURÉE de LA TRANSLATION	APLATISSEMENT	DIAMÈTRE, VOLUME, MASSE (celui de la terre étant 1)			DENSITÉ MOYENNE rapportée à celle de LA TERRE	de L'EAU	PESANTEUR À LA SURFACE	INTENSITÉ de la lumière, de la chaleur solaire
					DIAMÈTRE	VOLUME	MASSE				
Soleil.......	»	(*) 25ʲ 12ʰ	»	»	112,0	1.415.000	355.500	0,25	1,4	28	»
Mercure.....	14.700.800	24ʰ 5'	88ʲ	»	0,30	$\frac{1}{17}$	$\frac{1}{14}$	1,23	6,8	$\frac{1}{2}$	6,7
Vénus.......	27.486.540	23ʰ 21' 21"	224ʲ 16ʰ	»	0,90	1	1	0,91	5,1	1	1,9
Terre.......	38.000.000	(**) 23ʰ 56' 4"	365ʲ 5ʰ 48' 48"	$\frac{1}{270}$	1	1	1	1 »	5,5	1	1 »
Mars........	57.900.228	24ʰ 37'	1ᵃⁿ 10ᵐ 15ʲ	»	0,52	$\frac{1}{7}$	$\frac{1}{8}$	0,97	5,4	$\frac{1}{2}$	0,4
Vesta.......	89.756.000	»	3ᵃⁿ 7ᵐ 15ʲ	»	0,004	$\frac{1}{17700}$	»	»	»	»	0,2
Pallas......	105.564.000	»	4ᵃⁿ 7ᵐ 15ʲ	»	0,084	$\frac{1}{1660}$	»	»	»	»	0,2
Jupiter.....	197.704.260	9ʰ 55' 26"	11ᵃⁿ 10ᵐ 10ʲ	$\frac{1}{16}$	11,64	1491	339	0,25	1,3	$2\frac{1}{2}$	0,04
Saturne.....	362.470.390	10ʰ 29' 17"	29ᵃⁿ 5ᵐ 14ʲ	$\frac{1}{10}$	9,02	772	102	0,13	0,7	1	0,01
Uranus......	728.930.820	»	84ᵃⁿ	$\frac{1}{9}$	4,34	87	15	0,17	0,9	$\frac{4}{5}$	0,008
Neptune.....	1.141.530.000	»	164ᵃⁿ 7ᵐ 11ʲ		4,8	77	25	0,32	1,8	$1\frac{1}{2}$	0,001

Ces chiffres nous apprennent que Mercure est 2 fois ⅗ plus rapproché du soleil que la terre ;

(*) Ou 25 j. 12 h., en temps moyen.

(**) Nous pouvons distinguer ici le *jour sidéral* et le *jour solaire* identifiés (p. 193). Le premier est le temps que met une étoile à revenir à un même méridien, 23ʰ 56' 4", temps précis de la rotation de la terre ; le second est celui qu'y emploie le soleil, 24 heures. *La différence provient de ce que l'écliptique étant nulle par rapport à l'étoile, la terre, réduite à sa révolution diurne, ramène uniformément les mêmes points en sa présence, tandis que la translation, sensible pour le soleil, déplace latéralement la terre d'un arc de 59' par jour, ce qui exige qu'elle tourne 3' 56" de plus pour que les mêmes points se retrouvent en conjonction avec lui.*

Vénus, 1 fois ²⁄₇ ; tandis que Mars, Vesta, Jupiter, Saturne, Uranus, Neptune, en sont 1 ½, 3, 5, 9 ½, 19, 30 fois plus éloignés.

On y voit que, pendant que la terre opère une révolution autour du soleil, Mercure en accomplit 4 ; Vénus, 1 ¼, tandis que Mars ne parcourt que les $\frac{6}{11}$ de la sienne ; Jupiter, $\frac{1}{12}$; Saturne, $\frac{1}{30}$; Uranus, $\frac{1}{84}$; Neptune, $\frac{1}{164}$ environ. L'année, et peut-être la vie, est donc 4 fois plus courte et 164 fois plus longue pour les habitants de Mercure et de Neptune, s'il y en a, qu'elle ne l'est pour nous.

Si l'on compare les nombres qui indiquent l'intensité de la pesanteur sur les divers corps du système, on reconnaîtra qu'un homme qui pèse 95 kilogrammes sur la terre en pèserait 2660 s'il était transporté sur le soleil; 237 sur Jupiter; 127 sur Neptune; et que son poids ne serait plus, au contraire, que de 63,3 kilogrammes sur Uranus, et de 47,5 sur Mercure et sur Mars. L'effort musculaire qui, sur la terre, nous élève à *un* pied de hauteur, devrait donc être 28 fois plus grand sur le soleil, $2\frac{1}{2}$ sur Jupiter, $1\frac{1}{3}$ sur Neptune; tandis que ce même effort nous élèverait de *deux* pieds sur Mercure et sur Mars, de 6 sur la lune.

Mais laissons ces détails pour jeter un dernier regard sur l'ensemble de notre système. Le soleil, situé au foyer commun de toutes les ellipses planétaires, n'est-il animé que par le mouvement de rotation que nous lui avons reconnu? Est-il invariablement fixé à la même place, au même point de l'espace infini qui renferme la création tout entière? ou bien, soumis lui-même à de puissantes influences attractives, se transporte-t-il dans diverses régions célestes? Le soleil est une étoile véritable. Reculé à la distance où sont placées les plus voisines de la terre, il ne nous offrirait point un aspect différent du leur. Or, ces étoiles, que si longtemps on a crues *fixes*, ne le sont point; loin de là : toutes marchent avec une vitesse quelquefois effrayante, comme la 61e du Cygne, qui parcourt tous les ans un espace de 40 millions de millions de lieues. Le soleil doit donc se mouvoir. Herschel a démontré qu'il se dirige, avec son cortége planétaire, vers la constellation d'Hercule, dont les dimensions micrométriques augmentent à mesure que nous en approchons, tandis que celles des constellations opposées diminuent. A quelle attraction obéit-il ? Ce n'est certainement point à celle d'un seul astre, mais probablement à celle de groupes, d'agglomérations de plusieurs milliers d'étoiles, qu'on appelle *nébuleuses*, en un mot à la résultante de toutes les forces attractives de l'univers qui peuvent agir sur lui.

Des comètes.

Il existe des astres qui, sans faire partie de notre monde, viennent le visiter trop fréquemment pour qu'il soit permis de les en exclure tout à fait.

Les comètes ou *astres chevelus*, ainsi que l'indique leur nom, sont des amas de vapeurs composés en général d'un *noyau* plus ou moins brillant, plus ou moins dense, précédés ou suivis, quelquefois l'un et l'autre, d'une traînée lumineuse qu'on appelle *chevelure* ou *queue*, suivant sa position.

Les comètes circulent autour du soleil, comme les planètes ; mais elles décrivent des ellipses extrêmement allongées, ou même des *paraboles,* courbes semblables à des siphons dont les deux branches prolongées à l'infini iraient en s'écartant toujours l'une de l'autre. Les comètes qui décrivent des paraboles peuvent bien nous apparaître une fois, et tourner autour du soleil en arrivant par une branche; mais, après avoir passé au périhélie (point de la courbure le plus rapproché du soleil), elles s'éloignent par l'autre sans retour. Elles vont sans doute traverser d'autres mondes dans les profondeurs infinies des cieux.

Celles, au contraire, qui décrivent des ellipses, quelque allongées qu'elles soient, peuvent revenir périodiquement, si rien ne les détourne de leur route, et se nomment *comètes périodiques*. On n'en connaît encore qu'un très-petit nombre de ce genre, que l'on divise en comètes à *courtes* et à *longues périodes*.

La plus courte période que l'on connaisse est celle de la comète d'Enque, de 3 ans $\frac{1}{2}$. Viennent ensuite celle de Messier, de 5 ans $\frac{1}{2}$; de Biéla, de 6 ans $\frac{3}{4}$; de Halley ou de 1769, de 76 ans; celle de 1680 ou de la mort de César, qui est à très-longue période; elle ne repasse à son périhélie que tous les 575 ans.

Rien n'est plus variable que la forme ou l'aspect que présentent ces astres extraordinaires, qui à certains passages resplendissent de lumière et sont invisibles à d'autres. Aussi n'est-ce point d'après ces signes équivoques que les astronomes en constatent l'identité, mais par ce qu'on appelle leurs *éléments paraboliques*.

Dès qu'une comète est signalée, les astronomes l'observent pour reconnaître : 1° le sens *direct* ou rétrograde de son mouvement (car les comètes ont cela de particulier qu'elles traversent le ciel dans toutes les directions imaginables); 2° l'inclinaison de son orbite sur l'écliptique; 3° la direction de son grand axe; 4° la position de l'orbite dans le plan qu'elle occupe; 5° la distance périhélie, qui fait connaître si la courbe est une ellipse ou une parabole.

Tous ces détails sont soigneusement recueillis dans le catalogue des comètes.

On cherche dans ce catalogue s'il n'y a pas eu déjà quelque comète qui ait fourni les mêmes éléments, ou *à peu près*, que celle que l'on observe. S'il n'y en a pas, on est sûr que c'est une comète nouvelle, observée pour la première fois; alors il est impossible de savoir ou même de conjecturer quand elle reviendra. Si les éléments que l'on vient de calculer se trouvent déjà dans le catalogue, on est certain de l'identité, lors même, comme il arrive toujours, qu'ils différeraient un peu. En calculant l'espace de temps qui s'est écoulé entre ces deux apparitions, et qui est donné par leurs dates, on connaît la période de cette comète. Les éléments paraboliques varient à chaque révolution, parce que les attractions planétaires, et surtout celles de Jupiter, « ce tyran des comètes, » comme disait Herschel, font toujours dévier plus ou moins de leur route ces astres, dont elles accélèrent ou retardent assez ordinairement le retour au périhélie. Il n'en est pas de même des planètes, parce qu'elles sont très-éloignées les unes des autres et toujours à la même distance, tandis que les comètes passent souvent fort près des corps célestes qui se trouvent sur leur direction.

En 1607 Képler et Longomontanus aperçurent une comète dont ils déterminèrent les éléments paraboliques que voici :

Inclinaison.	Longitude du nœud.	Longitude du périhélie.	Distance du périhélie.	Sens du mouvement.
17°2′	50°21′	302°16′	0°58′	rétrograde.

Ils les inscrivirent sur le catalogue.

En 1682 Halley calcula ceux d'une comète et obtint :

Inclinaison.	Longitude du nœud.	Longitude du périhélie.	Distance au périhélie.	Sens du mouvement.
17°42′	50°48′	301°36′	0°58′	rétrograde.

En consultant le catalogue, il trouva ces éléments si semblables aux précédents, et même à ceux que Apian avait calculés en 1531, qu'il jugea que c'était la même comète, quoiqu'il y eût 76 ans d'intervalle entre les deux premières observations et 75 seulement entre les deux dernières. Aussi ne craignit-il point de *prédire* que cette comète se montrerait de nouveau vers la fin de 1758. Comme c'était la première prédiction de ce genre, Clairaut s'attacha à préciser l'époque de son retour, et l'annonça pour le milieu d'avril 1759 ; mais elle parut dès le 12 mars de cette année. M. Damoiseau calcula alors l'époque de son prochain retour, qu'il annonça pour le 4 novembre 1835, et M. de Pontécoulant fils, pour le 7 novembre. Elle parut le 7 à son périhélie. Ces progrès évidents dans la prédiction du retour des comètes étaient dus aux perfectionnements de la théorie des perturbations planétaires, un des plus grands titres de gloire de Laplace, qui permettaient de calculer avec plus de précision l'époque de la réapparition.

L'influence attractive des planètes sur les comètes peut aller jusqu'à retarder leur marche de plusieurs années, jusqu'à changer leurs orbites. Cela tient à l'extrême disproportion de la densité de ces astres.

La théorie des comètes n'étant pas bien connue, même de nos jours, il n'est pas étonnant que les anciens n'en eussent que de fausses idées. L'extrême irrégularité apparente de leur marche, la rareté de leurs apparitions, leur aspect extraordinaire, peut-être quelque grande catastrophe arrivée à l'avènement de quelqu'une d'elles, ou plutôt la disposition naturelle aux peuples ignorants de s'effrayer des phénomènes célestes qu'ils ne peuvent expliquer, contribuèrent à les rendre redoutables. « Diri arsere cometæ, » dit Virgile ;

Et la comète en feu vient effrayer le monde.

La terreur qu'elles inspiraient n'est pas encore entièrement dissipée, puisqu'il a fallu que Laplace, et plus récemment Arago, rassurassent sur leur compte les esprits effrayés. C'est dans l'admirable notice insérée dans l'*Annuaire du Bureau des Lon-*

gitudes de 1832 qu'il faut puiser tout ce que l'on sait aujourd'hui de certain sur les comètes. C'est là que le célèbre secrétaire de l'Académie des Sciences démontre que jamais la terre ne fut heurtée par une comète ; que, tout en reconnaissant la possibilité d'un pareil choc, il prouve qu'il y a 280,999,999 à parier, contre 1, qu'il n'est pas possible. Et quand même une comète tomberait dans la sphère d'attraction de la terre, quel mal pourrait faire un corps vaporeux dont la matière subtile aurait peine à traverser l'atmosphère ?

Constitution physique des principaux corps du monde solaire.

Soleil. Si la constitution physique du soleil était parfaitement connue, on pourrait, par analogie, en déduire celle des étoiles, qui sont autant de soleils ; mais on ne connaît encore rien de bien positif sur la nature intime de ce corps, et les astronomes les plus éclairés sont réduits aux simples conjectures.

Les uns, avec Newton et toute l'antiquité, le considèrent comme un globe de feu qui finirait par s'épuiser s'il n'était de temps en temps alimenté par la chute de quelques comètes ; les autres, d'après Herschel, pensent au contraire que, bien loin d'être un brasier, son noyau est une masse refroidie, entourée de plusieurs atmosphères nuageuses, dont la supérieure seule est lumineuse et incandescente ; en sorte que le corps du soleil, préservé d'une chaleur brûlante, pourrait être habité, comme les planètes, par des êtres vivants auxquels la toute-puissance divine aurait donné une constitution convenable.

Quoi qu'il en soit, ce qu'il y a de certain, c'est qu'on aperçoit sur le disque du soleil des taches noires, nettement tranchées, entourées d'une pénombre, qui l'est aussi, sous des angles de 1′ et de 2′. Ces angles assignent des dimensions *sept et quatorze fois* plus grandes que celle du rayon de la terre, qui, nous l'avons vu, n'apparaît du soleil que sous un angle de 8″,57. Ces taches, de onze à vingt-cinq mille lieues, sont presque toutes contenues dans une zone de 34° de chaque côté de l'équateur. Elles sont très-variables et se dissolvent souvent dans l'espace de quelques jours ; ce qui fait supposer que ces phénomènes se passent dans un milieu gazéiforme.

Lune. Quand on observe la lune au télescope, les taches que l'on aperçoit à l'œil nu sur sa surface augmentent prodigieusement en nombre et offrent des aspects différents. Les unes sont unies et grisâtres comme des plaines ; les autres, sombres et obscures comme de profondes cavités qui ressemblent à des vallées et le plus souvent à des cirques au milieu desquels s'élève un piton. Ces taches sont couvertes par des ombres qui offrent des particularités remarquables. Les unes couvrent les taches seulement dans la partie la plus éloignée ; les autres, seulement dans la plus rapprochée du soleil. Dans le premier cas, ce sont donc des ombres projetées par des montagnes ; dans le second, des ombres produites par les bords escarpés des vallées et des cirques les plus rapprochés du soleil. Pendant le décours, leur direction est opposée à celle qu'elles avaient pendant le cours. Elles décroissent depuis la néoménie jusqu'au plein, où elles disparaissent tout à fait, parce que les rayons du soleil plongent alors verticalement sur la surface du satellite.

C'est au moyen des ombres de la première espèce que l'on a mesuré la hauteur des montagnes de la lune, et que l'on a trouvé qu'elles ont jusqu'à 7000 mètres. Comme cet astre est 49 fois plus petit que la terre, on voit que ses montagnes sont proportionnellement beaucoup plus élevées que les nôtres.

La méthode que l'on emploie pour les mesurer est si simple que tout le monde peut la comprendre : c'est précisément celle que Thalès enseigna aux prêtres de l'Égypte pour déterminer la hauteur des pyramides. Il fit d'abord mesurer sa propre taille ; puis, simultanément, la longueur des ombres projetées par son corps et par la pyramide. La simultanéité de la mesure des ombres est indispensable, pour qu'elles correspondent à une même hauteur du soleil. Cela fait, il posa la proportion : La longueur de mon ombre est à celle de l'ombre de la pyramide comme ma hauteur est à l'élévation du monument ; et une simple règle de trois lui donna le quatrième terme.

Eh bien ! on mesure au micromètre (p. 183) l'ombre d'une montagne lunaire sous une inclinaison déterminée des rayons solaires. L'angle trouvé correspond (p. 251) à un nombre qui indique à combien de fois ses dimensions cette ombre est reculée. La distance connue de la lune à la terre, divisée par ce nombre de fois, donne la grandeur réelle de l'ombre (p. 187). Il ne reste plus qu'à évaluer, sous la même inclinaison, l'ombre d'un corps terrestre dont la longueur est connue, pour établir la proportion d'où résultera la hauteur de la montagne ; j'allais dire, de la pyramide.

Si les montagnes de la lune sont proportionnellement plus élevées que celles de la terre, c'est que la force élastique qui les a soulevées (p. 350) avait *six* fois moins de résistance à vaincre pour la lune que pour la terre, dont la densité est six fois plus grande que celle de son satellite (p. 315).

La lune n'a point d'atmosphère, et par conséquent il ne peut y avoir sur sa surface ni mer, ni rivière ; car c'est le poids de l'air qui retient sur la terre les eaux de l'Océan, qui, sans cela, s'évaporeraient entièrement.

Si la lune avait une atmosphère semblable à la nôtre, il s'y formerait de temps en temps des nuages qui projetteraient leurs ombres sur son disque et y formeraient des taches passagères. Or, on n'en a jamais vu de semblables sur la lune, qui est cependant de tous les corps célestes le plus facile à observer ; ses taches sont toutes constantes ou périodiques. D'un autre côté, si ces nuages existaient, ils devraient quelquefois voiler cet astre à nos yeux en totalité ou en partie, lorsqu'il est visible et que notre atmosphère est pure ; mais c'est ce qui n'est jamais arrivé. Ainsi la lune n'a point d'atmosphère nuageuse.

Elle n'en a pas même une aussi rare que le vide que l'on fait sous le récipient des meilleures machines pneumatiques.

En effet, il arrive souvent que la lune passe devant une étoile qu'elle occulte. Or, on connaît sa vitesse et son diamètre ; on sait donc combien de temps l'étoile reste derrière le disque. Si la lune n'a pas d'atmosphère, l'étoile sera invisible *exactement* tant qu'elle sera cachée par le disque. Si elle en a une, le temps de la disparition de l'étoile doit être *plus court* que celui de son occultation réelle, à cause des réfractions que ses rayons éprouvent au commencement et à la fin de l'occultation, réfractions qui tendent à abréger le temps de la disparition réelle d'autant plus que l'atmosphère est plus dense. Or la différence entre le temps que l'étoile reste derrière le disque de la lune et celui où on la perd de vue n'est que de *deux secondes*, et elle serait *de plus de deux secondes* si l'atmosphère de la lune était aussi dense que l'air contenu sous le récipient, lorsqu'on y a fait le vide.

La lune ne peut influer sur la terre que par son attraction, sa lumière et sa chaleur. Son attraction se borne à produire les marées de l'Océan et de l'atmosphère, que de longues observations barométriques ont fait reconnaître. Sa lumière, 800000 fois plus faible que celle du soleil, peut à peine déposer quelques faibles traces sur les plaques les plus impressionnables du daguerréotype (p. 120), à l'aide des plus puissantes lentilles; comment pourrait-elle donc dégrader les bâtiments, altérer les couleurs, brûler les bourgeons de la vigne, produire tous les dégâts dont accuse la *lune rousse?* Sa chaleur, étant absolument insensible sur les thermoscopes les plus délicats, ne peut influer sur la température de notre atmosphère au point de la condenser ou de la raréfier assez pour réduire en eau les vapeurs qu'elle contient, ou réciproquement, et produire le beau et le mauvais temps. Les causes de ces phénomènes ne sont donc point dans cette prétendue influence de la lune.

Mercure. Cette planète est si voisine du soleil qu'il est très-difficile de l'observer. On croit seulement, d'après Schroëter, qu'elle a une atmosphère et des montagnes; mais on n'en est pas sûr. Cependant la troncature du croissant (p. 195) est une forte probabilité en faveur de l'existence des montagnes.

Vénus. Cassini et Schroëter prétendent avoir reconnu des taches, une atmosphère et de hautes montagnes sur Vénus. Quant aux montagnes, Herschel dit qu'il n'a jamais pu les voir; mais il n'a peut-être pas assez observé cette planète pour décider la question.

Mars. La lumière de cette planète est obscure et rougeâtre, ce qui fait supposer qu'elle a une atmosphère très-épaisse. Avec une forte lunette on reconnaît que son disque lui-même est rougeâtre et verdâtre. On y distingue aussi des taches lumineuses situées aux pôles, qui proviennent de la réflexion de la lumière du soleil par des amas de neige et de glaces. Chaque pôle de Mars est successivement éclairé par le soleil et privé de sa lumière, comme ceux de la terre, pendant une moitié de sa révolution, qui dure le double de celle de notre globe. Pendant qu'un des pôles de Mars reste dans l'ombre, privé de la lumière et de la chaleur du soleil, les neiges et les glaces s'y accumulent en grande quantité; aussi voit-on la tache lumineuse s'accroître à ce pôle, tandis qu'elle décroît à l'autre, où les neiges et les glaces se fondent, parce qu'elles sont exposées à la chaleur du soleil. Le contraire arrive dans la seconde moitié de la révolution.

Jupiter. Jupiter est la plus volumineuse des planètes; elle est 1491 fois plus grosse que la terre. C'est celle qui tourne le plus rapidement sur son axe; aussi son aplatissement aux pôles est-il 18 fois plus considérable que celui de la terre. Ce qui frappe le plus quand on observe cette planète, même avec une lunette ordinaire, ce sont les bandes alternativement sombres et brillantes, parallèles à son équateur, qui en sillonnent la surface. Personne n'en a donné jusqu'ici une explication vraiment concluante. Quelques astronomes prétendent qu'elles sont produites par les vents alisés qui règnent dans l'atmosphère de la planète ; d'autres, par l'égalité de température à une même latitude, causes qui permettraient aux nuages, aux neiges et aux autres matières de la surface de s'étendre en cercles parallèles, tant dans l'atmosphère que sur le noyau ; mais ces explications paraissent fort conjecturales.

Saturne. Cette planète a une atmosphère et des bandes parallèles, comme Jupiter, et, selon Herschel, elle offrirait dans sa forme une anomalie extraordinaire. La plupart des planètes sont aplaties à leurs pôles et peuvent être considérées comme des ellipsoïdes de révolution, engendrés par le mouvement d'une ellipse tournant autour de son petit axe.

Herschel, après un grand nombre d'observations faites avec le plus grand soin, et variées de toutes les manières, a trouvé que Saturne a une forme quadrangulaire, aux angles arrondis, sans pouvoir en démontrer la raison, qu'il attribuait à l'attraction de l'anneau. Ce qui distingue principalement Saturne de toutes les planètes, c'est ce merveilleux anneau, jeté comme un pont gigantesque d'une seule arche tout autour de la planète sans la toucher. Lorsque son plan passe par le centre du soleil et ne nous présente que son tranchant, on le distingue, avec les meilleurs télescopes seulement, comme une ligne lumineuse très-mince qui coupe la planète dans le plan de son équateur. Quand il tourne sa surface vers la terre, il ne nous apparaît jamais sous la forme d'un cercle parfait, mais sous celle d'une ellipse, formant une anse de chaque côté. Le bord supérieur est débordé par la planète, et l'inférieur se confond avec elle. On aperçoit au milieu une et même deux lignes noires qui paraissent diviser l'anneau en plusieurs autres distincts, situés dans le même plan. L'anneau est donc double et même triple, peut-être multiple.

En voici les dimensions d'après Biot :

	Lieues.
Diamètre total ou extérieur de l'anneau extérieur.	63,880
Diamètre intérieur de l'anneau extérieur........	56,223
Diamètre extérieur de l'anneau intérieur........	54,926
Diamètre intérieur de l'anneau intérieur........	42,448
Intervalle entre la planète et l'anneau intérieur..	6,912
Intervalle entre les deux anneaux.............	700
Épaisseur de l'anneau......................	36

Ces anneaux tournent ensemble, quoique séparés. De petites protubérances qui existent sur leurs surfaces ont fait connaître à Herschel que leur rotation s'opère autour du même axe que celle de la planète, à peu près dans le même temps, 10^h 1/2.

Comètes. Il faut considérer trois parties distinctés

dans les comètes : la chevelure, le noyau et la queue.

La *chevelure* est une espèce de nébulosité, de brouillard, qui entoure la tête de la comète. On a vu des comètes sans noyau et sans queue, jamais sans chevelure. La matière qui compose cette nébulosité est si vaporeuse qu'on aperçoit les plus petites étoiles au travers. Quand la comète a une queue, l'auréole, au lieu de former un cercle entier, n'en forme qu'une moitié, tournée vers le soleil.

Le *noyau* ou corps de la comète ressemble beaucoup aux planètes par sa forme et son éclat. Il est ordinairement très-petit. Celui de la comète de 1798 n'avait que 11 lieues de diamètre. Ce noyau est-il solide ou gazeux? On n'en sait rien.

La *queue* est une traînée lumineuse plus ou moins étendue, qui affecte toutes sortes de formes et qui indique la route que l'astre vient de suivre. Elle est toujours à l'opposite du soleil. La matière qui compose les queues des comètes est extrêmement rare et déliée, puisqu'on voit toujours luire au travers la lumière des plus petites étoiles, quelle qu'en soit l'épaisseur. La queue est souvent d'une étendue extrême. Celles des comètes de 1680 et 1769 atteignaient le zénith quand ces atres se couchaient. Il n'est pas rare que les comètes aient plusieurs queues. Il est probable qu'elles sont produites par la chaleur du soleil, car c'est ordinairement après le passage au périhélie qu'elles se développent.

Constitution universelle.

Étoiles. Les étoiles sont des soleils resplendissant de leur propre lumière. On les distribue en divers ordres, d'après leur grandeur apparente ou le degré d'intensité de leur lumière. Les anciens n'avaient pu en compter que 1022 sur environ 5000 visibles à l'œil nu dans toute l'étendue du ciel. Le télescope en montre une quantité innombrable.

Nous avons vu (p. 257) que la distance à la terre des étoiles de première grandeur, qui sont probablement les plus rapprochées de nous, est incalculable, et supérieure à 7 trillions de lieues, nombre prodigieux dont on ne peut se former quelque idée qu'en réfléchissant qu'il faut plus de *trois ans* pour que la lumière, avec sa vitesse de 77000 lieues par seconde, nous arrive de l'étoile la plus voisine. Quelle est donc la distance qui nous sépare des étoiles de septième grandeur, pour lesquelles expire la faculté de la vision ?

William Herschel, le plus grand observateur astronome des temps modernes, a reconnu qu'une étoile de première grandeur, telle que Sirius, pourrait être transportée douze fois plus loin que sa distance actuelle à la terre sans cesser d'être visible. Sa lumière alors ne pourrait nous parvenir en moins de 36 ans. Voulant sonder la profondeur des cieux au delà des limites de la visibilité, il prépara une série de télescopes qui recevaient respectivement 4, 9, 16, 25, etc., fois plus de lumière que l'œil nu, et correspondaient par conséquent à des distances successivement 2, 3, 4, 5, etc., fois plus grandes, puisque l'intensité de la lumière décroît en raison du carré des distances; c'est-à-dire que, à des distances 2, 3, 4, etc., fois plus grandes, la lumière devient 4, 9, 16, etc., fois plus faible, et que, par suite, pour qu'elle conserve la même intensité à des distances doubles, triples, etc., il faut la rendre *quatre*, *neuf*, etc., fois plus forte.

Il dirigea d'abord le plus faible de ses instruments vers une région où l'œil nu ne pouvait distinguer aucune étoile; il en aperçut bientôt un grand nombre. Supposons que parmi elles il s'en trouvât quelques-unes de première grandeur. Pour devenir tout juste visibles, après que l'intensité de leur lumière avait *quadruplé*, elles devaient être au moins *deux fois* plus loin que *Sirius*, transporté à 12 fois sa distance réelle, où il paraît à l'œil nu de septième grandeur, et par suite 24 fois plus éloignées que lui. Leur lumière ne pouvait donc nous arriver en *moins* de 72 ans.

Le second instrument, qui augmentait 9 fois la lumière, lui montra des étoiles 3 fois plus éloignées que *Sirius* reculé à 12 fois sa distance actuelle, c'est-à-dire 36 fois plus distantes; ce qui exige 108 ans pour que leur lumière nous arrive.

Plongeant ainsi successivement dans les abîmes

des cieux, il arriva à découvrir des étoiles 900 fois plus éloignées de nous que les étoiles de première grandeur, et dont la lumière emploie 2700 ans à nous parvenir. (P. 258.)

Il est évident que de plus puissants télescopes montreraient des étoiles plus éloignées encore (comme l'a fait le gigantesque télescope de lord Ross, de 6 pieds anglais d'ouverture, *dix* fois plus puissant que le grand télescope d'Herschel), et que les espaces célestes sont semés sans fin de mondes innombrables.

Les étoiles, qui ne nous paraissent que des points radieux, sont de véritables soleils dont la grandeur surpasse même celle du nôtre, au moins pour quelques-uns. Depuis longtemps les astronomes s'appliquent à mesurer, par diverses méthodes, les *diamètres apparents* des étoiles. Avant la découverte des lunettes, ils leur attribuaient des valeurs beaucoup trop grandes, que le micromètre a singulièrement réduites. Néanmoins, l'imperfection des instruments et une multitude de causes concouraient à rendre ces mesures extrêmement difficiles, parce qu'au lieu d'un diamètre net et pur l'observateur n'en voyait qu'un *factice* très-amplifié. Herschel parvint, à force de soins, à en réduire les dimensions fort au-dessous de celles qu'on avait trouvées avant lui, en assignant *deux dixièmes de seconde* seulement au diamètre apparent d'Arcturus ; ce qui donne un diamètre réel de 4 millions de lieues , 11 fois environ la longueur du diamètre de notre soleil. (P. 261.) Mais on a reconnu depuis que le diamètre apparent des plus belles étoiles est au plus de $0'',05$ ou $0'',06$.

Les étoiles que les anciens et les modernes se sont unanimement accordés à appeler *fixes* sont bien loin de mériter cette qualification. Depuis plus d'un siècle les observations de plusieurs grands astronomes ont constaté le mouvement propre des étoiles par les changements de longitude et de latitude reconnus pour un très-grand nombre d'entre elles. Le soleil lui-même n'occupe pas un *point fixe* dans le ciel; il s'avance avec son cortége vers la constellation d'Hercule (p. 316); nouveau rapport qui le range parmi les étoiles.

Étoiles doubles. Ces mouvements propres sont évidents pour les *étoiles doubles* et *multiples*, couples et systèmes formés de soleils tournant les uns autour des autres dans toutes les régions du ciel. Ces étoiles sont ordinairement colorées; il y en a de *rouges*, de *bleues*, de *vertes*, de *jaunes*, de *blanches*. Ces couleurs diverses pourraient être le résultat du contraste des couleurs complémentaires; mais il paraît que le *bleu* est la couleur réelle de certaines étoiles. La découverte des étoiles doubles, faite par Herschel, est de la plus haute importance. Elle pourra servir un jour à déterminer la distance de ces groupes à la terre, ou à fixer du moins les limites en deçà et au delà desquelles ils ne sauraient être placés.

Nébuleuses. On appelle *nébuleuses* des taches diffuses, lumineuses, blanchâtres, répandues dans toutes les parties du ciel. Les *pléiades* en sont un exemple. Au premier aspect elles n'offrent qu'une masse confuse de lumière, mais un œil perçant ou armé de la plus faible lunette y distingue aisément 6 étoiles très-rapprochées, et 36, si la lunette est forte. On appelle *résolubles* toutes les taches semblables que le télescope résout en étoiles.

Herschel, voyant que les taches blanchâtres qui avaient résisté à certains grossissements cédaient toujours à de plus puissants, crut longtemps que toutes les nébuleuses sont résolubles en étoiles distinctes très-rapprochées; mais des observations minutieuses le convainquirent enfin qu'il en existe qui ne sont que des *amas de matière diffuse* et lumineuse, comme la *lumière zodiacale*, qui entoure l'équateur du soleil et s'étend au delà de l'orbite de Vénus. C'est ce qu'on appelle la *matière chaotique*, ou *cosmique*, destinée peut-être à former de nouvelles étoiles par son refroidissement et sa condensation.

Les *nébuleuses résolubles* varient beaucoup pour la forme et l'éclat. La plupart sont globulaires et renferment un grand nombre d'étoiles. On s'est assuré qu'une nébuleuse dont l'étendue superficielle apparente couvrirait à peine le dixième de la surface de la lune ne renferme pas moins de *vingt mille* étoiles. Les nébuleuses ne sont pas uniformément réparties dans le ciel, qui, sous ce rapport, offre des régions *riches* et *pauvres*, mais il est probable qu'un puissant télescope en montrerait même dans celles qui en paraissent le plus dénuées.

Voie lactée. La voie lactée, que le vulgaire nomme le chemin de Saint-Jacques, les sauvages de l'Amérique, le chemin des esprits, et que les anciens expliquaient par les gouttes de lait qu'Hercule laissa tomber du sein de Junon, n'est autre chose qu'une immense nébuleuse résoluble, dans laquelle le télescope montre des millions d'étoiles agglomérées. Trop petites pour qu'on puisse les discerner une à une à l'œil nu, leurs images condensées forment ces lueurs diffuses et lactées que nous apercevons.

Cette immense zone lumineuse embrasse tout le contour du ciel et forme avec l'équateur un angle de 60°. Elle commence à la poupe du navire Argo et finit à la proue, passe par la Licorne, Bootès, Cassiopée, le Cygne, où elle se divise en deux branches qui se rejoignent au sommet du grand triangle. Les étoiles innombrables qui la composent, et dont notre soleil fait partie, forment une couche, une *strate*, circulaire, très-large et très-mince, comprise entre deux surfaces presque planes, parallèles et rapprochées. Le soleil, et, par suite, la terre sont placés à peu près au milieu de l'épaisseur et de la largeur. Si de notre point de vue nous dirigeons nos regards dans le sens de l'épaisseur, nous apercevons très-peu d'étoiles ; nous en verrons un plus grand nombre dans le sens de la largeur et une infinité dans celui de la longueur. Les diverses régions du ciel nous paraîtront donc plus ou moins étoilées, plus ou moins lumineuses, selon la direction des rayons visuels. Quand nous les dirigeons dans le sens de la longueur, le maximum de lumière nous paraît un grand cercle, parce que son plan passe par la terre, que l'on peut considérer comme située au centre de la sphère.

DIXIÈME LEÇON.

Coup d'œil spécial sur le globe terrestre.

Suspendons un instant notre marche pour jeter un regard rétrospectif sur le chemin que nous venons de parcourir.

A notre point de départ le ciel ne nous offrait que des apparences trompeuses. Position, mouvement, grandeur, distance, forme, lumière, tout n'était qu'illusion pour nos sens, dont nous ne suspections pas même encore le témoignage. La terre elle-même était bien loin de nous paraître ce qu'elle est réellement ; nous en avions l'idée la plus fausse.

Mais à l'aide de l'observation et de l'expérience nous sommes parvenus à dissiper successivement les nuages qui obscurcissaient la vérité ; nous avons reconnu la forme réelle de notre globe ; nous en avons mesuré exactement les dimensions, la surface, le volume, la densité, la masse, ainsi que la distance à la lune, au soleil, aux planètes, aux étoiles. Le rang qu'il occupe dans le système planétaire a été constaté ; nous avons démontré le triple mouvement qui l'anime ; apprécié les vitesses de rotation, de translation, de nutation ; indiqué enfin, d'après l'hypothèse de Laplace, l'origine probable des planètes et des satellites.

22.

Maintenant, pour acquérir une connaissance plus approfondie de la terre, objet principal de notre étude, nous allons en considérer succinctement *l'intérieur*, *l'écorce*, *la surface* et *l'enveloppe extérieure*.

Intérieur de la terre.

L'aplatissement des pôles de la terre prouve qu'elle a été primitivement dans un état de fluidité qui n'a pu être produit que par l'eau ou par le feu. De là deux systèmes géologiques : celui des Neptuniens et celui des Plutoniens.

L'opinion des Neptuniens ne peut se soutenir, parce que, d'après les calculs de Cordier, le poids total des eaux du globe n'est pas la $\frac{1}{50000}$ partie du poids total de notre planète. Il faudrait donc que 1 kilogramme d'eau pût dissoudre 50000 kilogrammes de matières solides. L'absurdité saute aux yeux. Tout concourt au contraire à établir l'opinion des Plutoniens.

Les saisons et la latitude modifient continuellement la température extérieure de la terre, qui peut s'élever en certains points jusqu'à + 60° et s'abaisser en d'autres jusqu'à — 50°, parce que la terre s'échauffe bien plus que l'air et se refroidit davantage la nuit par le rayonnement du calorique. Mais ces grandes variations n'atteignent tout au plus que 3 ou 4 centimètres de profondeur.

Outre ces oscillations diurnes, la terre atteint une température annuelle qui s'étend bien plus profondément que celle que produisent les retours successifs du soleil sur l'horizon. Elle paraît influer jusqu'à la profondeur de 30 à 40 mètres vers les pôles, et beaucoup moins sous l'équateur ; en sorte que, en allant de l'équateur aux pôles, il faut de plus en plus descendre pour trouver le point où cette température cesse de varier. La ligne imaginaire qui passerait par tous ces points offrirait sur son trajet une série d'ondulations depuis *un* pied, comme M. Boussingault l'a trouvé dans les Indes, jusqu'à *quarante* mètres de profondeur. On l'appelle *ligne de température variable*.

Tout ce qui est au-dessus de cette ligne souterraine est soumis à l'influence des saisons et des climats ; tout ce qui est au-dessous en est complétement indépendant. Eh bien! lorsqu'on pénètre au-dessous de cette ligne, on s'aperçoit bientôt que la température augmente toujours en raison de la profondeur. Cette augmentation n'est pas égale partout ; mais le terme moyen paraît être de $1°$ centigrade par chaque 27 mètres que l'on gagne en profondeur. « D'où il résulte, dit M. Boubée, qu'à 2700 mètres la chaleur est telle, même dans les climats les plus froids, que *l'eau* ne pourrait s'y conserver liquide, qu'elle y serait aussitôt réduite en vapeur ; qu'à 3000 mètres le *soufre* serait continuellement en fusion ; qu'à 6500 mètres le plomb n'existerait que fondu; et si l'on suit ainsi les degrés de fusibilité des substances connues, on reconnaît qu'il n'est aucune pierre, aucun métal, si réfractaire qu'il soit, qui puisse rester solide à la profondeur de 20 lieues, et qui ne doive y être dans un état complet d'incandescence et de fluidité. Or qu'est-ce que cette profondeur relativement à celle du centre de la terre, situé à 1590 lieues de la surface? Mais on conçoit que cette progression ait un terme; car la température centrale ne peut être maintenant plus grande que lors de la formation du globe, et alors elle dut être celle de la fusion générale de toutes les matières qui le composent.»

La progression croissante de 1° C. par 27 mètres ne se dément pas jusqu'à la profondeur de 1800 pieds, la plus grande que l'on ait encore atteinte; ce qui permet de supposer qu'elle continuerait au delà.

Quelle peut être la cause de cette chaleur centrale, dont l'existence est constatée par les eaux thermales qui jaillissent naturellement à la surface de la terre, les geisers et les puits artésiens d'une grande profondeur, comme aussi par les matières brûlantes, incandescentes des éruptions volcaniques?

On ne peut l'attribuer à une masse de combustible quelconque qui se serait enflammée et qui aurait continué à brûler, parce que ces matières devraient être consumées depuis longtemps; que les quantités énormes d'oxygène nécessaires pour entretenir une pareille combustion ne pourraient provenir que de la décomposition de matières qui elles-mêmes se seraient épuisées ; et que, enfin, ces épuisements auraient produit de grands vides, qu'on ne saurait admettre à cause des affaissements désastreux qui en seraient résultés, et surtout à cause de la densité moyenne de la terre, qui, loin de supposer des vides intérieurs, suppose au contraire que le centre renferme des matières plus denses que la plupart des métaux.

Puisqu'on ne saurait attribuer la chaleur centrale à une combustion quelconque, il faut en conclure que, originairement, la terre fut tout entière en feu ; que ce globe incandescent répandait sur la lune une vive clarté et l'échauffait de ses rayons, comme le soleil nous enveloppe maintenant des siens ; mais que, circulant dans un espace éthéré dont le baron Fourrier considère la température comme égale à — 50°C., sa surface a dû se refroidir promptement et se revêtir d'une *croûte* solide qui s'est successivement épaissie et durcie jusqu'à ce jour.

L'épaississement de cette première croûte devait avoir lieu par la surface interne, parce que cette mince pellicule n'empêchait pas la chaleur centrale de s'échapper dans l'espace. Or, à mesure que la température baissait, la solidification s'opérait, et l'on estime qu'elle a atteint aujourd'hui de 18 à 20 lieues, que l'on apprécie d'après la loi de l'accroissement de température en raison de la profondeur, et le degré de fusibilité des matières qui composent la masse du globe.

Le refroidissement successif du globe continuant avec rapidité, selon Buffon et Bailly, devrait enfin couvrir la terre entière de glaces ; mais les calculs de Fourrier ont démontré que le refroidissement intérieur du globe ne peut plus affecter la température de la surface, désormais livrée à la seule action des rayons solaires. Le refroidissement, loin d'être rapide, est au contraire devenu d'une extrême lenteur, puisque, d'après les calculs de Laplace, la température générale du globe n'a pas varié d'*un dixième de degré* depuis 2000 ans. En effet, depuis 2000 ans, la durée du jour sidéral n'a pas changé : des observations astronomiques le prouvent ; par conséquent la vitesse de rotation de la terre n'a pas varié ; ainsi son volume, et par suite sa température, n'ont éprouvé aucune diminution sensible ; car, dans ce cas, son mouvement serait devenu plus rapide et le jour plus court.

On peut donc considérer la terre comme un *soleil encroûté*, environné d'une écorce de 18 à 20 lieues d'épaisseur qui s'accroît intérieurement, et dont le centre est rempli de matières en fusion.

Ces matières diverses se combinent nécessairement de mille manières, et sont ensuite décomposées par de puissantes affinités chimiques. On conçoit quels énormes volumes de gaz doivent se développer dans cet immense creuset et avec quelle violence ils doivent s'y agiter. On trouve ainsi la cause des forces intérieures qui expliquent, d'une manière si satisfaisante les phénomènes volcaniques, les tremblements de terre, les soulèvements des montagnes, les grands dégagements de gaz et de bitume, les eaux minérales et thermales, les geizers, les puits de feu et d'autres phénomènes analogues aussi intéressants que terribles.

Écorce de la terre.

L'écorce de la terre se compose de couches de roches *stratifiées* et *cristallisées*. On entend par *roches* de grandes masses de matières minérales, quelles qu'en soient la nature et la dureté, qui entrent dans la structure de la croûte terrestre.

Les roches *stratifiées* proviennent de matières déposées au sein des eaux par voie de sédiment, comme la vase; elles renferment des couches superposées, toutes produites par les eaux.

Les roches *cristallisées* proviennent de matières fondues ou dissoutes dans l'eau, qui ont passé lentement de cet état de fusion ou de dissolution à l'état solide, en affectant certaines formes plus ou moins parfaites, selon que la cristallisation a été régulière ou confuse. La plupart des roches cristallisées sont dues au refroidissement intérieur.

Pour se faire une idée nette de la formation de

ces différentes couches, il faut avant tout déterminer une ligne de niveau, au-dessus et au-dessous de laquelle on puisse s'élever et descendre ; une sorte d'*horizon géologique* qui serve de point de départ, comme le niveau de la mer est celui des hauteurs et des profondeurs. Choisissons pour cela la *première roche* qui ait été formée, la première surface terrestre qui se solidifia par le refroidissement : c'est le *granit*, qui environne toute la terre d'une seule pièce.

Au-dessus de cette roche sont tous les terrains de sédiment ; au-dessous, tous ceux d'origine ignée.

Divisons aussi en plusieurs époques bien caractérisées la longue série de siècles qui ont dû s'écouler depuis la formation primitive jusqu'à nos jours. On en trouve quatre. La *première*, antérieure aux êtres organisés, est celle des *terrains primordiaux ;* la *seconde*, pendant laquelle la terre fut couverte de végétaux, et la mer seule peuplée d'animaux, est celle des *terrains intermédiaires* ou *secondaires ;* la *troisième*, pendant laquelle naquirent les quadrupèdes et les poissons d'eau douce, est celle des *terrains tertiaires ;* la *quatrième*, pendant laquelle l'homme fut créé, est celle des *terrains diluviens* et *post-diluviens*, qui dure encore.

Première époque. Quand la terre entière était en fusion et que sa surface même était incandescente, son atmosphère occupait une immense étendue, et renfermait une agglomération de matières diverses, beaucoup plus nombreuses qu'aujourd'hui, disposées en couches selon leur pesanteur spécifique. Dès que le refroidissement extérieur le permit, la surface de la terre se solidifia ; quelques-unes des matières vaporisées que l'atmosphère contenait se condensèrent, et, en se déposant sur la première écorce, formèrent diverses couches qui l'épaissirent. Ces terrains primitifs constituent la première enveloppe du globe, le *granit,* substance composée en égale proportion de *mica,* de *feldspath* et de *quartz,* renfermant tous trois de la silice.

Deuxième époque. Quand les eaux condensées de l'atmosphère purent reposer à leur tour sur la surface de la terre, toutes les matières qu'elles contenaient en dissolution produisirent ce qu'on appelle les *terrains de transition,* le *terrain secondaire inférieur* et le *terrain secondaire supérieur.* Ces trois espèces de terrains se composent de *schistes* ou roches feuilletées, de *calcaires* et de *grès.* C'est à cette époque remarquable que la chaleur et l'humidité fécondèrent la terre, si longtemps stérile ; que furent créés des plantes et des animaux aquatiques marins, et que se formèrent dans les lacs, dont la terre était couverte, ces immenses dépôts de plantes et surtout de gigantesques fougères que l'action du feu central devait convertir en mines de houille, si précieuses pour l'industrie.

Troisième époque. Pendant cette époque se formèrent les *terrains tertiaires,* composés principalement de grès, d'argiles et de marnes plus ou moins calcaires. Ces terrains renferment des couches formées, les unes dans l'eau de la mer, les autres dans l'eau douce des lacs et des fleuves, que l'on distingue sous les noms de *formations marines, formations lacustres*. On rencontre très-fréquemment dans les terrains tertiaires des *fossiles*, c'est-à-dire des corps organisés enfouis dans les roches sur la surface desquelles ils ont vécu, et dont les roches postérieures à leur existence ont recouvert les restes. Alors apparurent les grands quadrupèdes, qui avaient été précédés par les reptiles amphibies, et, en même temps, des insectes, des poissons et d'autres animaux d'eau douce. Les diverses espèces d'animaux se succédaient alors avec rapidité, parce que les circonstances physiques, variant prodigieusement, devenaient contraires à l'existence des unes, favorables à celle des autres, comme le prouve la grande quantité de débris organiques fossiles d'animaux, dont les analogues vivants n'existent plus, que l'on rencontre dans les fouilles. A mesure que le règne organique se développait, le règne inorganique décroissait dans la même progression, comme si, à l'époque de la création de l'homme, Dieu eût voulu écarter l'influence maligne du règne minéral.

Quatrième époque. Cette époque, dans laquelle nous vivons, comprend tous les *terrains diluviens* et *post-diluviens*. Les premiers se composent exclusivement de *sables* et de *cailloux roulés* mêlés ensemble sans *stratification* régulière. Les seconds sont accompagnés de *blocs erratiques*, c'est-à-dire d'énormes fragments de roches dispersés dans les montagnes et jusque dans les plaines, où les eaux du déluge ont pu seules les entraîner dans leur cours, dont la direction est indiquée par celle des blocs. Ces terrains renferment des fossiles. C'est à cette époque qu'appartiennent la création de l'homme et le déluge universel.

Pendant qu'une infinité de roches étaient ainsi superposées les unes sur les autres au-dessus de l'horizon géologique, la masse compacte du granit croissait aussi inférieurement par le refroidissement successif de la matière intérieure la plus rapprochée de la surface, comme il arrive à un boulet rouge sorti de la fournaise, dont le centre est encore brûlant quand la surface et la partie supérieure de la masse sont déjà refroidies.

Les matières des couches supérieures provinrent : 1° de la condensation successive des diverses substances vaporisées dans l'atmosphère ; 2° des émanations de la masse intérieure du globe ; 3° de la destruction des montagnes ; 4° des débris des animaux et des végétaux.

Le refroidissement successif, en densifiant de plus en plus l'atmosphère, faisait passer certaines substances de l'état gazeux à l'état liquide et en déterminait ainsi la chute sur la terre, ce qui augmentait le volume de l'écorce.

L'intérieur de la terre a été, à toutes les époques, en communication directe avec la surface, plus encore qu'il ne l'est aujourd'hui. Les vapeurs, les gaz emprisonnés se concentraient, s'accumulaient sur divers points jusqu'à ce qu'ils pussent, par leur force expansive, soulever ou rompre l'enveloppe qui les coerçait, et entraîner avec eux des torrents de matière. Quand la croûte était encore mince et molle, elle cédait facilement à leur effort, et les soulèvements ne formaient que des ondulations de terrain qui expliquent le grand nombre de lacs dont la terre était couverte. Mais lorsque la dureté et l'épaisseur de l'écorce présentèrent aux gaz de plus grands obstacles à vaincre, leur élasticité, augmentée par la compression, produisit des tremblements de terre, des dislocations du sol et des soulèvements considérables. Alors furent formés les *montagnes primitives* et les *volcans,* par l'orifice desquels des torrents de laves furent lancés et se répandirent sur la surface entière du globe, où ils formèrent de nouvelles couches dont la constitution accuse une commune origine. Cependant tous les soulèvements n'étaient pas accompagnés d'un entier bouleversement du sol. Dans ce cas, les couches de l'écorce, cédant à la force expansive, s'élevaient en dos d'âne, en conservant entre elles leurs positions respectives. Mais, quand il y avait rupture, la couche granitique, la plus profonde de toutes, était celle qui s'élevait le plus ; elle perçait alors toutes les autres et formait le sommet de la montagne, sur les flancs de laquelle on voyait à découvert les diverses couches disposées en gradins. Absolument, dit Arago, comme, en repliant une main de papier et en y faisant une entaille longitudinale, on voit la feuille inférieure, que couvrent toutes les autres, occuper le point le plus élevé et les autres se disposer graduellement à côté, jusqu'à la feuille supérieure, qui occupe la position la plus basse.

Mais si la force intérieure a produit les montagnes, des agents extérieurs tendent sans cesse à les détruire. Ces agents sont : la pression atmosphérique, le frottement et la vitesse de l'air, les météores aqueux et ignés, les cours d'eau, l'action de la lumière, de l'électricité, de la température solaire, qui agissent tantôt mécaniquement, tantôt chimiquement. Leur action érosive et destructrice a dû attaquer tout d'abord les montagnes et trouver dans leurs débris les matières de nouvelles couches, qui se sont combinées avec les matières végétales et animales.

Les tremblements de terre, les éruptions volcaniques, les soulèvements de l'écorce du globe étaient beaucoup plus fréquents et énergiques dans ces temps reculés qu'ils ne le sont de nos jours. Cependant ces phénomènes redoutables se manifestent encore assez fréquemment. Pour ne parler que des derniers, nous dirons qu'en 1831, au commencement de juillet, s'éleva près des côtes de la Sicile une île nommée *Nérita*.

En 1832 la côte du Chili se souleva sur une étendue de 30 lieues, à la suite du tremblement de terre qui, le 19 novembre de cette année, détruisit Valparaiso et trois autres villes.

Le sol entier de la Norwége et de la Suède s'exhausse continuellement, mais avec lenteur, ce qui explique jusqu'à un certain point le peu de profondeur de la mer Baltique. Un rocher du port de Fjellbacka, connu sous le nom de *Gadmuns-Schare*, situé à 58° 35′ de latitude, était, en 1532, à deux pieds au-dessous de la surface de l'eau ; en 1662, il n'était plus qu'à sept ou huit pouces de la surface ; en 1742, il dépassait la surface de deux pieds ; en 1844, il était de quatre pieds au-dessus du niveau de la mer. Son exhaussement a donc été de six pieds en 300 ans ou d'un pied en 50 ans.

Ce ne sont pas seulement les *cratères* qui servent de soupapes de sûreté à la terre, mais des fractures du sol, des fentes plus ou moins larges et étendues qui ont servi de passage à toutes les matières injectées du dedans au dehors. Ces fentes s'appellent *filons*. Celles qui ont été remplies par en haut par des dépôts mécaniques ou chimiques sont des *brèches* ou *cavernes*, telles que celles qui renferment des ossements.

On peut distinguer les filons d'*injection* ou *pier-reux* et les *filons de dépôt* ou *métallifères*.

Les filons de *dépôt*, ainsi nommés parce que les métaux qu'ils renferment y ont sans doute été déposés par des vapeurs ou des liquides, sont les plus importants. Ils coupent les couches obliquement ou perpendiculairement; quelquefois ils se trouvent entre deux couches. La forme en est très-variable : ce sont, en général, des masses aplaties, dont les faces sont parallèles. D'autres fois le filon s'amincit ou s'élargit par le bas, ou bien il se renfle et s'amincit de distance en distance. Souvent les filons se ramifient et se croisent, ou se resserrent en faisceaux. La largeur d'un filon en détermine la *puissance ;* en général elle ne dépasse pas 1 mètre. Celui de Guamaxuato, au Mexique, a de 40 à 45 mètres, d'après M. de Humboldt : c'est une des grandes exceptions. Les filons les plus larges sont les moins abondants. La richesse dépend de la quantité de minerai, que rien ne peut indiquer précisément. Les métaux y sont toujours enveloppés d'une matière pierreuse qu'on nomme *gangue*.

La croûte du globe renferme, en outre, dans diverses couches, un grand nombre de matières utiles : les eaux *minérales :* les plus chaudes, les plus énergiques sortent du granit; la plupart surgissent des terrains primitifs et des calcaires de transition; la *houille*, que l'on trouve au milieu des roches de transition; la *pierre à lithographie* et le *sel gemme*, qui s'exploitent dans le terrain secondaire inférieur ; les *belles pierres à bâtir*, dans le terrain secondaire supérieur ; les mines *d'or*, de *platine*, de *diamants*, de *pierres précieuses*, de *fer*, qui appartiennent aux terrains diluviens.

Surface de la terre.

La surface de notre planète se compose de terre et d'eau, d'où lui vient le nom de globe *terraqué*. La masse des eaux occupe les trois quarts de la surface ; celle des terres se divise actuellement en deux grands continents, l'ancien et le nouveau monde, et en une infinité d'îles groupées en archipels, ou disséminées sur le vaste Océan, comme les débris d'un monde submergé par quelque grand cataclysme. Les îles, pour la plupart, ne sont en effet autre chose que des sommets de montagnes dont les bases reposent sur des plaines envahies par la mer.

Les continents sont parsemés de lacs et sillonnés par un grand nombre de fleuves et de rivières produits par des sources dont voici l'origine.

La vaste surface de l'Océan, exposée à l'action du soleil, en reçoit un degré de chaleur suffisant pour faire évaporer chaque jour insensiblement une grande masse d'eau qui s'élève dans l'atmosphère. Ces vapeurs condensées forment des nuages, qui se résolvent en pluie, ou qui sont attirés de tous côtés par les sommets des montagnes, dont la basse température résout leurs vapeurs en eau. Cette eau pénètre dans l'intérieur des roches par les ruptures de leurs couches, échelonnées sur les flancs de la montagne, s'y fraye un passage et vient sourdre en partie vers le milieu ou vers le pied, où elle forme des *sources*, des *fontaines* intarissables qui alimentent des *ruisseaux*. La réunion de plusieurs ruisseaux forme une *rivière*; celle de plusieurs rivières, un *fleuve* tributaire de l'Océan. Ainsi, par les phénomènes de l'évaporation insensible, de l'attraction, de la condensation, un commerce continuel est établi entre la mer et l'atmosphère, qui reçoivent et rendent tour à tour un des principaux éléments de la fécondité de la terre. Pour changer un désert en un paradis terrestre il suffirait que la Providence y élevât une haute montagne.

Une grande partie des eaux qui s'infiltrent à travers les roches y pénètrent plus ou moins profondément, s'amoncellent sur des lits imperméables d'argile ou de roches dures, et forment ainsi, entre deux couches, ces nappes d'eau, ces rivières souterraines qui, jaillissant par les *puits artésiens*, fournissent de puissants moteurs à l'industrie, ou qui, saturées de substances gazeuses et minérales, reviennent, de ces profondeurs où elles ont acquis une haute température, revivifier les organes usés de nos corps languissants.

23.

Les rivières et les fleuves offrent des phénomènes remarquables relativement à l'inégalité et à la pente de leurs lits, au volume de leurs eaux, à leur vitesse, aux atterrissements qu'ils forment à leurs embouchures, à leurs crues périodiques, etc.

Les crues périodiques n'appartiennent qu'aux fleuves qui ont leurs sources dans la zone torride. Là, des pluies diluviennes et périodiques gonflent régulièrement les eaux des fleuves et les font déborder. Tels sont le Nil, le Gange, l'Orénoque, qui, depuis 250 ans que les Européens sont établis sur ses bords, n'a jamais retardé de plus de douze à quinze jours l'époque de ses crues.

Des différences de niveau qui existent dans les lits des fleuves naissent des chutes d'eau qu'on appelle *cascades, sauts, cataractes, rapides*, selon qu'elles forment une série de chutes plus ou moins rapprochées, ou qu'elles proviennent d'une inclinaison du plan sur lequel elles coulent telle qu'elles soient, ou non, obligées de l'abandonner.

Les lacs sont de grands amas d'eau douce ou salée réunie dans des dépressions du sol. Ils étaient jadis beaucoup plus vastes et plus nombreux qu'aujourd'hui. Leur diminution progressive s'explique par les atterrissements que forment dans leurs bassins les rivières qui s'y jettent, ou par l'évaporation que ne compensent pas les tributs qu'ils reçoivent. Telle est la mer Caspienne, dont les eaux paraissent s'être abaissées de 400 pieds depuis les temps historiques, et dont le niveau est maintenant inférieur de 283 pieds à celui de la mer Noire.

Les mers sont d'immenses bassins remplis d'eau salée. Elles communiquent toutes entre elles, et forment par leur réunion l'*Océan*, qui pénètre les continents et y forme des golfes, des détroits, des isthmes, des méditerranées. Les eaux de l'Océan sont continuellement agitées par les marées, par les vents, par les courants et par la rotation de la terre. Ce mouvement perpétuel et la salure les empêchent de se corrompre et d'empester la terre.

Il y a des courants constants, périodiques, accidentels. Ils sont généralement produits par le concours de plusieurs causes, parmi lesquelles on admet les vents, l'inégalité de l'évaporation dans les diverses zones, la fonte des neiges et des glaces polaires, et le mouvement de rotation qui imprime aux eaux de la mer une vitesse de sept lieues par minute, d'occident en orient, vitesse qui les force à se mouvoir dans un autre sens lorsqu'elles rencontrent dans leur route quelque obstacle invincible qui les détourne de leur cours.

Un des courants les plus remarquables est le *Gulf-Stream*, qui fait le tour de l'océan Atlantique en deux ans et demi.

Les eaux de la mer tiennent en dissolution 3 1/2 pour 100 de matières salines, qu'y apportent les eaux thermales, par les fentes dont la croûte du globe est percée, et les fleuves; car toutes les eaux, même les plus pures, contiennent une petite quantivé d'hydrochlorate de soude ou sel marin, que la nature produit plus abondamment que les autres.

La masse des eaux de la mer paraît diminuer progressivement. Ce phénomène semble être indiqué par un grand nombre d'observations, dont une des plus remarquables a été faite par de Saussure, sur les bords de la Méditerranée, entre Monaco et Vintimille. Il vit, dit-il, dans les rochers calcaires coupés à pic au bord de la mer, une multitude d'excavations profondes situées à différentes hauteurs, jusqu'à 200 pieds, qu'il s'assura n'avoir pu être creusées que par l'eau. Elle s'était donc élevée autrefois à cette hauteur. Il existe une autre considération qui ne peut guère laisser de doute sur cette diminution graduelle. Patrin l'a émise le premier dans son histoire des minéraux.

« Personne n'ignore, dit-il, qu'il existe sur tous les points du globe une infinité de fleuves et de riviéres qui roulent continuellement à la mer des atterrissements formés des débris des continents, qui doivent à la longue combler leur bassin, comme celui de plusieurs lacs a déjà été comblé par une cause semblable. » S'il ne s'opérait pas une diminution dans la masse des eaux, le fond de leur lit s'élevant, elles seraient obligées de refluer sur le continent, ce qu'elles ne font pas; au contraire, elles se retirent sur un grand nombre de points.

Mais qui peut produire cette diminution?

Deux causes principales : 1° l'action vitale des êtres organiques, qui tous absorbent de l'eau et la solidifient en partie ; ce qui, selon Buffon et Geoffroy Saint-Hilaire, a formé la plus grande partie du calcaire qui existe sur la terre ; 2° l'évaporation ; car toute l'eau qui s'évapore de la surface des mers n'y revient pas. Une partie de celle qui tombe en pluie entretient la végétation et la vie des animaux, une autre imbibe les couches solides du globe et se combine autant qu'elle s'interpose.

Ainsi la terre serait destinée à devenir, comme la lune, un corps sec et aride.

C'est une erreur vulgaire de croire que les mers n'ont pas de fond. La profondeur en est très-variable, sans doute, mais on estime que le *maximum* ne va pas à plus de 7 à 8000 mètres. En effet, la profondeur du bassin de l'Océan doit être proportionnée à la hauteur des montagnes, car le bassin actuel doit ressembler à nos continents, que la mer a déjà envahis plusieurs fois. Quand ses eaux inondaient les terres qui sont maintenant à découvert, les sommets des plus hautes montagnes formaient des îles plus ou moins étendues, selon leur élévation ; quelques autres, des bas-fonds plus ou moins rapprochés de la surface des mers ; les plateaux, les plaines, les vallées, les dépressions du sol offraient à la sonde des fonds d'inégale profondeur, dont quelques-uns étaient inaccessibles, et pouvaient faire supposer, comme aujourd'hui, qu'en ces endroits

il n'y avait pas de fond, quoiqu'il y en eût réelle
ment un.

Disons donc qu'il est souvent impossible de trouver le fond de la mer, mais n'en concluons point
qu'il n'y en a pas. Il y aurait toujours celui de la
couche granitique; car il faut que les eaux reposent sur une base solide. Qu'arriverait-il, en effet,
si cette base manquait à l'Océan en un seul point?
Ses eaux s'engouffreraient par cette cavité dans l'intérieur de la terre, et son lit serait bientôt à sec.

La surface des continents offre aussi beaucoup
de variété. On y remarque des chaînes de montagnes, de profondes vallées, des plateaux élevés,
des plaines, des dépressions, des déserts, des
oasis, etc.

Un fait géographique bien remarquable, c'est
l'immense chaîne de montagnes, en forme de fer
à cheval, qui, partant du cap Froward, longe les
côtes occidentales de l'Amérique du Sud et du Nord
jusqu'au détroit de Béring; se lie en Asie à la
chaîne qui, courant au sud du désert de Cobi, se rat-
tache aux monts Himalaya; traverse la Perse; parcourt en Arabie les bords de la mer Rouge; franchit le détroit de Bab-el-Mandel, et se prolonge en
Afrique le long des côtes orientales jusqu'au cap
de Bonne-Espérance, n'ayant éprouvé que deux solutions de continuité dans cet immense trajet. Cette
ceinture renferme dans son cercle tous les continents, qu'elle sépare de la plus grande partie des

eaux. C'est à cette chaîne que la plupart des autres viennent se rattacher.

Les vallées sont formées par les écartements des montagnes. Elles sont *longitudinales* ou *transversales*. Les premières sont parallèles à la crête des chaînes et fort élevées; les secondes les coupent obliquement ou à angle droit, et conduisent aux plaines en s'élargissant. Celles-là, au contraire, sont souvent étranglées à leur entrée, et forment ces passages étroits qu'on appelle *Portes Caspiennes*, ou des *Nations*, parce que ces vallées servirent plus d'une fois de retraite à des nations belliqueuses jalouses de conserver leur indépendance.

Les plateaux ou plaines élevées diffèrent de grandeur et d'élévation. Les plus considérables sont en Amérique. Nous citerons ceux de Bogota et de Quito, élevés de 2800 à 4000 mètres au-dessus du niveau de la mer, et le grand plateau du Mexique, de 2336 mètres.

Les plaines basses sont très-nombreuses; deux surtout méritent de fixer l'attention. On peut, en partant des côtes de la Belgique, se diriger à l'est, jusqu'aux steppes asiatiques qui entourent la pente occidentale des monts Altaï, sans franchir une hauteur de 400 mètres. C'est comme une grande coupure qui s'étend d'une manière continue depuis le Brabant jusqu'à la Djungarie chinoise, sur une étendue qui égale presque la demi-circonférence du globe.

Il existe une seconde ceinture de plaines basses et sablonneuses depuis l'extrémité ouest du désert de Sahara jusqu'à l'extrémité est du désert de Cobi, à travers le centre de l'Afrique et de l'Asie.

On ne saurait jeter les yeux sur un globe terrestre ou sur une mappemonde sans être frappé de la symétrie que présentent les caps, les isthmes et les îles des deux mondes.

On remarque d'abord que la forme générale de l'Afrique ressemble à celle de l'Amérique du Sud, et même de l'Indostan. Les isthmes de Panama, de Suez et de Corinthe, la mer des Caraïbes, la Méditerranée, le golfe de Lépante ont des positions analogues par rapport aux mers et aux terres qu'ils séparent.

Les grands continents sont terminés au sud par les plus grands caps, tels que les caps Frowar, de Bonne-Espérance, Matapan, Comorin, Willon, séparés d'une île par un détroit. Le cap de Bonne-Espérance fait seul exception ; encore l'île de Madagascar pourrait peut-être entrer dans ce rapprochement.

Il est fort remarquable que toutes les presqu'îles soient dirigées vers le sud, à l'exception d'un très-petit nombre, telles que le Danemark et le Yucatan.

Nous venons de voir que la surface terrestre est couverte d'aspérités et d'excavations qui présentent des différences de niveau prodigieuses pour nous. Si nous voulons savoir ce que ces inégalités peuvent

être par rapport à la terre elle-même, établissons
une comparaison. Les plus hautes montagnes de la
terre n'ont guère plus d'une lieue de hauteur verticale, et le diamètre terrestre en a 3000, en nombres
ronds. Imaginons un globe de 3000 millimètres de
diamètre ; une saillie de 1 millimètre y représente-
rait la plus haute montagne.

Sur un globe de 60 millimètres de diamètre, la
saillie, j'ai presque dit la montagne, ne serait que
de 1/50 de millimètre. Le moindre atome de poussière déposé sur la surface d'une boule d'ivoire serait beaucoup plus sensible. Les aspérités que l'on
remarque sur la surface d'une orange sont relativement beaucoup plus fortes que celles qui existent
sur la terre. Aussi, quand on s'élève en aérostat, la
surface terrestre ne tarde pas à paraître unie et
parfaitement ronde. Les plus hautes montagnes ne
forment pas même de dentelures sensibles à l'horizon.

L'atmosphère, qui a 16 à 18 lieues d'épaisseur,
serait représentée, sur la boule de 60 millimètres,
par la vapeur qu'un léger souffle condenserait sur
sa surface. C'est dans cette couche que nous vivons,
que nous nous agitons, semblables à d'invisibles
atomes. Mais ces atomes éphémères, que leur petitesse relègue sur les bords du néant, sont sublimes
par leur génie et surtout par leurs immortelles des-
tinées.

De l'atmosphère.

L'atmosphère est l'assemblage de toutes les substances capables de conserver l'état aériforme au degré de température du globe terrestre ; d'où il suit qu'à mesure que cette température s'est abaissée l'atmosphère s'est dégagée des matières densifiées qui ne pouvaient plus rester en suspension.

On peut diviser en trois classes les substances qui composent aujourd'hui l'atmosphère : l'air, les vapeurs, les fluides aériformes.

C'est à la pesanteur de l'air atmosphérique qu'est dû le *baromètre*, instrument précieux qui sert, entre autres choses, à mesurer la hauteur des montagnes.

Rien ne paraît si léger que l'air, et cependant il est difficile de se faire une idée exacte du poids énorme de la masse entière de l'atmosphère.

On sait qu'au niveau des mers une colonne d'air atmosphérique fait équilibre à une colonne de mercure de $0^m,76$ ou à une colonne d'eau de $10^m,334$, ces colonnes ayant des bases égales. La base de l'atmosphère entière est la surface de la terre ; le poids de l'atmosphère égale donc celui d'une masse d'eau qui couvrirait toute la terre et s'élèverait à $10^m,334$. Or le volume de cette masse d'eau égalerait le produit de la surface de la terre multipliée par $10^m,334$. Mais, pour arriver plus facilement au

résultat, il faudrait, avant de faire cette multiplication, réduire la surface terrestre, que nous avons
trouvée en lieues carrées (p. 245), il faudrait, dis-je,
la réduire en mètres carrés ; alors le produit expri-
merait des mètres cubes d'eau. Maintenant, comme
chaque mètre cube d'eau pèse 1000 kilogrammes,
on multiplierait le produit précédent par 1000, et
l'on obtiendrait pour le poids de cette masse d'eau,
ou de l'atmosphère, *cinq milliards de milliards* de
kilogrammes.

Il est impossible de se faire une idée nette d'un
pareil nombre sans recourir à quelque artifice qui le
ramène à des limites plus étroites.

« Le poids précédent serait celui de 585,000
cubes de cuivre ayant chacun 1 kilomètre de côté.
La masse d'oxygène serait représentée par 135,000
de ces cubes. Il y a mille millions d'hommes sur la
terre, respirant et consommant sans cesse l'oxygène
de l'atmosphère, à raison de 1 kilogramme par
homme et par jour. Au bout d'un siècle, l'huma-
nité tout entière n'a donc consommé que 4 de ces
cubes. » (Dumas et Boussingault.)

Les vents sont produits en général par les changements de température qui, rompant l'équilibre des
zones atmosphériques, y produisent des vides, et
par suite le déplacement d'une masse d'air nécessaire pour les remplir.

La vitesse plus ou moins grande de ces déplacements produit les vents *doux*, *impétueux*, les *tem-*

pêtes, les *ouragans*. Ces diverses vitesses sont de 5 à 16 pieds par seconde; de 16 à 35; de 35 à 60; de 60 à 300.

On détermine la direction des vents en indiquant les points de l'horizon d'où ils partent; celle des courants, au contraire, par ceux vers lesquels ils tendent. Sous le rapport de la durée, les vents sont *constants, variables, généraux, partiels, périodiques*.

Les vents *alizés* règnent constamment dans la zone torride. Ils proviennent d'une double cause : la dilatation de l'air et la rotation de la terre. L'action perpétuelle de la chaleur entre les tropiques dilate l'atmosphère et y produit un vide que les masses d'air circompolaires tendent sans cesse à combler. Cet air est animé d'une vitesse de rotation bien inférieure à celle de l'air équatorial. Quand il arrive sous l'équateur, il ne se transporte pas vers l'est aussi rapidement que la surface terrestre, qui le choque avec une force égale à la différence des vitesses ; en sorte que l'observateur, qui se croit en repos, juge que le vent se dirige en sens contraire du mouvement de la terre et qu'il souffle de l'est à l'ouest. Il est évident que ce phénomène n'existerait pas si la terre était immobile; il est donc une preuve de son mouvement de rotation (p. 222).

C'est par les mêmes causes que le mouvement général de l'Océan paraît aussi être dirigé vers l'ouest. A la fonte des glaces polaires, il s'établit vers les mers équatoriales des courants analogues aux effluves atmosphériques que nous venons de considérer, avec la différence que ces courants sont alternatifs, et non simultanés, parce que les glaces des deux pôles ne fondent pas en même temps, tandis que les vents polaires accourent simultanément sous l'équateur.

Quand le soleil passe dans l'hémisphère septentrional, il en dilate l'atmosphère, et l'air s'élève; alors il s'établit un vent de nord pour combler le vide : c'est celui qui produit les *giboulées* de mars. Si, à une certaine distance de l'équateur, ce vent rencontre le vent alizé sous un angle droit, il s'établit un mouvement composé, en vertu du parallélogramme des forces (p. 269), qui donne naissance à un vent de nord-ouest. S'il le rencontre sous un angle aigu, la direction est modifiée selon la grandeur de l'angle.

Quand le soleil est arrivé au tropique du Cancer, il échauffe à peu près également tout l'hémisphère boréal, et le vent de nord cesse, pour recommencer à mesure que l'astre se rapproche de l'équateur.

Les mêmes effets généraux sont produits inversement dans l'hémisphère méridional. Il en serait régulièrement ainsi si ces mouvements n'étaient pas troublés par une infinité de causes particulières qui proviennent en grande partie de la sensibilité extrême de l'atmosphère.

ONZIÈME LEÇON.

DESCRIPTION DES SPHÈRES ARTIFICIELLES.

Le ciel, la terre elle-même, sont si vastes que nous ne pouvons en apercevoir qu'une très-petite partie. On sentit donc de bonne heure le besoin de pouvoir les embrasser d'un coup d'œil pour les étudier plus facilement, et l'on essaya de les représenter par des globes et des cartes dont l'invention est attribuée à Anaximandre, disciple de Thalès.

Ces premiers essais ont été successivement perfectionnés, en sorte qu'aujourd'hui ces instruments, si utiles pour l'étude de l'astronomie et de la géographie, laissent peu à désirer.

On distingue les sphères terrestre, céleste, armillaire.

Sphère terrestre.

Lorsqu'on veut former une image fidèle de la surface de la terre, qui représente la configuration réelle des continents, des mers, des golfes, des détroits; le gisement des montagnes, des îles, des caps, des côtes, etc., on commence par former un globe parfaitement sphérique, parce que l'aplatissement des pôles y serait inappréciable, quelque dimension qu'on voulût lui donner. On cherche ensuite sur ce globe deux points diamétralement opposés, par lesquels on le perce d'une tige de fer qui représente l'*axe* et les *pôles terrestres*. On décrit alors l'équateur, que l'on divise en tous ses degrés, marqués depuis 0 jusqu'à 360. Cela fait, on trace des méridiens de 10 en 10 ou de 15 en 15 degrés de l'équateur, selon la grandeur du globe ; plus il y en a, mieux cela vaut, pourvu qu'il n'en résulte pas de confusion. On prend pour *premier méridien* celui qui passe par 0° de l'équateur, et l'on en gradue une moitié seulement, en numérotant depuis 0 jusqu'à 90, de l'équateur à chaque pôle. L'autre partie, l'*antiméridien*, ne doit pas être graduée.

Il est facile alors de tracer les tropiques et les cercles polaires, à 23° 1/2 de l'équateur et des pôles. Les zones terrestres sont ainsi déterminées. Enfin on décrit des parallèles de 10 en 10 ou de 15 en 15 degrés du premier méridien, et la surface du globe se trouve revêtue d'un *réseau de quadrilatères* qui serviront à guider l'œil et la main pour dessiner les sinuosités des mers et des côtes. On prend ensuite les tables astronomiques des longitudes et des latitudes, ou une bonne géographie, ou même un globe soigneusement fait, et, à l'aide des deux cercles gradués, qui servent d'échelle, on place sur le globe les points de la terre selon leurs latitudes et leurs longitudes données par le guide qu'on a choisi.

Le tracé des quadrilatères se fait quelquefois sur

le globe même; mais les fabricants le font ordinairement sur des fuseaux de papier qu'ils collent ensuite sur la surface. Quand on achète un globe, il faut regarder si les mêmes lignes font bien suite les unes aux autres d'un fuseau à l'autre. Quand le globe est terminé, on le place sur un pied. Au sommet de ce pied sont enclavés quatre quarts de cercle en bois ou en carton, qui supportent un grand et large cercle représentant l'*horizon rationnel*. Dans ce cercle et au sommet du pied sont des rainures pratiquées pour recevoir un *méridien général*, fixé aux pôles, dont la concavité effleure, sans la toucher, la surface du globe, et qui, par parenthèse, serait très-propre à donner une idée exacte de l'anneau de Saturne, s'il était dirigé dans le sens de l'équateur. La surface du globe lui présente successivement tous ses points dans une révolution; c'est ce qui fait qu'il peut représenter le méridien de tel point de la terre que l'on veut. On remarque sur sa surface latérale un quart de cercle gradué qui sert à prendre la hauteur du pôle, et qu'on appelle *quart de cercle des hauteurs*.

Quoique l'horizon soit *immobile* et *unique* dans la machine, il est *multiplié* et *mobile* au moyen du double mouvement latéral et vertical que l'on peut imprimer au globe en le faisant tourner sur son axe et dans les rainures où est enchâssé le méridien général. En vertu de ce double mouvement, il n'y a pas un seul point sur la surface du globe dont le grand cercle qui nous occupe ne puisse devenir l'horizon. Comme il faut, pour qu'il en soit ainsi, placer le globe de manière que le point en question soit le plus *élevé de tous*, qu'il occupe la position culminante, cette opération s'appelle *monter le globe pour ce point*. Dans cette position, le point est éloigné de 90° de tous ceux de l'horizon.

Au pôle boréal est un petit *cercle horaire* sur lequel les heures sont indiquées par une aiguille fixée à l'axe. Ce cercle sert à résoudre avec le globe une multitude de problèmes utiles de cosmographie et de géographie, avec un degré d'exactitude faible, mais très-suffisant pour les usages ordinaires. Nous donnerons la clef de ces solutions.

Sur les quatre quarts de cercle qui supportent l'horizon sont ordinairement marquées les longitudes et les latitudes des principales villes du monde.

L'horizon est divisé en quatre bandes circulaires : l'intérieure renferme les noms des quatre points cardinaux ; les degrés y sont marqués en quatre fois 90, à partir de l'est et de l'ouest.

La bande adjacente représente les signes et les degrés du zodiaque, de manière que le Sagittaire et le Capricorne sont au sud, les Gémeaux et le Cancer au nord, les Poissons et le Bélier à l'est, la Vierge et la Balance à l'ouest.

La troisième renferme les mois et les jours correspondant à chaque signe et à chaque degré, en

24.

sorte que d'un coup d'œil on peut juger dans quel signe et dans quel degré de ce signe se trouve le soleil (et par suite la terre, qui lui est toujours diamétralement opposée), chaque mois et chaque jour de l'année.

La quatrième, placée sur le bord extérieur, offre les 32 rumbs de vent.

Sphère armillaire d'après le système de Ptolémée.

La sphère armillaire est composée de cercles évidés, pour que l'on puisse apercevoir en esprit la concavité des cieux. Elle est composée d'un pied exactement semblable au précédent et d'*armilles*, représentant deux méridiens qui se coupent à angles droits. Ce sont les deux *colures*, celui des solstices et celui des équinoxes (p. 34). Ils servent de support à l'équateur, aux tropiques, aux cercles polaires et au zodiaque, figuré par une bande large et mince au milieu de laquelle est tracée l'écliptique divisée en degrés. On n'a pas mis de parallèles, pour simplifier la machine, qui tourne sur une tige de fer figurant l'axe du monde, sous un méridien général semblable à celui des globes terrestres.

Les points solstitiaux et équinoxiaux sont marqués par les quatre petites pointes qui servent à assujettir le zodiaque.

On remarque le commencement de l'axe de l'écliptique, fixé au colure des solstices, à 23° 1/2 du pôle boréal. A son extrémité sont attachés deux arcs de cercle en cuivre ; l'un d'une seule pièce, portant l'image du soleil ; l'autre de deux, portant celle de la lune. Celui-ci a deux pièces afin de pouvoir se raccourcir et s'allonger de manière que la lune atteigne le plan de l'écliptique ou s'en éloigne de 5° de chaque côté. Ces arcs sont mobiles et peuvent tourner autour de la terre, figurée au centre par une petite boule. On a eu soin d'interrompre l'axe du monde, sans quoi les petits arcs ne pourraient pas circuler entièrement.

Au pôle arctique, sur le méridien général, est placé un cercle horaire. L'horizon est semblable à celui du globe terrestre.

Sur le bord intérieur du méridien général sont indiqués les climats d'heures et de mois. On y lit aussi la longueur du plus long jour de l'année dans chaque climat. Chaque colure est divisé en quatre fois 90° à partir des points où il coupe l'équateur. Ce dernier cercle est gradué depuis 0 jusqu'à 360° ; le 0 est à l'équinoxe de printemps, ♈.

Les cercles polaires ne portent que leurs noms.

Quant au zodiaque, outre l'écliptique, qui le partage en deux parties égales dans toute sa longueur, on y voit les signes, les mois et les jours correspondants, comme sur l'horizon, et de plus l'orbite de la lune.

Le cercle horaire est divisé en 24 heures, marquées en *deux* fois *douze*, de manière que le nombre XII se trouve deux fois sur le même méridien, l'un indiquant *midi;* l'autre, *minuit.* Chaque heure est divisée en 4 parties égales.

Sphère céleste.

Les sphères célestes sont faites pour nous montrer les constellations, les nébuleuses, la voie lactée, en un mot tout ce qui est constamment visible à l'œil nu sur la voûte étoilée, et pour nous donner une idée exacte de l'état du ciel et de la position réelle et réciproque des étoiles. Il eût été beaucoup plus conforme à la réalité de représenter les étoiles fixes sur la concavité plutôt que sur la convexité d'une sphère; mais quelles dimensions n'aurait-il pas fallu lui donner? Les sphères convexes sont beaucoup plus commodes. Quoiqu'elles supposent l'observateur placé au delà des fixes, les rapports de position n'en sont pas moins exacts.

Nous ne donnerons point de description détaillée de la sphère céleste. Nous nous bornerons à signaler quelques cercles qui n'existent pas dans les précédentes.

On y remarque deux petits cercles de même rayon que les cercles polaires. Ils ont pour centre les pôles de l'écliptique et passent par ceux de l'équateur. Ce sont les *cercles polaires de l'écliptique.*

On y voit aussi plusieurs grands cercles qui se

croisent aux pôles de l'écliptique, comme les méridiens à ceux de l'équateur. Ce sont les *cercles de latitude*, dont les astronomes se servent pour calculer les latitudes des astres (p. 77), qui se comptent sur l'arc de cercle compris entre le point origine ♈ et l'étoile.

Les machines que nous venons de décrire étant d'un usage très-fréquent, nous croyons utile d'indiquer les marques auxquelles on peut juger de leur degré de bonté ou d'imperfection.

1° Il faut que les degrés de l'équateur, du méridien général, du quart de cercle des hauteurs et du cercle intérieur de l'horizon soient parfaitement égaux entre eux. On s'en assure aisément en prenant avec un compas un certain nombre de degrés sur l'un d'eux, 10, par exemple, et en voyant si cette ouverture en comprend exactement le même nombre sur les autres, en quelque endroit qu'on l'applique.

2° Le globe, en tournant sur lui-même, ne doit jamais toucher le méridien qui l'environne.

3° Les deux pôles doivent être exactement distants de 180° l'un de l'autre. On le reconnaît lorsqu'en faisant tourner le globe il s'arrête dès qu'on cesse de le toucher. S'il continuait encore son mouvement, cela signifierait que l'axe ne passe pas par le centre, que les deux hémisphères ne sont pas égaux, et que l'excès du poids de l'un entraîne l'autre.

4° **Dans** toutes les positions l'équateur doit couper le méridien général et l'horizon en deux parties égales, excepté quand il leur est parallèle. Cela a lieu quand il passe toujours par l'extrémité du quart de ces cercles, ce qui est facile à vérifier.

5° Enfin les méridiens et les parallèles, dont l'entre-croisement forme les quadrilatères symétriques du réseau, doivent se correspondre rigoureusement à toutes les intersections des fuseaux. Il est rare que cette condition essentielle soit remplie; c'est cependant une des plus importantes.

Quoique les globes artificiels exempts de tous ces défauts offrent sans contredit les images les plus fidèles de la terre et du ciel, ils ne sont pas néanmoins sans quelques inconvénients. Les plus graves sont de ne pas permettre à l'œil d'embrasser à la fois les deux hémisphères, ce qui est aussi utile que commode, et de ne pouvoir admettre, quelque grands qu'on puisse raisonnablement les faire, tous les détails qu'on a souvent besoin de représenter.

C'est pour obvier à ces inconvénients que l'on a imaginé les *cartes*.

Construction des cartes géographiques.

Les *cartes* sont des représentations du ciel ou de la terre, en totalité ou en partie, sur une *surface plane*. De là les dénominations de *planisphères*, de *mappemondes*, et, en général, de *cartes*.

Un *planisphère* est la représentation de la sphère

céleste sur un plan ; une *mappemonde* est celle de la surface terrestre, également sur un plan. Comme c'est de la mappemonde que l'on extrait les *cartes générales*, qui représentent une partie du monde, et les *cartes particulières*, qui ne représentent qu'un pays, une contrée plus ou moins étendue, nous nous bornerons au tracé des mappemondes.

Ce tracé peut être exécuté graphiquement de deux manières : par des *projections* et par des *développements*.

On distingue deux espèces de projections : la *projection orthographique* et la *projection stéréographique*. La première consiste à représenter chaque point du *plan de projection*, qui est ordinairement celui de l'équateur ou du premier méridien, par le pied de la perpendiculaire élevée de ce point sur le plan. Le point de vue, celui d'où l'on est censé regarder ce plan, est alors à une hauteur infinie. Cette projection n'est guère en usage, parce que, si la forme des régions centrales est bien conservée sur la carte, celle des régions qui se trouvent sur les bords y est complétement défigurée par le rétrécissement extrême des espaces, qui se réduisent à de simples traits, en sorte qu'on ne peut point juger de l'étendue des pays qui s'y trouvent.

La projection stéréographique est une *perspective* de l'hémisphère que l'on veut représenter sur le plan d'un grand cercle. Le point de vue est alors à l'extrémité du diamètre de la sphère perpendiculaire au *plan du tableau*. Dans cette projection, les régions sont dilatées sur les bords et comprimées au centre, mais cependant beaucoup moins altérées que dans la précédente, et c'est une des raisons qui la rendent préférable ; aussi c'est celle que nous allons expliquer.

Projection stéréographique de la mappemonde sur le plan de l'équateur.

Supposons que les deux hémisphères terrestres, que nous imaginons séparés par une section faite suivant l'équateur, et placés tangentiellement l'un à côté de l'autre, soient transparents ; nous pourrons *voir au travers (perspicere)* [*] le plan de l'équateur sur lequel chacun d'eux repose. Si l'œil est à un des pôles, il verra tous les points d'un hémisphère se projeter sur le plan ; car les rayons visuels qui passent par chacun d'eux iront se terminer à des points correspondants de la base, d'après les lois de l'optique. Si ces rayons déposaient chacun un point coloré, l'ensemble de ces points offrirait l'image fidèle de l'hémisphère, modifiée par la perspective.

Essayons de nous en former une idée plus précise.

Si l'on conçoit bien la position verticale de l'œil, on voit que le pôle se projette sur le centre même

---

[*] D'où dérive le mot *perspective*.

du tableau, et que les parallèles y forment des cercles concentriques. Les demi-méridiens se projettent en rayons divergents ; ils partent tous du centre (qui est le pôle), et aboutissent à la circonférence de l'équateur. Il se formera ainsi un réseau de quadrilatères, composés de lignes droites et de lignes courbes, correspondant à ceux de la surface sphérique, et l'on pourra marquer dans ceux-là les points renfermés dans ceux-ci, chacun à la place qui lui convient.

Cependant, les degrés du premier méridien, égaux entre eux sur le globe, ne le seront pas sur le plan ; et cela se conçoit : ils ne pourraient pas y être contenus en conservant tous la même grandeur linéaire sur la surface plane que sur la surface courbe, puisqu'ils sont sur une ligne droite plus courte que la courbe qu'elle représente. Les degrés voisins de la circonférence sont bien à peu près de la même grandeur entre eux, mais ils diminuent sensiblement à mesure qu'ils se rapprochent du centre, où ils se trouvent plus resserrés et sont, pour ainsi dire, contraints de rentrer les uns dans les autres. Quant à ceux de l'équateur, ils sont tous égaux entre eux, puisque la circonférence n'est pas défigurée.

Tous les points de l'hémisphère se placeront donc dans ce cadre, mais ils seront plus condensés vers le centre que sur les bords.

En imaginant le second hémisphère tracé de la

même manière, on aura une mappemonde entière construite sur le plan de l'équateur.

Pour la construire graphiquement, on commence par tracer un cercle de la grandeur que l'on veut donner à la carte. On le divise exactement en 360°, ce qu'enseignent les premiers éléments de la géométrie. Ensuite on numérote ces degrés de 5 en 5, de 10 en 10, ou de 15 en 15, selon la grandeur du cercle, depuis 0 jusqu'à 360, et par chaque division numérotée on trace un rayon qui est un quart de méridien. Quand la base est petite, il y aurait confusion à tracer des méridiens de 5 en 5 degrés : les lignes des quadrilatères s'entre-croiseraient de trop près ; mais, quand elle est grande, c'est un moyen d'exactitude, parce que plus les quadrilatères sont multipliés, plus il est facile de dessiner exactement les sinuosités des côtes et de préciser la vraie position des points.

On choisit pour premier méridien celui qui passe par 0° et par 180°, et on le gradue. Voici comment.

On *fixe* une règle à l'extrémité du méridien perpendiculaire au *premier*, et de ce point on lui fait suivre successivement les divisions numérotées de l'équateur. A chaque station de la règle on trace une petite ligne qui coupe le *premier méridien* et y détermine un point qui reçoit le même numéro que celui de l'équateur par lequel passe en ce moment la règle. Quand cette opération est faite sur les deux

hémisphères, le méridien est divisé comme il doit
l'être.

On peut alors décrire des cercles concentriques
du pôle comme centre, avec des rayons successifs
pris sur le méridien, en sorte qu'il y en aura autant
que de divisions numérotées.

Ces cercles sont les parallèles.

On trace aussi un cercle à 23° 1/2 de l'équateur; un autre à 23° 1/2 du pôle, pour figurer
un tropique et un cercle polaire, et on les ponctue
pour les distinguer. Quand les deux hémisphères
sont ainsi représentés, on les rapproche de manière
que les deux diamètres qui forment le premier méridien se touchent par une extrémité et soient en
ligne droite. Alors il ne reste plus qu'à placer les
points d'après leurs longitudes et leurs latitudes,
déterminées par les graduations de la carte; puis à
dessiner les contours des mers et des îles, etc.; à
figurer les chaînes de montagnes, les lacs, etc.; en
un mot, à rendre les détails que l'on désire représenter, en ayant sous les yeux un bon modèle.

*Projection stéréographique sur le plan d'un
méridien.*

C'est préférablement sur le plan d'un méridien
que l'on construit les mappemondes. On choisit
même celui qui passe par l'*île de Fer*, la plus occidentale des Canaries, parce qu'il a l'avantage de

couper le globe en deux parties telles que l'ancien monde presque tout entier se trouve dans un hémisphère et le nouveau dans l'autre.

L'œil étant placé à l'extrémité du rayon perpendiculaire qui passe par le centre du cercle, il en résulte que l'équateur se projette en ligne droite sur le plan du tableau et que ses degrés vont en diminuant vers le centre, par la même raison que ceux du méridien dans la construction précédente. Comme l'équateur ne se projette en ligne droite que parce que l'œil est dans son plan, il suit que les parallèles ne se projetteront pas ainsi. Ils seront figurés par des lignes courbes, dont la *convexité* sera tournée vers l'œil, et dont le milieu sera plus rapproché de l'équateur que les extrémités, qui fuiront. Les courbures de ces arcs varieront et ne paraîtront point parallèles. Plus ils seront voisins du plan équatorial, plus ils se rapprocheront de la ligne droite, et réciproquement.

Il en sera de même des méridiens. Celui dont le plan passe par l'œil sera en ligne droite; tous les autres, en lignes plus ou moins courbes, selon leur distance à ce plan. Mais ils tourneront tous leur *concavité* vers l'œil, parce que, passant tous par les pôles, l'œil projeté sur le plan se trouverait à leur centre commun et ne pourrait par conséquent apercevoir que leur concavité, tandis que, dans la même supposition, il est hors des parallèles et n'en voit que la convexité.

Pour tracer géométriquement cette projection, on forme d'abord deux cercles égaux. On les divise en degrés numérotés de 5 en 5 ou de 10 en 10, etc. On divise ensuite l'équateur comme nous avons divisé précédemment le premier méridien. Il est bon de diviser aussi de même le méridien rectiligne perpendiculaire à l'équateur, comme nous allons le voir. On peut alors tracer les cercles polaires et les tropiques, car il est facile de trouver pour chacun d'eux *trois points* éloignés de 23° 1/2 des pôles, d'une part, et de l'équateur de l'autre. Or, pour tracer un cercle dans une position déterminée, il faut connaître *trois* des points de la circonférence.

Les cercles polaires ont leurs centres aux pôles mêmes ; les tropiques et les autres parallèles ont les leurs sur le prolongement de la ligne nord et sud, à des distances d'autant plus grandes que ces cercles sont plus voisins de la ligne équinoxiale, et déterminées par l'intersection de cette ligne avec la perpendiculaire abaissée sur le milieu de la corde qui joint *deux* des trois points par où la circonférence doit passer. Les rayons de ces derniers parallèles sont très-longs. On emploie, pour tracer ces arcs, des règles plates, minces, étroites, très-longues, percées, comme une filière, d'une multitude de petits trous pour recevoir l'aiguille qui doit la fixer au centre. A l'autre extrémité est une ouverture destinée à la plume ou au crayon.

A cet appareil, peu commode, on substitue avec

avantage des *règles curvilignes*. Ce sont des règles très-minces et très-flexibles, qui prennent aisément la courbure nécessaire pour passer par les *trois points* connus. Il importe beaucoup qu'elles aient dans toute leur longueur une *épaisseur* parfaitement égale; autrement les courbes sont déformées. Quand la règle est fixée, il n'y a qu'à faire glisser tout le long la plume ou le crayon.

Lorsque les réseaux sont terminés, on rapproche les deux hémisphères de manière que l'équateur forme une ligne droite. On marque ses deux extrémités par les mots Est et Ouest; celles du méridien rectiligne par ceux de Nord et Sud; alors il ne reste plus qu'à prendre un globe ou une carte et à copier.

Il faut beaucoup de goût pour exécuter un semblable travail, afin que tous les noms qu'on doit y inscrire deviennent un ornement et non une surcharge; mais on peut assurer qu'il est plein de charme, et qu'il procure de grands et nombreux avantages. Voici les fruits que recueilleront les personnes qui voudront s'y exercer.

D'abord, elles acquerront une connaissance pratique de tous les cercles et de tous les points de la sphère céleste, ainsi que de tous ceux de la surface terrestre qu'elles auront dessinés. On ne se doute pas combien il y a, sur une mappemonde un peu complète, de détails qui échappent aux yeux les plus clairvoyants qui se bornent à les regarder, même attentivement. Il faut absolument les avoir

copiés soi-même, sur un cadre semblable à celui que
nous venons d'esquisser, pour pouvoir les remarquer. On est étonné ensuite de la netteté avec laquelle on discerne toutes ces lignes, tous ces traits,
tous ces noms, tous ces points, qui n'offraient que
confusion ; de la facilité avec laquelle on retrouve
des points qui échappaient auparavant par leur petitesse ou par leur position. Comme chacun d'eux
a été vu, touché, observé particulièrement, on porte
dans l'esprit une image vive et fidèle de leurs positions respectives, de leurs distances relatives, et de
la connaissance de tous ces détails résulte nécessairement celle de l'ensemble. En même temps que ce
travail est le meilleur moyen d'apprendre la géographie descriptive, il habitue à la propreté, à la régularité, à l'exactitude ; il donne à l'œil de la justesse,
à la main de la souplesse et de la dextérité.

Le tracé du réseau procure aussi un avantage bien
précieux à l'homme instruit : c'est celui de se créer
lui-même des *cartes spéciales* conformes à ses
goûts, à ses études, à ses recherches, à ses besoins.
Qu'un historien veuille signaler uniquement tous
les points du globe où se sont accomplis des faits
mémorables d'un certain genre ; qu'un naturaliste se
propose d'indiquer tous ceux qui sont remarquables
par quelque production particulière ; qu'un arma-
teur veuille avoir sous les yeux tous les ports mar-
chands de la terre ; qu'un industriel désire tracer
tous les chemins de fer qui existent, etc.; quel

avantage pour eux de pouvoir construire eux-mêmes la carte spéciale qui doit leur montrer d'un coup d'œil ce qu'ils désirent voir !

Usage du globe terrestre.

Le globe terrestre est un instrument si généralement répandu que nous pensons faire une chose agréable à nos lecteurs en les mettant sur la voie de résoudre en un clin d'œil, par son moyen, divers problèmes d'une utilité journalière, non pas avec une exactitude mathématique, mais à un degré d'approximation suffisant pour le but qu'on se propose ordinairement.

Pour cela, apprenons d'abord à *rectifier le globe,* opération préalable qu'exige la solution de la plupart des problèmes de ce genre.

Rectifier le globe, c'est le mettre dans une position identique avec celle de la terre par rapport à nous. A cet effet, il faut le poser sur un plan bien uni, pour que son horizon soit parallèle au nôtre ; mettre son axe dans le plan de notre méridien, indiqué par une boussole placée à son pied ; puis en élever le pôle sur l'horizon d'autant de degrés qu'il y en a dans la latitude du lieu que l'on occupe, degrés que l'on compte sur le méridien général.

Cela posé, résolvons quelques problèmes qui sont la clef de tous les autres.

1° Proposons-nous de trouver la latitude et la longitude d'un lieu quelconque.

Ici on n'a pas même besoin de rectifier le globe. Il n'y a qu'à amener *ce lieu* sous le méridien général et à compter sur le limbe de ce cercle les degrés depuis ce lieu jusqu'à l'équateur, d'une part, et, de l'autre, les degrés de l'équateur compris entre le premier méridien et le méridien général, qui, en ce moment, représente celui du lieu.

2° Trouver la distance itinéraire de deux points quelconques.

Il y a trois cas à considérer : les deux points ont même longitude, différente longitude et différente latitude, ou même latitude.

Dans le premier cas, ces deux points sont sous un même méridien. On les amène sous le méridien général, sur lequel on compte le nombre de degrés intermédiaires. En multipliant ce nombre par 25, on aura la distance qui les sépare, en lieues de 25 au degré; si on multiplie par 27, on obtiendra des lieues de poste de 4000 mètres.

Dans le deuxième cas, on prend avec un compas à branches courbes la distance d'un point à l'autre; on la porte sur l'équateur; on compte les degrés qu'elle contient, et on les réduit en lieues de 25 ou de 27 au degré, parce que la ligne oblique que l'on a mesurée est un arc de grand cercle, comme dans le premier cas.

Dans le troisième, les deux points étant sur un

même parallèle, on compte sur l'équateur le nombre de degrés de l'arc qui les sépare; voici comment. On place d'abord un de ces points sous le méridien général; puis on fait tourner le globe pour y amener l'autre, en comptant les degrés de l'équateur qui traversent le méridien. Ce nombre est égal à celui des degrés de l'arc du parallèle. Mais, cette fois, il ne faut pas les multiplier par 25; car ce parallèle n'est pas un grand cercle, et nous savons que la grandeur linéaire des degrés des parallèles *décroît* à mesure que la latitude *augmente*. Il faut donc calculer la latitude de ce parallèle, et chercher dans le tableau que nous avons donné (p. 73) la valeur linéaire d'un degré du parallèle à cette latitude. C'est par ce nombre qu'il faudra multiplier.

Mais on n'a encore que la distance à vol d'oiseau, en ligne droite, et l'on sait que, sur terre comme sur mer, les routes font toujours des sinuosités plus ou moins grandes, qui établissent une différence en *plus* dont on est convenu de tenir compte en augmentant d'*un tiers* le résultat obtenu.

3° Trouver, dans quelque temps que ce soit, la position de la terre sur l'écliptique.

Le mois et le jour étant donnés, cherchez-les sur l'horizon du globe. Au-dessus du jour vous voyez le signe et le degré dans lesquels se trouve le soleil. Vous connaissez aussitôt par là la position de la terre, qui lui est toujours diamétralement opposée.

4° Trouver, dans tous les temps, la longueur du jour et de la nuit dans un endroit quelconque.

Cherchez d'abord la latitude du lieu. Élevez ensuite le pôle selon cette latitude. C'est comme si vous étiez en ce lieu. Rectifiez le globe; cherchez la position du soleil dans l'écliptique au temps donné ; mettez ce point de l'écliptique (et par conséquent le soleil) à l'horizon oriental. Maintenant le jour va commencer au lieu donné. Pour compter facilement les heures de sa durée, placez la pointe de l'aiguille du cadran sur midi, sur le XII supérieur, et faites tourner le globe de manière que le soleil se lève. Quand il sera à l'horizon occidental, vous arrêterez le mouvement; vous compterez les heures que l'aiguille a parcourues : ce seront celles du jour ; le complément à 24 indiquera celles de la nuit.

FIN.

TABLE DES MATIÈRES.

Définition de la surface, de la ligne, du point. Ligne droite, courbe ; surface plane, courbe, convexe, concave. Plan. Définition du cercle, de la circonférence, du centre, de l'arc, du rayon, du diamètre, de l'axe, etc. Lignes parallèles, perpendiculaires, obliques, verticales, horizontales. Angle ; son rapport au cercle, à la circonférence. Mesure des angles. Division de la circonférence. Degrés, minutes, secondes. Sphère. Grands et petits cercles, leurs propriétés. Axe, Pôles.

PREMIÈRE PARTIE.

MOUVEMENTS APPARENTS DES CIEUX.

Horizon. — Astres. — Étoiles fixes. — Firmament. — Grand abîme. — Voûte de cristal. — Cataractes. — Aube. — Aurore. — Lever, coucher des astres. — Jour, nuit, journée. — Est, ouest. — Phases de la lune. — Mouvement général du ciel. — Sphère céleste. — Révolution sidérale. — Pôles. — Axe du monde. — Origine, position, grandeur des cercles de la sphère céleste. — Grands et petits cercles. — Lieu géométrique des centres. — Étoiles circompolaires. — Étoile polaire.

FIN DE LA TABLE.

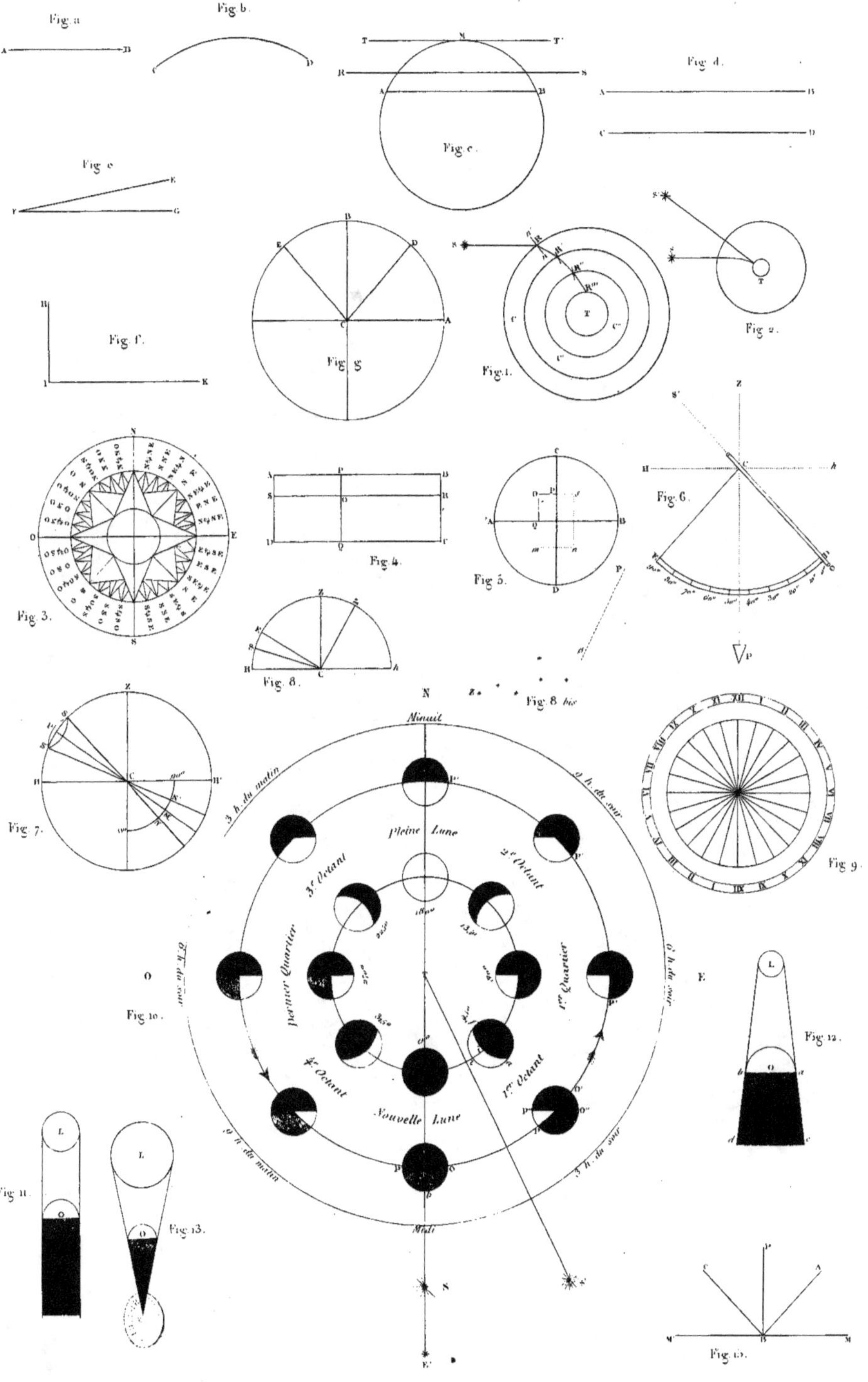

Fig. a.
Fig. b.
Fig. c.
Fig. d.
Fig. e.
Fig. f.
Fig. g.
Fig. 1.
Fig. 2.
Fig. 3.
Fig. 4.
Fig. 5.
Fig. 6.
Fig. 7.
Fig. 8.
Fig. 8 bis.
Fig. 9.
Fig. 10.
Fig. 11.
Fig. 12.
Fig. 13.
Fig. 14.
Minuit
Midi
Pleine Lune
Nouvelle Lune
Premier Quartier
Dernier Quartier
1er Octant
2e Octant
3e Octant
4e Octant
3 h. du matin
9 h. du soir
6 h. du soir
6 h. du matin
N
E
O
S

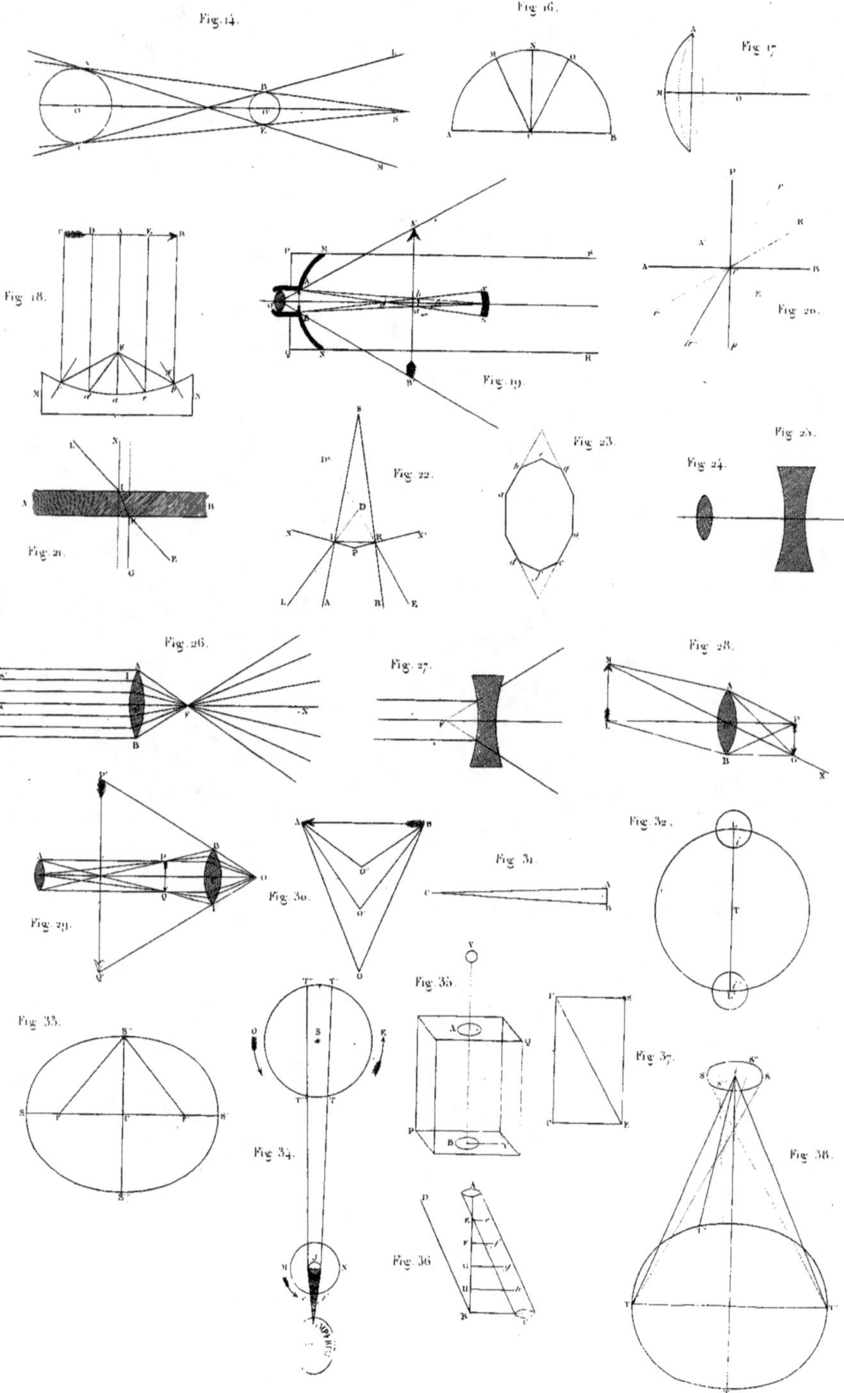

Planche II.
Fig. 14.
Fig. 16.
Fig. 17.
Fig. 18.
Fig. 19.
Fig. 20.
Fig. 21.
Fig. 22.
Fig. 23.
Fig. 24.
Fig. 25.
Fig. 26.
Fig. 27.
Fig. 28.
Fig. 29.
Fig. 30.
Fig. 31.
Fig. 32.
Fig. 33.
Fig. 34.
Fig. 35.
Fig. 36.
Fig. 37.
Fig. 38.

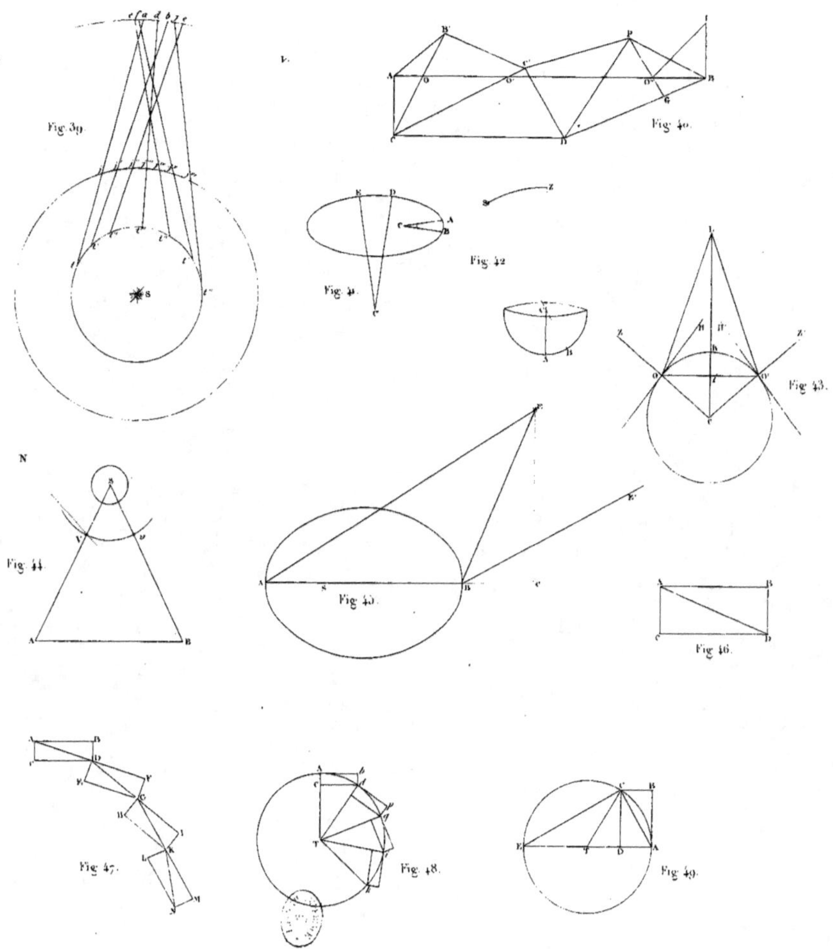

Fig. 39.
Fig. 40.
Fig. 41.
Fig. 42.
Fig. 43.
Fig. 44.
Fig. 45.
Fig. 46.
Fig. 47.
Fig. 48.
Fig. 49.